U0553463

圣人家风

◎ 孔丽 著

SHENGREN JIAFENG

齐鲁书社

山东省社会科学规划研究项目"圣人家风研究
——孔颜曾孟四氏家学、家教、家风"
（项目批准号：18CZXJ06）

孔子研究院研究课题"先秦儒家家风研究"
（项目批准号：19KZYJY06）

复圣研究院研究课题"圣人家风
——孔颜曾孟四氏家风研究"

孔子燕居像

孔府大门

《孔子世家谱》

曲阜孔庙鲁壁

曲阜孔庙诗礼堂匾额

三圣图（中为孔子、左为颜子、右为曾子）

曲阜颜翰博府大门

曲阜颜庙

颜子像

宁阳复圣庙

郕國宗聖公 曾叅子輿

曾子像

嘉祥宗圣庙

嘉祥宗圣庙大殿

孟府礼门义路匾额

孟母三迁故址

孟子碑刻像

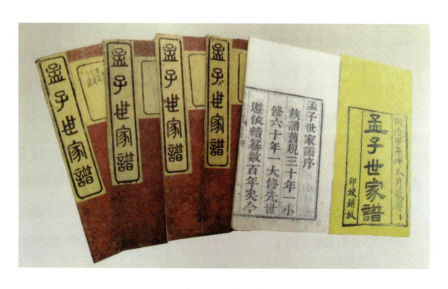

《孟子世家谱》

目 录

宁阳有复圣，复圣有家书。中国历史上不计其数的家书家训之中，《颜氏家训》是第一部内容丰富、体系宏大的家训，开后世"家训"先河，被称为"中华第一家训"，是我国古代家庭教育理论宝库中的珍贵遗产。作为复圣颜子的后裔聚居地，宁阳县位于"一山一圣人"的地理核心区域，儒家文化积淀深厚，尊礼尚儒民风淳朴。历朝历代以来，颜氏名人辈出，颜氏家风传承有深远的历史基础。

今天读到《圣人家风》一书，顿觉耳目一新。特别是书中将复圣纳入圣人研究体系中，开启了后续研究的新思路、新篇章。近年来，宁阳县高度重视文化产业发展，着力传承优秀传统文化，坚持把家风教育融入历史文化、红色文化、党性文化、乡贤文化中，穿点成线，以线拓面，全力打造全域开放式"一点四线"家风教育基地体系。宁阳坚持大教育理念，建立健全经常抓、抓经常的机制，每半年举办一次高层次家风研讨会，推进家风学术交流；把家风教育纳入全县党员干部培训总体规划，作为县级培训主体班次，保证整体性谋划、系统性推进、融合性培训、实效性开展。有关机构进一步拓宽家风教育领域，开展一系列专题教育活动，营造浓厚的家风教育氛围，挖掘中华传统文化的深厚底蕴。由中共宁阳县委组织部主导成立的宁阳县复圣研究院，由山东复圣文化产业股份有限公司具体运营，重点研究和传播复圣文化和家风文化，不断扩大家风教育基地的影响力和竞争力。以复圣研究院和中共宁阳县委党校为教学培训主体力量，建立家风教学师资库，组建三个讲师团：由9名学术委员和4名儒学专家组成的传统家训家风讲师团，由中共宁阳县委党校6名专职教师组成的干部家风讲师团，以及由文化、教育、机关等领域传统文化爱好者组成的志愿讲师团。他们传递着家风的底蕴与力量，筑就城市文化自信的根基。

　　本书作者是复圣研究院聘任的研究员之一，治学态度严谨端正，笃真求实。为深化文化产业发展，传承儒家传统文化，发挥优秀传统文化的教化功能，本书以孔、颜、曾、孟四氏圣人家风为框架，探讨了圣人家风的形成、发展与传承，囊括了历朝历代圣人家学的代表人物及其贡献，并引申出一系列对于家风当世价值的深刻思考，是不可多得的优秀家风研究成果。作者将复圣颜子及颜氏家风纳入书中的重要位置，阐明了颜氏家学自秦汉至明清的发展历程，并列举分析了《颜氏家训》《颜氏家诫》等著作，更加突出了颜氏的仁德家风。特别是书中单独介绍了颜氏众多支派中，留居曲阜一带的北宗颜氏，并提到了大宗户外最为显著、定居于宁阳县泗皋村及其周围的泗皋户，他们传承着颜子的精神，延续着颜子仁德家风。

我应邀为《圣人家风》一书作序，目的在于借助这样一本学术佳作，扩大宁阳知名度，弘扬颜氏家风精神，进一步促进本土文化产业的蓬勃发展，推进宁阳乃至全国的家风建设。

"观乎天文，以察时变，观乎人文，以化成天下。"未来，希望复圣研究院继续秉承进德修业、严谨求真的学术态度，不断创造文化价值，服务社会进步，为宁阳的文化产业发展贡献独一无二的精神力量。

毕黎明
2019 年 8 月 6 日

序
二

邹鲁文化是以周代两个诸侯国鲁国和邾国（战国时称邹国）为中心、以周代礼乐文化为主体、吸收融合了殷商文化和当地土著东夷文化而发展起来的区域性文化。与周秦时期其他的区域性文化如齐文化、晋文化、燕赵文化、楚文化、吴越文化、秦文化、巴蜀文化等相比，邹鲁文化堪称一枝独秀，不但孕育了儒墨两大显学，引领了百家争鸣的时代潮流，而且具有此后蜕变、上升为中国主流文化的潜质。

邹鲁文化源远流长。公元前 6 世纪中叶，孔子诞生后不久，吴国人季札、晋国人韩宣子先后访问鲁国，他们以其所见所闻盛赞"周礼尽在鲁"，对鲁国保存的"乐"叹为观止。这时的鲁国是名副其实的周代礼乐文化的重镇。到了孔、孟生活的时代，邹鲁文化更是繁荣发达，独步一时，天下领先。一大批"邹鲁缙绅先生",如孔子、颜子、曾子、有子、子思子、墨子、孟子等,站在时代前沿,招徒讲学,著书立说。孔子的仁爱和墨子的兼爱,是邹鲁文化沃土培育出来的两大爱的学说,与印度释迦牟尼的慈悲并称于世,是古典文明世界几乎同时迸发出来的三束人类之爱的光芒。孔子描绘的"天下为公"的"大同"社会,时间上领先于古希腊柏拉图的理想国一百多年,而在构想上比柏拉图的理想国更富有理想的神韵,两千多年来引导和激励着中国人对理想社会的追求和向往。孔子和墨子分别创立了并称"显学"达两百年之久的儒家和墨家学派,揭开了诸子百家大争鸣的序幕;子思和孟子又在儒家内部创立了影响深远的思孟学派。孔门和墨门弟子众多,来自四面八方,邹鲁成为贤士出入之地。孔子晚年在鲁国整理《诗》《书》《礼》《乐》《易》《春秋》,使这六部经典成为数千年中华文化承上启下的枢纽,被称为中华文化元典。孔子弟子及后学陆续编纂和创作的《大学》《中庸》《论语》《孟子》,被南宋大儒朱熹合称为"四书",与《诗》《书》《礼》《易》《春秋》五经并行于世。正因为如此,《庄子·天下》篇在叙说中国学术思想的发展演变时,充分肯定了"邹鲁缙绅先生"的历史性贡献。他们不但在历史上开创并引领了一个诸子百家独立思考、自由言说的时代,而且把这个时代中国思想世界的中心舞台转移到了邹鲁一带。

大道之行,行于邹鲁之邦;文明以止,止于洙泗之滨。邹鲁文化的巨大成功,还孕育了另一个让人叹为观止的奇迹:在中国历史上,出身平民而被封建帝王认定并封为圣人、居文庙与学校（庙学合一）之上而享受"国之典祀"的，只有五人：至圣孔子、复圣颜子、宗圣曾子、述圣子思子、亚圣孟子；而这五位圣人全部出自邹鲁，出自儒家，由此可知邹鲁文化的非同凡响。儒家的这五位圣人出身平民，从民间崛起，他们之所以被尊为圣人，是因为他们拥有极高明的道德和智慧，学以致用，制作了"四书五经"系列的中华元典，奠定了垂法后世的仁、义、礼、智、信的核心价值观的基础，创立了人们观察、分析、解决人生和社会基本问题的思想范式。文化元典、价值观、思想范式是推动中华文明按其自身逻辑永续发展的内在动力和基本规则。

很少有人注意到，儒家这五位圣人还有一项重要的贡献，就是他们对尧舜以来优良家学、家教、家风的传承、弘扬与创新发展，形成了只有在邹鲁才得一见的圣人家风。

邹鲁优良家风，远承虞舜首倡的父义、母慈、兄友、弟恭、子孝"五教"，以孝悌治家的风尚，又直接受到泰伯、周文王、周公几代人培育的敬天、仁爱、让国、勤俭、执中等姬姓家风的熏陶，寓继承于发展之中，做到了根深而叶茂，源远而流长。尤其是鲁国立国之初，周公对其子伯禽的教导和训诫，一篇见于《韩诗外传》的"周公诫子"，其来有自，传颂久远。鲁人仰慕周公之德，设家教，立家风，世代沿袭，成为一项优良传统，在邹鲁一带广为传承发展。降至春秋时期，邹鲁一带的家风以好学、知礼为特点，成为当时远近各地"闻其风而悦之"的家风典范。

在这样一种文化大传统和家风小传统的背景下，孔子、颜子、曾子、孟子虽然起自平民，却丝毫没有妨碍他们拥有最优秀的家教。他们的家教，一半出自母教：孔子、孟子自幼丧父，全靠母亲抚养、教育成人。孔母、孟母是母教的典范。这两位伟大的母亲先后独自承担起家教的重任，上承邹鲁家教优良传统，下启邹鲁孔、颜、曾、孟四氏家风，其母仪千古的风范令人赞叹不已。孔子、孟子仰承母教而成长。待到他们成家生子以后，必对慈母的家教有着强烈、深刻、鲜活的记忆，必将慈母的家教发扬光大于门庭之内，再结合他们的家教理念而予以创新发展，这就形成了孔、孟二氏家风。颜子、曾子因为父亲健在长寿，不走孔、孟家风形成之路；他们二人情况类似，都是父子同入孔门学习，直接受孔子的教诲和影响而形成各自的家风。颜子、曾子是一代更比一代强的后起之秀，他们对于各自家风的贡献自然更大一些。

孔子的圣人家风由一则"庭训"的典故可见一斑。孔子居家时，独自一人站在庭中。儿子孔鲤从其身旁走过。孔子叫住儿子，问：学诗了没有？儿子回答：没有。孔子接着指教：不学诗，就不会谈吐优雅地讲话。于是儿子回去学诗。隔了几天，同样的情景再次出现，孔子又教导儿子学礼，说：不学礼，就无法立足于社会。于是儿子回去学礼。孔子教导儿子学诗、学礼的家教案例，感动了弟子陈亢。陈亢原以为孔鲤毕竟是孔子的儿子，会有一些私下授受，真相却是孔子对弟子和儿子一视同仁，平等对待，孔鲤和其他弟子完全一样，并没有多学些什么。孔子的家教具有示范效应，孔子后人从这则家教案例中提炼概括出了诗礼家风，世代发扬传承，历二千五百余年而不衰。

颜子和他的父亲颜路同是孔门弟子，父子二人共同培育了颜氏家风，而颜子的贡献尤大。颜子是孔子最得意的弟子，修德堪称孔门楷模。孔门四科（德行、言语、政事、文学）以德行居首，颜子名列德行第一。颜子秉承师教，克己复礼，真正做到了非礼勿视、非礼勿听、非礼勿言、非礼勿动。颜子知学、好学、乐学，不会因为生活穷困而失去学习的乐趣。连孔子都承认颜子好学超过了自己。修德、好学、守礼是颜子为人的三大特点，也是颜子奠定的颜氏家风的三个支撑点。颜子三十五世孙颜之推著《颜氏家训》，将修德、好学、守礼的精神纳入颜氏家训，使其世代相传，到明清时期就变成了复圣家风的内核。

曾子的情况和颜子类似，也是父子同在孔门受教。父子二人共同开创的曾氏家风，以孝悌、修身、耕读为其三大特征。曾子以孝著称，司马迁在《史记·仲尼弟子列传》中说孔子以为曾参"能通孝道，故授之业，作《孝经》"。这说明曾子与孝道、《孝经》关系密切，是孔门孝道的主要传承者和发扬者。曾子重视修身，善于反省，以"吾日三省吾身"为其修身特点。曾子与父亲务农为生，一则流传甚久的曾氏父子瓜田除草的传说故事，说明曾家过的是晴耕雨读的生活。后世人们津津乐道的耕读家风，或许就创始于曾氏父子。

孟子是浸润在母教的阳光雨露中成长起来的。孟母教子有方，留下了"三迁择邻""断机教子"等传颂后世、脍炙人口的故事，被称为"母教一人"。孟子的母亲不像孔子的母亲那样三十几岁就早早过世，而是活到了八十多岁；孟子成年后，母亲也仍然能够对孟子的日常生活给予指导。孟子的思想理念以及他所开创的孟氏家风，无疑深受母亲的影响。孟子主张人的一生应该进"礼门"，走"义路"，居"仁宅"，培养浩然之气，拥有"富贵不能淫，贫贱不能移，威武不能屈"的大丈夫气概。这是孟子开创的孟氏家风的基本内涵。

孔子、颜子、曾子、孟子培育的家风，从他们出身平民来看，属于平民家风；从他们后来升格为圣人的意义上，又可以称为圣人家风。无论是平民家风，还是圣人家风，不过是随着孔、颜、曾、孟四人身份的变化而给予不同的名号而已。这告诉人们，圣人家风不以富与贵的家境为基础，不是高不可攀，而是来自普通的平民家庭。像孔子、孟子幼年时孤儿寡母的单亲家庭，不管生活多么困苦，只要拥有良好的母教和家风，就有机会"下学而上达"，出类拔萃，成为优异人才。待到孔子、孟子成贤成圣，光大门楣，平民家风就直接转换成了圣人家风。

孔、颜、曾、孟四氏圣人家风，由家学、家教而形成，极高明而道中庸，具有领先性和示范性的特点。就其极高明而言，孔子、颜子、曾子、孟子奠定的家风，形成了家学、家教、家风的完整序列，家风以家教为基础，家教以家学为根底，成为后世孔、颜、曾、孟四氏后裔以及历朝历代名门望族效法的家风范式。就其道中庸而言，家风必由家教而形成，家教却不必来自家学。在传统社会，农、工、商平民之家多数无家学可言，可是，不少父母有着严厉的家教，不但知道课子读书，更知道教育子女即使不识一字，也必须堂堂正正做人。这种缺少家学环节，仅仅由家教而形成的平民家风，其实正是孔子、颜子、曾子、孟子早年家庭情景的真实写照。孔母、孟母、颜父、曾父无家学，有家教，这说明绝大多数的平民之家可以"见贤思齐"，向孔、颜、曾、孟四氏家风看齐。事实也是如此，两千多年来，圣人后裔不忘祖训，名门望族和寻常百姓也都向往圣人家风，以圣人家风为范本，培育自家家风，形成了无数的不同类型的优良家风，传承中华美德，作育优秀人才，改良社会风气，塑造礼仪之邦。

我于 2016 年应聘至孔子研究院工作，本书作者正是我的尼山学者团队成员之一；2017 年我协助宁阳县筹划成立复圣研究院，本书作者又是首批获聘的研究员之一。无论孔子研究院还是复圣研究院，皆以邹鲁地区孔、颜、曾、孟四大圣人为研究对象。本书作者是孔子研究院的青年学者，好学深思，审慎明辨，选择孔、颜、曾、孟圣人家风作为研究课题，并很快拿出了书稿，盼我作序。我以去年 2 月 24 日在《光明日报》发表的《邹鲁文化与圣人家风》一文敷衍塞责，未审可否。

王钧林
2019 年 7 月 10 日

绪 言

　　家是人类社会的基本构成单位，不仅承载着生命的繁衍生长，而且传承发展着精神文化。中华民族特别重视家，并以家为中心，形成了悠久、深厚、丰富的家文化。家风是家文化的重要部分。孔、颜、曾、孟四氏圣人家风①是家风中的佼佼者。圣人家风是由先秦时期的平民家风发展升华而来，以儒家思想为其主旨，具有深邃的思想内涵。圣人家风传承发展了数千年，孕育培养了众多优秀人才，引领孔、颜、曾、孟四氏家族不断走向辉煌。圣人家风能够具有如此强大的生命力和影响力，主要是因为有系统的家学和严明的家教作为支撑。圣人家学和家教，是圣人家风传承发展的主要动力和基本途径。圣人

----

　　① 王钧林：《邹鲁文化与圣人家风》，《光明日报》（国学版），2018 年 2 月 24 日。

家风作为家风典范，其形成发展有章可循，是经过两千多年的实践检验而具有超越性和普世性的家风，在历史上起到了重要的引领与借鉴作用。

一、家文化与圣人家风

家是人生活的基本场所，是感情的可靠归宿，也是人精神品格形成的重要场域。家庭成员除了婚姻血缘上的相连，还形成了相近的思想信念、行为习惯等。中华民族重视家，并围绕家形成了丰富的家文化。其中，儒家尤其关注家文化，形成了"家国天下"的理念。如，《孟子·离娄上》提出："天下之本在国，国之本在家，家之本在身。"家作为修身与治国之间的重要连接，既是修身的首要之所，也是国家治理、社会安定的根本保障。整体的家庭和谐稳定，可以带来国家天下的和谐稳定，也带来个人生活的安定幸福。可以说，家是修身养德的主要场所，是良好社会秩序的保障，也是政治稳定的基础。

儒家的家文化具有丰富的内涵，包括修身、齐家、治国等多方面内容。家文化在典籍中有很多论述。如，"君子之道，造端乎夫妇"（《礼记·中庸》）。修养君子之道，要从处理家庭中的夫妇关系做起，是在家中做起。"孝悌也者，其为仁之本与。"（《论语·学而》）要做到仁，要从家庭中对父母的孝、对兄长的悌这一根本做起。"一家仁，一国兴仁；一家让，一国兴让。"（《礼记·大学》）家庭中都做到了仁与让，国家就能兴起仁与让。"身修而后家齐，家齐而后国治，国治而后天下平。"(《礼记·大学》)"家"作为修身、治国、平天下之间的纽带，具有非常重要的作用。

家风是家文化中的重要部分。家风又称门风，主要指家庭的整体风气、风尚，常需要几代人传承发展而成。家风内涵丰富，表现为家族成员的精神风格、行为习惯、价值观念等总体状态，凝练着家族成员的人生态度、道德素养、信念追求等。有什么样的家庭，便有什么样的家风。在士、农、工、商四民分业的时代，士有士的家风，农有农的家风，工、商亦然，从总体上说大致如此。当然也不否认同一类别之下有若干个体的差异。

家风具有隐蔽性，不易为人所察觉，又时时处处存在，成为无形而强大的力量。它潜移默化地影响着每个成员的思想意识、行为习惯乃至人生走向等，主导着家族的发展趋势。而且，在"家国天下"的独特模式下，每个家庭的家风汇聚起来就形成了社会的整体风气，家的整体风气决定了国的风气。家风也可以反映国家文明程度、社会的风气。

家风具有稳定性，一经形成便可能比较长久地存在于家庭中，影响家庭多年，乃至数代。不同的家风影响的时间有所不同。民间有一种说法：道德传家，十代以上，耕读传家次之，诗书传家又次之，富贵传家不过三代。良好的道德家风注重家族成员的道德修养，自然能守住家业，使家风传承长久。耕读传家，通过耕保持勤劳的习惯，通过读书保持思想的进步，养成勤劳好学的品格，家族也会长久兴盛。最为短暂的是把富贵传给子孙却没有让子孙养成良好的品德习惯，反而养成他们好吃懒做等恶习，富贵也就很快散尽。

家风具有一定的稳定性，但也有可能发生改变，转变为具有其他风格内涵的家风。这需要家庭中出现具有较大影响力的人物，以其思想或行为带动家庭中其他人发生改变，渐渐形成新的思想观点和行为习惯，并传承下去，固定下来，成为新的家风。中国家风中改变最为显著、成就最为辉煌、影响力最大的家风，莫过于形成于春秋战国时期的圣人家风，即至圣孔子家风、复圣颜子家风、宗圣曾子家风和亚圣孟子家风。

孔子祖上几代都属于春秋时期士阶层，到孔子时仅为底层的士，近乎平民阶层。当时士阶层大多学习礼乐，其中不少人以相礼为业。孔子幼年丧父，主要受到母亲的教导，年幼以"陈俎豆"为乐，喜欢练习行礼，更有向学的志向，"十有五而志于学"。他学无常师，广泛地学习各种知识与典籍，20多岁时以知礼而闻名于鲁国。孔子30多岁时，开始授徒教学，人生轨迹发生了重大转变。后来，他又在鲁国任司空、大司寇等职。孔子晚年删述"六经"，教授弟子，思想体系成熟完善。可以说，孔子通过广泛学习知识、深入研究思考，由平民转变为思想深邃、学识渊博的伟大思想家、政治家、教育家。

孔子的蜕变也带动家庭发生了改变。他教育儿子孔鲤学诗学礼，教导孙子子思儒学的真谛。子思得孔子思想的真传，成为推动儒学发展的重要一员，并且子思将其思想知识传给儿子孔白，孔白传儿子孔求，孔求传儿子孔箕……通过这种子承父教的形式，孔子的思想学说在家族中代代相传。孔氏家风固化成以传承儒家思想学说为内涵的文化世家之风，被人们称为诗礼家风。后来，孔子不断受到世人的尊崇，被尊称为"至圣先师""大成至圣文宣王"等，孔子诗礼家风也就可以被尊为至圣家风。

颜子与父亲颜路本属于鲁国平民，先后学于孔子。颜子更为优异，好学乐道，重仁重德，是孔子最得意的弟子，多次得到孔子及同门的赞赏，被评为德行第一。颜子的仁德思想影响了其子孙后代，改变了原有的家族风气，逐渐形成了以仁德为特色的家风。颜子最早配祀孔子，后被封为复圣，颜子开创的仁德家风也就被尊称为复圣家风。

曾子与父亲曾点也属于鲁国平民，以务农为生，也先后学于孔子。曾点是"半耕半读"，一边跟随孔子学习，一边耕作务农；曾子也有和父亲一起"耘瓜"的记录。可以说，曾子父子大半时间是"耕读传家"，中国传统社会两千多年兴盛的耕读家风与曾子父子有着密切的关系。曾子通过勤奋学习，领悟孔子"一以贯之"之道，得孔子思想精髓，学成以后不再务农，而是以弘扬儒学为己任，招徒讲学于洙泗一带，并且一度"友教士大夫"，居武城，为武城大夫之师。教学中，曾子也亲授儿子们，将他的仁孝思想在家族中传承下去，形成了仁孝家风。曾子是从平民中走出来的圣人，被尊为宗圣，曾子家风也由耕读传家晋升为宗圣家风，这是曾子对平民耕读家风的突破与超越。

孟子出身战国时期平民家庭，母亲以纺织为生，非常重视对他的教育。孟母三迁其家，最后定居到学堂附近，将孟子带到了儒家文化的门前。孟子潜心学习儒学思想，自称"私淑"孔子，继承和发展了孔子的思想。他授徒教学，重视"仁义"，并提出了一系列新的思想观念，如仁政、性善、浩然之气等。同时，孟子将其思想在家族中传承下去，形成了以仁义为核心的优良家风。孟子在儒家文化乃至中国文化的发展中起到了举足轻重的作用，被尊称为"亚圣"，他开创的仁义家风便被誉为亚圣家风。

从以上可知，四大圣人家风的开创者孔子、颜子、曾子、孟子原本都是平民，家风也只是平民家风。他们通过自身努力，成为知识渊博、品德高尚、思想深邃的社会精英。他们不仅改变了自己的人生轨迹，而且把思想美德传递给子孙，从而改变了家庭的风气，使家族上升为富有文化涵养的文化世家。随着孔子、颜子、曾子、孟子被尊为圣人，他们开创的家风也被提升为圣人家风。

圣人家风的形成告诉人们，家庭的风气在潜移默化地影响着人，人的思想意识、行为习惯等也在改变着家庭的风气。人改变了，家风也会发生改变。所以说，家风具有可塑性、可变性，改良家风的最佳途径是修身养德、向学习儒、重视家教等。圣人家风不是高不可攀的，而是普通家庭可以学习借鉴的典范。

二、圣人家学、家教、家风

四氏圣人家风形成后，传承发展了两千多年，培养出众多优秀人才，使家族保持长期兴盛。这不仅在中国历史上是奇迹，在世界历史上也是少有的。四氏圣人家风能够长盛不衰，不是偶然，而是缘于总结出许多维系家风传承发展的载体和途径，集中表现为家学和家教。一般家庭多有家教，而多没有家学。圣人家族能够保持思想文化的高度发展，主要在于重视家学的传承，并在家学传承中探索出了系统、科学的家教方法，从而使家风得到不断发展提升。

（一）圣人家学

家学，是家族内世代传承发展之学，是中国古代学术思想传承发展的主要方式。家学的发展兴盛需要数代人不断传承积累。前人将毕生的探索、研究教于子孙，子孙再继承先辈遗志，在此基础上加以完善，再教于其子孙。如此传承、积淀了好多代，知识学问渐成系统，才能形成蔚为壮观的家学。可以说，家学是家族精神相承的主要载体，是家族文化思想和价值观念传承的纽带。

孔、颜、曾、孟四氏圣人家族都具有丰富而悠久的家学，特别是孔氏家族，家学发展最为兴盛。孔氏家学是指由孔子及其后裔不断传承与发展的学术文化，以孔子整理的"六经"及儒家其他典籍为基本内容。在两千多年的历史长河中，孔氏家学随着时代的变迁、儒学的发展而不断发展。两汉时期，孔氏家学达到了兴盛，在经学研究上取得了巨大的成就，尤其是以孔安国为中心整理训解的《古文尚书》《古文论语》《古文孝经》等，为古文经学的发展奠定了基础。而且，他们整理孔子和其他先祖的遗说，形成了《孔子家语》《孔丛子》两部家学著作。著名学者李学勤认为："今传本古文《尚书》、《孔丛子》、《家语》，很可能陆续成于孔安国、孔僖、孔季彦、孔猛等孔氏学者之手，有着很长的编纂、改动、增补的过程。"① 在他看来，《孔丛子》《孔子家语》作为孔氏家学的重要内容，并不是伪书。这种看法得到越来越多学者的认可。

魏晋南北朝时期，世家文化兴盛，孔氏家族不仅凭借着家族文化得以在战乱中持续发展，而且家学的内容更为丰富、治学范围更广。孔氏学有所成的可考人物有三十多人，他们的研究更为广泛，涉及经学、历史、文学、艺术、历法等。如孔子二十二代孙孔衍著述多、涉猎广，"博览过于贺循，凡所撰述，百余万言"（《晋书·孔衍传》）。隋唐时期经学渐渐复兴，孔氏学者文化素养明显提高，多人通过科举入仕，总体上保持经学研究的路向，特别突出的是孔颖达。他主持编撰《五经正义》等，形成了唐代义疏派，引领经学发展到新高峰。宋元时期，孔氏家学在文学与家学志书方面得到了快速发展。如，孔传著有《阙里祖庭记》《东家杂记》《孔子编年》《祖庭杂记》等家学著作，其中《东家杂记》被学者称为"最早的孔氏志书"。明清时期，孔氏子孙在经学、考据学、文学等多个领域取得了辉煌成就，孔继汾、孔继涵、孔广森、孔广林等在学界具有重要影响。

可见，孔氏家学随着时代的发展而发展，既是儒学的重

---

① 李学勤：《竹简〈家语〉与汉魏孔氏家学》，《孔子研究》，1987 年第 2 期。

要部分，引领、补充着儒学的发展，又具有自己的内容和特色。通过孔氏家学，既可以看出孔氏家族思想文化的发展演变轨迹，也可以看出社会的演变和整个儒学的发展轨迹。这正如孔子六十九代孙孔继汾所说："阙里家学，盖二千年而每随国故为兴替，君子观此亦可以识世运矣。"①

孔氏家学浩瀚繁富，不同著述在内容、风格宗旨等方面有很大不同，但是它们所潜藏的思想精要又是一致的。对此精要，孔继汾曾有恰当论述："自先圣删述'六经'以垂教万世，而后代之言'六艺'者必折衷于孔氏。……后之子孙守而弗失，凡有著作类不敢骛隐怪而背遗经，家乘所传，章章可考也。顾守道之儒抱经术，博雅之士尚文章，志趣既殊，著作亦异，而要以不诡于圣人之训而止。"② 由此可见，孔氏家学承载的精神内涵始终如一，都是不违孔子教训、思想。这些教训主要是学诗学礼的祖训，思想则是儒学经典的内在要义。孔氏家学形成后，便成为家族精神传承的重要载体，成为家风传承发展的重要动力与精神源泉。

颜路、颜子父子师承孔子，并将儒学作为颜氏家学的重要内容。颜氏家学也随着儒学的发展而发展，家族文化日益丰盛、系统。魏晋至隋唐时期，颜氏家学达到了鼎盛，家族中涌现出了一批杰出的儒学大师，如颜含、颜延之、颜之推、

---

① 孔继汾：《阙里文献考》卷二十七，《孔子文化大全》，山东友谊书社，1989 年，第 623 页。

② 孔继汾：《阙里文献考》卷三十一，《孔子文化大全》，山东友谊书社，1989 年，第 667 页。

颜之仪、颜思鲁、颜师古、颜真卿等。他们好学乐道、修身养德，创作了大量优秀作品，在多个领域有所成就，极大地丰富和发展了颜氏家学。他们多位居高层，对儒学的发展有重要的推动作用。宋元时期，颜氏家学虽由隋唐时期的高速发展转向低速发展，但家族中还是沿袭了重视家学的传统，培养出一些优秀人才，宗子颜太初及其子孙、颜师鲁家族便是其中的佼佼者。明清时期，颜氏家学呈现出新的面貌，家志家谱等兴盛，也出现多名儒学大家，如曲阜颜光猷、颜光敏、颜光敩兄弟及其子孙，颜钧、颜元等。颜氏家学又呈现勃勃生机。

曾点与曾子学于孔子，曾元、曾申、曾华直接学于父亲曾子，曾西学于叔父曾申，曾子四世家学相承，所学根本上来自孔子，是对儒家学说的继承和发展。此后，曾氏家族世代相传的家学是儒家典籍，特别是《孝经》等曾氏先祖的著述文章。曾氏家学随着时代的变化、儒学的发展而不断发展，呈现为波浪式发展趋势。这主要表现为：先秦时期家学发展到高峰、汉唐时期家学呈现低迷状态、两宋时期家学达到兴盛、金元时期家学又是低谷、明清时期家学再次发展兴盛。尤其是两宋时期，章贡曾氏、南丰曾氏和晋江曾氏将曾氏家学推到了鼎盛，其中的曾巩、曾几、曾公亮、曾孝宽、曾布等更是家族中的佼佼者。他们优于德行才华出众，位居高层，在文学、经学等领域有重要成就，带领家学走向繁荣。尽管曾氏家学各个阶段的发展特色和兴衰不同，但在家学内涵中始终贯彻着曾子仁孝思想的底色。

孟子得孔子思想真精神，并且加以进一步阐发，形成自己的思想体系，集中体现在《孟子》一书。《孟子》成为孟氏家学的主要内容，对孟氏家族有重要的引领作用。孟氏家学随着时代的发展而发展，特别兴盛的是汉代经学、唐代诗歌、宋明清时期的家志家谱等。后蜀孟昶将《孟子》列入"十一经"中，对《孟子》的提升起到了一定的作用，对孟氏家学的传承发扬也起到了重要的推动作用。明清时期不断完善的家族志书《三迁志》，尤其是孟广均主持编撰的《重纂三迁志》，成为目前研究孟氏家族内容最为完善、考证最为翔实的版本。虽然孟氏家学不同时期的内容形式都有所变化，但是仁义思想一直贯穿在家学之中。

由以上四氏家学发展的概述来看，尽管四氏家学的内容风格、发展程度等有所不同，它们的底色却是相同的。这底色是由四氏家学相近的家学内容——儒家典籍奠定的，是对德、仁、孝、义、悌等儒学要义的传承。也就是说，四氏家学都以学习发扬儒学作为基本内容，并随着儒学的发展而发展。儒学的精要作为家族精神的纽带和动力，让家族成员保持精神上的富足、品德上的高尚、修养上的自觉。所以，四氏圣人家族能够保持两千多年优良家风不坠，家族长盛不衰。

（二）圣人家教

家学的传承发展离不开家教。家教是指对家族成员的教育、训导和规范，是传达思想、观念、知识等最直接和快速的方式，是家学传承发展的基本途径和方法。古代的家教主要包括言传、身教、家规、家训、族规、族训、家范、家诰、家语等，是长辈对子孙知识经验的传授，更是行为的规范和道德的养成教育。家庭中一般都有家教，有良好的教育，也有不良的教育。

孔、颜、曾、孟四氏家族都是优良家教的典范。圣人家风的开创者孔子、颜子、曾子、孟子都有从事教育的经历①，具有先进的教育理念，一开始就将家教提升到很高的程度。经过几十代人不断探索与积累，四大圣人家族都形成了全面、严明、规范的家教系统。

孔子作为中国首位伟大的教育家，也重视家教，教育儿子孔鲤、孙子子思，对孔氏家教奠定了很高的基点。在两千多年的历史中，孔氏后裔遵循先祖的教育理念，并不断丰富发展教育的方式、方法、内容等。孔氏家教方式多样，主要有：家族内的言传身教，自为师友；家族专门的教育机构，包括庙学、三氏学、四氏学等；家庭的礼教规范；家族的族规、族训等。孔氏家族逐渐形成了系统、庞大而科学的教育体系。

孔氏家族特别重视礼的教育，制定了自己的礼仪规范，保存了许多特有的家族礼乐制度，并将其汇编成书。如清代孔尚任纂《圣门乐志》，孔尚忻编《圣门礼志》，孔传铎著《圣门礼乐志》，孔继汾著《孔氏家仪》《家仪答问》等。这

---

① 由于颜子早逝，对颜子是否授徒教学，常有异议。《荀子》等典籍记载儒分为八，其中之一便是"颜氏之儒"，有学者认为开"颜氏之儒"的当是颜子。而且，从颜子随孔子归鲁后，帮助整理典籍、助教来看，颜子应该有从事教育的经历。

些典籍是孔氏家族礼乐文化的系统总结，也是家族礼乐教化的重要资料，充分体现了家族诗礼传家的特色。家教对孔氏家族具有非常重要的意义，是孔氏家学得以传承的主要途径，是培养德才兼备人才的主要方式，也是孔氏家族两千多年家风不坠的重要保障。

复圣颜子家族特别重视家教。在南北朝时期，颜氏家族经过不断探索，形成了系统的家教理论。这主要表现在：颜含提出"靖侯成规"、颜延之作《庭诰》、颜之推著《颜氏家训》。特别是《颜氏家训》，内容非常丰富，主要包括立身处世、齐家教子、治学事业、自省养性、养生健体等众多方面，其宗旨为"整齐门内，提撕子孙"，可谓我国首部系统完备、体大思精的家教典籍。清时，颜光敏又作《颜氏家诫》，进一步丰富了家教内容。颜氏家族以这些家教典范作为教育子弟的圭臬，并在具体的实践中加以运用，培养了颜氏子孙重德行修养、好学乐道等美好品质，也教导他们在学术、仕途上取得了丰硕的成果。另外，颜氏家族根据这些家教典籍，制定了族规、族训，以简明的形式对族人进行教育规范。颜氏家教的兴盛促进了家学的繁荣，也保障了仁德家风在颜氏家族中源远流长。

曾点严格教曾子，曾子用心教三子，曾申全力教曾西，曾子家族在先秦时期就已经形成了重视家教的风气。曾子后裔继承了重教的传统，并不断丰富家教的方法、内容，形成了完善的家教系统。如特别注意言传身教，制定了族规、家规，建立书院等。宋代的曾公亮、曾易占、曾肇、曾几，清代的曾毓墫、曾国藩等，都是重视家教的典范。尤其突出的是曾国藩，他所著《曾国藩家书》堪称中外家教的经典，将曾氏家教推向了高峰。在家教内容上，曾氏家族除了知识的教授，更重视德行的养成、孝悌仁义的践行等。在严明的家教下，曾氏家族的仁孝家风得到强化，家族中培养出众多的优秀人才。

孟母非常重视教子，被称为母教一人，孟母三迁、断机劝学等典故堪称家教中的典范。孟子作为教育家，也重视家教，认为"易子而教"和"贤父兄之养"都是家教的好方式，旨在通过教与养达到"亲亲，仁也，敬长，义也"。数千年来，在孟氏家族重教的传统下，家教的方式和途径也几经变化。从父子相传、延师而教，到三氏学、四氏学的官学之教，再到三迁书院、前学后学、亚圣府小学等亚圣府办教，教育形式随着时代的发展而变化。家族内也制定了家训、族规，对族员的思想行为加以规范。通过家教，孟氏家族在世世代代学习儒家思想、先祖学说中，提升了道德素养，发展了以孟子思想为核心的孟氏家学，传承和发扬了以仁义思想为中心的家风正气。

总起来看，四氏圣人家教的内容不断增加，方式更加多样，教育的范围也在逐渐扩大。其中，家教形式主要表现为：有家庭中的言传身教，也有家族的族规、族训；有家中的自为师友，也有族内的书院教育；有四氏家族各自的教育，也有三氏学、四氏学类共同教育。圣人家教在圣人家风的发展中起到了非常重要的保障和促进作用。

（三）家教、家学、家风的关联

从孔、颜、曾、孟四氏圣人家族的家教、家学、家风的形成和发展来看，家教、家学、家风三者是密切关联的整体。家教是传承发展家学的途径和手段，家学是家教的基本内容和根基，家风是家学和家教的结果显现。

传承发展了两千多年的家学是圣人家族特有的部分，是圣人家风保持长久活力的精神载体和能量来源，也是维系家族成员人生信仰和价值追求的精神纽带，使家族具有精神方面较强的凝聚力和强大的生命力。家学的思想内容，决定了家风的内涵特色，也保障了家风的传承和发展。圣人家学都是以儒家思想作为基本内容，都提倡孝道、礼义、仁爱等道德理念，都是对儒家文化的传承和发展。于是，四氏圣人家风都含有儒家文化内涵，是注重道德修养与文化素养并行的家风。四氏圣人家学又随着社会的变革、历史的发展而不断发展，充满生机。这就为家风不断注入新的内容，增加了家风的活力和生机。同时，家学为家教提供了丰富、深刻的内容，让家教有所依托和归属。家学越丰富，家教越兴盛，家风也就越淳正浓郁。

圣人家学得以长久兴盛发展，圣人家风得以绵延数千年，与家族严明、系统的家教有极大的关系。由以上圣人家学的形成发展来看，它们能够传承发展下去，离不了父母、兄长、族人等一代代的家教。家教可谓家学得以传承发展的主要途径，有家教，家学才能更好地传承发展；家教是培养德才兼备人才的主要方式，使家庭成员具备更好的学识品德；家教也是家风得以传承发展的重要保障。如果没有家教，家学很难传承发展下去，家风的形成和发展也必将大打折扣。钱穆曾在《略论魏晋南北朝学术文化与当时门第之关系》中，对魏晋南北朝时期世家大族的家教、家学与家风关系做了论述：

> 当时门第传统共同理想，所希望于门第中人，上自贤父兄，下至佳子弟，不外两大要目：一则希望其能具孝友之内行，一则希望其能有经籍文史学业之修养。此两种希望，并合成为当时共同之家教。其前一项表现，则成为家风，后一项之表现，则成为家学。[①]

钱穆认为魏晋南北朝时期世家大族对子弟的教育形式主要是家教，家教的内容主要是"孝友之内行"与"经籍文史学业"。"孝友之内行"归属于道德行为，是家风之列，而"经籍文史学业"属于文化知识方面，形成家学。家风与家学的形成发展有赖于家教。这一观点也可适用于圣人家族。圣人家族严明、系统、规范的家教，使家学传承发展更为兴盛、长久，使家风的延续更为悠久、淳正。

在家学和家教的共同推动下，圣人家风得到不断发展、提升，历经数千年不坠。良好的家风一旦形成便具有巨大的力量，潜移默化地影响着家族中的每一个成员，促使其不忘

---

① 钱穆：《中国学术思想史论丛》（三），生活·读书·新知三联书店，2009年，第159页。

修德养身，推动着家学与家教的不断发展。最后，家学、家教与家风融合在一起，成为强大的合力，培养出了众多德才兼备的优秀人才。优秀的圣人后裔也传承和发扬着家族孝悌忠信、仁义刚毅等优良家风，使家族保持繁荣兴旺，也丰富和发展了中华文化。

三、圣人家风的历史意义

孔、颜、曾、孟四氏圣人家风形成于春秋战国时期，以儒家思想为精神内涵。儒家思想作为内圣外王之学，具有丰富而深邃的内涵。圣人家风也成为中国历史上最具思想内涵的家风。儒学在中国历史上长期处于显学位置，受到众多帝王的尊崇。圣人家族也常常受到各种优遇。圣人家族的家风也不断得到颂扬，贯穿家族之中发展了两千多年，可以说是最为悠久、兴盛的家风。圣人家风能悠久兴盛，主要在于其有丰富的家学和严明的家教来支撑。圣人家风有规律可循，并有广泛的实践性、普世性。对众人来说，它们是可以学习、践行的典范。故而，圣人家风一经形成便注定具有强大的生命力和广泛的影响力。它们在历史上确实发挥了重要的作用，主要表现在以下几点。

（一）圣人家风对本家族的指引

家风一经形成便长期潜移默化地影响着家族成员的价值观念、行为习惯、人生方向等，进而决定家族的走向。随着圣人家族的发展壮大，圣人家风也在不断传承发展，引领着整个家族的发展。世代传习的圣人家学成为家风得以传扬下去的精神载体。无数圣人后裔从家学中领悟到先祖的智慧和美德，进而修养自身、志道向学，成为德才兼备的人才。他们又使家学传承下去，使家风历久弥新。严明的家教为家风世代相承提供了保障和途径，保证了家风得以有效地传承下去。于是，乱世之中，圣人家风使家族得以自保，家学沉淀积累；治世之中，圣人家风使家族兴盛发达、人才济济。

在圣人家风的引领下，圣人家族多次呈现英才辈出的繁荣现象。如，清代六十七代衍圣公孔毓圻与其弟孔毓埏，夫人叶粲英，子女孔传铎、孔传鋕、孔丽贞等结成诗社，常相与唱和，谈论文学词赋，形成了浓郁的文化氛围，家庭中到处洋溢着论学谈诗的风气。在这种风气的影响下，家族内学识渊博的学者骤多，在多个方面取得了突出成就，不仅广注群经，而且对数学、天文、地理、音韵等多有涉猎，有著述五十多种。

再如，在宋代崇儒尊孔的形势下，曾氏家族发展到了鼎盛。南丰曾氏、晋江曾氏、章贡曾氏都取得了辉煌成就，在学术、仕途上都有显赫的人才出现。晋江曾氏因才学出众，科举中第不断，其中的佼佼者当数曾公亮、曾孝宽、曾怀、曾从龙，四人皆位至相，不仅位居高位、勤政爱民，而且知识渊博，重家教家学。南丰曾氏中也是人才辈出，曾易占六子皆中进士，其中曾巩、曾布、曾肇尤为出色。章贡曾氏因"一门四进士"名闻天下，兄弟四人曾弼、曾懋、曾开、曾几都中进士，而且对儒家典籍都有深入研究，推动了家学的发展。曾氏家族达到繁盛，是曾氏家学长期积累的结果，是家风长期教化的结果。家学的繁荣发展也促进了家族中家风的发展提升，使家族中洋溢着好学向道、孝悌仁爱等良好风气。

"与国咸休，安富尊荣公府第；同天并老，文章道德圣人家""孝悌忠信传家远，修齐治平德业兴"等圣人府第的楹联，正是对圣人家风恰当的概括。饱含这些内容的圣人家风作为家族的精神主导，具有潜移默化而又异常强大的力量。它们引领着圣人后裔的人生走向，丰富着他们的心灵世界，使他们品行高尚，富有学识涵养，进而保持家族的长久兴盛。

（二）圣人家风对儒家文化的促进

孔子、颜子、曾子、孟子作为儒家四圣，奠定了儒家文化的根基。以四圣思想为核心建立的圣人家学、家教、家风，自然也是儒家思想的重要部分。家学、家教、家风融入家族文化的传承发展中，使家族得以发展繁盛，也使儒学更具生命力和持久性，使中华文化得以更好地传承发展。

当儒学面临困境时，圣人家学能保证儒学在家族中自觉地发展传承下去，而不会断裂和消亡。如，秦时统治者对儒学采取打压抑制措施，世人多不敢研习儒学，但孔子家族仍保有诗礼家风，通过家学的形式保证了儒学在家庭中传承发展，令儒学保持活力与生机。孔子九代孙孔鲋见形势严峻，将书籍藏于鲁壁中，使儒家典籍得以保存下来。孔安国、孔臧等孔氏后人，又对鲁壁藏书加以整理注释，保存并发展了家学，也使古文经学发展兴盛起来，成为儒学的重要部分。可以说，没有孔氏子孙的藏书与整理，就不会有古文经学，儒学的发展也将失色很多。

再如，五代十国时期，儒学荒滞，儒家典籍散佚较多。曾子四十代孙曾崇范家藏九经子史，读书自若，延续着曾子仁孝家风。南唐要建学校，搜集典籍，曾崇范便将家中丰富的藏书敬献出来，将优秀的思想文化带给世人，为当地文化的发展做出了贡献，传承和发扬了儒家文化。

圣人家风充盈着儒家思想，也为家学的发展提供氛围和动力，保障家学能顺应时代需要更好发展，促使儒学更好地发展与传播。四大圣人家族都经过多次迁徙，可他们无论走到哪里都没有改变家风，没有放弃对家学的传承与发展，并且将儒学带到了多个地方，促进了儒学的传播，加快了当地儒学的发展、良好风气的形成。

如，西汉末年，曾子十五代孙曾据"耻事新莽"，率族人南迁，将曾子思想、儒家文化带到了庐陵地区。唐僖宗年间，曾子三十六代孙曾延世举家迁徙到福建晋江，发展为晋江曾氏，推动了晋江地区儒学的发展。曾子三十九代孙曾洪立在唐昭宗时任抚州南丰县令，定居南丰，后发展为显赫的南丰曾氏，带动了南丰地区儒学的发展。

再如，东汉时期，颜子二十四代孙颜盛举家从鲁国迁到琅琊。颜盛以德行学识，不仅教化影响了子孙后代，使他们在学术与政治上有所成就，而且促进了当地儒学的发展。尤其是颜盛的长子颜钦，经学造诣颇高，明了《韩诗》《礼》

《易》《尚书》等典籍，并能融会贯通。当地学者多向他求教学习。二十七代孙颜含位列三品，"学乃敦经"，注重传承发展家学，推动了颜氏家学的发展，也将孝悌之风、仁爱之德带到了建康。三十五代孙颜之推学识渊博，仕四朝六帝，由南方迁居北方，更是将儒学传播到多个地区，并将南方文化与北方文化融合，推动了儒学的发展。

圣人家族对儒学的传承与传播，是以家庭为单位，将血缘的传承与精神的传承相结合，所以这种传承发展更具有纯粹性和持久性，使儒学的传承发展更为纯正、久远。圣人家学、家教、家风也成为儒家文化传承发展的重要内容。

（三）圣人家风对家风建设的引领

圣人家风由平民家风升华而来，具有普世性和实践性。重视孝悌仁爱、德行修养和向学志道是圣人家风共同的特色，这也是绝大多数家庭追求和向往的境界。所以，圣人家风对其他家族家风的建设和改进具有重要的引领和示范作用，促进了众多家庭良好家风的养成。

至圣孔子家风强调诗礼传家，要求子孙具有"文章道德"，德才兼备。这一家风对其他家族影响深远。"礼乐传家久，诗书继世长"，不仅悬挂在孔府中，作为孔氏家族家风的写照，也成为大多数家庭中悬挂的对联，激励着家族成员读书习礼、学文养德。

《颜氏家训》作为颜氏家族在家学、家教、家风方面常年积累而结成的硕果，也是我国首部系统的家教典籍，对后世家庭教育、家风养成具有重要的影响。如《颜氏家训》关

圣人家风

于婚姻的要求是"婚嫁勿贪世家"①。明代朱柏庐著《朱子治家格言》也规定："嫁女择佳婿，毋索重聘；娶媳求淑女，勿计厚奁。"两者说法不同，实质却是一致的。可以说，《朱子治家格言》好多内容都是对圣人家风的借鉴与发展。

曾子及曾氏后裔通过实践孝悌之道，发扬刚毅忠信等美德，使家族走向繁荣。同时，这种道德风气对众多家族也具有示范力量。如，曾子孝亲、教子等典故，成为古今中外无数家庭尽孝、教子的楷模，引领世人践行仁孝美德。汉代采取"举孝廉"的政策，提升了仁孝思想的影响力，使孝成为我国古代家风的主旋律。近代曾国藩家教的结晶《曾国藩家书》，也成为家庭教育的典范，对修身、齐家、教子等起到了有益的引领和指导作用，有利于众多家庭家风的建设。

"母教一人"之孟母作为母教的典范，对众多家庭的教育，尤其是母教，具有重要的启发和引导作用。"昔孟母，择邻处，子不学，断机杼"，成为家喻户晓的教子格言。清代兵部侍郎徐宗干在《孟子世家谱·跋》中写他的曾祖母因受孟母教子思想的影响，三迁居所，用心教子，使家族养成读书好学的风气，促使子孙都学有所成。可见，孟母对世人教子起到重要指导作用。孟子"易子而教"的思想，对后人教子也有很大启发。就连硕儒朱熹都采取"易子而教"的方法，把儿子教给齐名的吕祖谦来教育。由此可知，易子而教确实有其合理的地方。

---

① 王利器：《颜氏家训集解》，中华书局，2016年，第415页。

　　总而言之，经过数千年历史沉淀的圣人家风，具有强大
的生命力和广泛的普世性。圣人家风以丰富的内涵，对本家
族的发展具有巨大的指引作用，培养出众多德行兼善的人才，
保证了家族的繁荣发展。圣人家学、家教、家风作为儒家文
化的重要部分，促进了儒学的传承发展。圣人家风作为优秀
传统家风的典范，对其他家族的家风建设具有积极示范引领
作用。历史上，无数家庭以圣人家风为范本，培育自家家风，
形成了多种不同类型的优良家风。这对改良社会风气起到了
重要作用。

第一章
至圣孔子诗礼家风

　　至圣孔子创办私学教授弟子，系统整理了古代文献"六经"，创立了儒学，给世人留下了宝贵的精神财富和文化遗产。同时，孔子注重教育儿子孔鲤、孙子子思，让儒学在家族中传承发展，形成了孔氏家学。孔子后裔世代恪守孔子"学诗学礼"的训导，以继承、发展和弘扬孔子思想为己任，自觉传承家学，遵守礼义规范，注重家教，形成了富有文化内涵的孔氏诗礼家风。在家学、家教和诗礼家风的熏染教化下，孔氏家族培育出了众多德才兼备的优秀人才。这些优秀人才使孔氏家族成为我国历史上文化素养和道德水平首屈一指的文化世家，被世人尊称为"天下第一家"。孔子诗礼家风作为优良传统家风的典范，对众多家风的形成发展具有重要的引导和示范作用。孔子诗礼家风如何形成？孔氏家学在两千多年间如何发展演变？孔氏家族如何通过家教让家族人才辈出、长盛不衰？这些问题值得人们细细探索。

第一节　至圣孔子诗礼家风的养成

孔子出身几近乎平民，通过勤奋学习成为知识渊博的师者。在授徒教学中，他不仅积累了丰富的教育经验，思想逐渐成熟完善，而且培养了大批儒学人才。在教学过程中，孔子注重家教，在家庭中形成了学习诗礼等知识文化的风气。后来，子思又教儿子子上，子上又教儿子孔箕，如此子承父教，家学相传，将孔子的思想学说在家族中代代传承发展下去，形成了孔氏诗礼家风。因为孔子不断受到人们的尊崇，被尊为圣人，孔子开创的诗礼家风也被尊为至圣家风。

一、孔子奠家风根基

孔子被后人尊为"先师""至圣"，他本人却说"吾少也贱"，不敢自称"圣与仁"。孔子为何这样说呢？他是怎样成为"师"与"圣"的呢？这要从孔子的家世和一生来说。

（一）孔子家世

孔子出生于鲁国陬邑一个低级贵族家庭。父亲叔梁纥是一个武士，做过陬邑大夫。叔梁纥先娶施氏，生九女，无子；再娶一妾，生子曰孟皮，腿有残疾。当时规定，身有残疾者不能做家族继承人。无奈，年老的叔梁纥又娶了年轻的颜徵在，生了孔子，起名丘，字仲尼。

叔梁纥是子姓，为殷商后裔，在姬姓的鲁国属于异姓。

但是，叔梁纥父子在鲁国不但没有受到歧视，反而颇受尊重。原因在于，叔梁纥的先祖微子，是商纣王的庶兄，有仁德；周灭商以后，微子被封在宋，是宋国的始受封之君，即开国之君。微子的后代弗父何将国君位置让与其弟，有让国之德。弗父何曾孙正考父辅佐宋国三位国君，三次任命一次比一次恭敬，并且在鼎上刻下铭文"一命而偻，再命而伛，三命而俯"，告诫子孙要谦卑、尽职、节俭，正考父自身也声名洋溢，远近皆知。正考父之子孔父嘉为孔子六世祖，在宋国内乱中被杀，他的曾孙防叔避祸奔鲁，从此成了鲁国人。到孔子时，鲁国仍然传诵弗父何、正考父的盛德。大贵族孟僖子临终前嘱咐两个儿子要拜孔子为师学礼，说："吾闻圣人之后，虽不当世，必有达者。今孔丘年少好礼，其达者欤？"（《史记·孔子世家》）为什么认为孔子是圣人之后？因为弗父何让国，让国是大德，所以被尊为圣人。可见，孔子远祖非同一般，虽后来家族权势与地位下降，但德声令名经久不衰。

至叔梁纥时，只属于低级贵族——士阶层。叔梁纥因多次立下战功，"以勇力闻于诸侯"，在鲁国比前几代稍有威望。可是孔子3岁时，叔梁纥便去世了。颜徵在只好带着年幼的孔子离开了陬邑，来到了鲁国都城阙里生活。

（二）孔母教子

当时的鲁国保存了比较完整的周代文化与典籍。周初分封天下时，周公旦被分封到鲁国。因周公辅助武王灭商，后又辅佐成王制礼作乐、治理天下，立下汗马功劳，所以鲁国

"祝宗卜史，备物典策，官司彝器"等较为齐备，典籍、礼乐、祭器等比其他诸侯国更为完备。

即使到了礼崩乐坏的春秋时期，鲁国仍保有较为完备的文化典籍，保持浓郁的文化氛围。如鲁襄公二十九年（公元前544），吴国季札出使鲁国，"请观周乐"。鲁人为他奏乐咏诗，季札听后赞曰："美哉，周之盛也，其若此乎！"（《史记·吴太伯世家》）可见，当时鲁国礼乐文化不仅保存完好，而且在实践中得到积极应用。保存下来的这些乐曲，正是孔子晚年删《诗》、制《乐》的重要资源。再如，晋国韩宣子出使鲁国，去掌管文献档案书籍的太史处翻《易·象》与《春秋》等书，不禁赞曰"周礼尽在鲁矣"（《左传·昭公二年》）。当时的吴国、晋国在经济和军事等方面虽强盛，在文化上却远不及鲁国繁荣。

鲁国都城浓厚的文化底蕴是吸引颜徵在来这里养育孔子的重要原因。颜徵在注重对孔子的教导，可是孤儿寡母迁居异地，生活充满艰辛。孔子自言："吾少也贱，故多能鄙事。"（《论语·子罕》）因出身几近于平民，家里贫穷，孔子年少时便学会做许多事，掌握了多种生活技能。如他所说："我是擅长赶马车呢？还是擅长射箭？我还是擅长赶马车吧！"多层面的历练让孔子体会到生活的种种艰辛，形成了他坚毅刚强的性格，也激发了他改变困境、向往美好生活的志向。

孔子小时也玩耍，所玩的是"陈俎豆，设礼容"（《史记·孔子世家》）的游戏，以模仿大人摆放礼器、祭祀行礼为乐。孔子能玩这些游戏，是见过大人这样行礼，受到礼仪方面的教育，并得到了母亲的允许与认可。练习行礼的游戏，暗含着孔子的兴趣所在，也隐含着颜徵在对孔子的期望。她希望儿子尽快掌握礼仪规范，长大后能成为知礼博学的君子。这份期望深深影响着孔子，对他的志向具有重要的引导作用。再加上鲁国都城得天独厚的文化底蕴滋养，孔子"十有五而志于学"，年少时便坚定了向学的意志。

（三）好学不厌

孔子15岁立下向学的意志，学贯穿了他一生。他自言："十室之邑必有忠信如丘者焉，不如丘之好学也。"（《论语·公冶长》）自我评价最值得称赞的并不是忠信之德，而是"好学"的精神。孔子发自内心地喜欢学，以学为乐，并且善于学，总结了一系列好的学习方法。

1. 学无常师

"三人行必有我师焉，择其善者而从之，其不善者而改之。"（《论语·述而》）这是孔子学习得以不断精进的主要原因。他以优秀者为师，学习他人的优点和长处，而没有固定的老师，老师众多。如，孔子对以礼闻名的老聃充满敬意，后在鲁国国君资助下，终于到了都城，问礼于老聃，向苌弘学乐，考察了周王祭祀天地之处，观看了宣明政教的明堂和周朝的宗庙等，对礼、乐、制度等有了更加系统的认识。回到鲁国后，孔子弟子更多了。

孔子除了向比自己优秀的人学习请教，还"敏而好学，不耻下问"，向不如自己的人请教。《论语·述而》记载："子与人歌而善，必使反之，而后和之。"孔子与别人歌唱，只要这个人唱得好，便让这个人再次唱，并向他学习，与他唱和。孔子去太庙观礼，每事要问个究竟。郯子来鲁国，孔子向郯子请教少昊氏以鸟名官的来历，等等。正是孔子学无常师，虚心向多人请教学习，才能学问日长、知识日丰，终成为通晓礼乐文化的博学多识之人。

2. 精学多练

《史记·孔子世家》记载，孔子曾跟随当时著名的乐师师襄子学琴，连续数十天，只练一首曲子。师襄子说："可以弹新曲了。"孔子说："我还没掌握技巧。"又弹了几十天，师襄子再次让他学新曲子。孔子答还没领会此曲的旨趣。在孔子弹了几十天后，师襄子又如前说。孔子回答还没感受到作此曲的人。又弹了数十天，孔子突然仰首远望，说："我见到此人了：他身材高大魁梧，脸色黝黑，目光深邃，不是周文王，还有谁能作此曲！"师襄子听后很佩服，说："此曲正是文王所作《文王操》。"孔子学琴反复练一首曲子，精益求精，直到掌握其精髓为止。这种专一的精学态度，不仅让孔子熟练掌握了礼、乐、射、御等技能，而且精通了《诗》《书》《礼》《易》等古代典籍，思想达到了常人无法企及的高度和深度。

3. 勤学一生

孔子一生勤学，即使晚年仍"读《易》，韦编三绝"，无数次翻阅《易》，致使最结实的韦编也多次断开，可见学习之勤奋。通过勤学，孔子对《易》有了深入认识，作了《易传》，使《周易》得以升华。可以说，孔子生命不息，学习不止，不断进步，对夏商周三代文化有了深入认识，成为古代文化的集大成者。

孔子学习的方法还有学思结合、学行结合等。学既是孔子的人生乐趣，也是进身之阶，是使孔子人生发生转折的关键。通过学，孔子掌握了诗书礼乐等丰富知识和多种技能，成为学识渊博、思想深邃的思想家、教育家、政治家。没有学，就没有学贯古今的圣人孔子。孔子好学的品质深深影响了其子孙后代，成为孔氏家族优良的传统和风气，是家族保持长盛不衰的重要动力。

（四）诲人不倦

孔子"三十而立"——30多岁就学有所成，对古代典籍有深刻理解，以博学知礼闻名于鲁国。有多人要拜他为师。于是，孔子收徒讲学，开办私学教育。直至去世，他一直从事教学活动，成为中国历史上首位伟大的教育家。

孔子的教学内容丰富，涵盖文化知识、行为规范、道德教化、政治伦理等多个方面。他既重视德的培养，也重视知识的传授，意在培养德才兼备的君子。《史记·孔子世家》记载孔子弟子"盖三千焉"，"身通六艺者七十有二人"。这些数字或许只是一个概数，意在说明孔子的弟子众多。值得一提的是，孔子的儿子、孙子等也与弟子们一起接受教育，家教与庠序之教相结合。

孔子"诲人不倦"，即使在周游列国的艰辛十四年内也没有停止对学生的教诲。在多年的教学中，孔子积累总结了许多先进的教育理念和方法，主要表现为以下几点。

1. 有教无类

孔子认为人人都有受教育的权利，所以他招收各个阶层的学生，且以贫困的平民为主。他招收弟子的要求极低，"自行束脩以上"，只要年满15周岁到了束脩的年龄，有志于学便可以来，而不限制出身地位、富贵贫贱、国家地域等。这打破了当时"学在官府"的贵族垄断教育，加快了学术向民间下移。

在这一教育理念下，孔子的弟子来源十分广泛。有颜回等贫穷者，有南宫敬叔等贵族子弟，有子贡等富商巨贾，还有子路等乡野之人。富者贫者济济一堂，五湖四海的人融洽相处，没有尊卑之等。难怪南郭惠子会问："夫子之门，何其杂也？"（《荀子·法行》）子贡回答，孔子学问高深，端正自身，以身示范，等待前来求学的人，想来者不拒绝，想去者也不挽留。这就像良医之门多病人、正直树木之侧多不直的小树一样，孔子靠博学多识吸引了众多求学者。子贡这一回答可谓说出了孔子办学的特色。

弟子学有所成后，散游四方。他们虽从事不同的工作，但在成家生子后，也多将所学传于其子孙后代，将儒学作为家学的重要内容，在家族中传承下去。如颜子、曾子等，就以孔子所教内容为家学，形成了自己的优良家风。

2. 因材施教

孔子认识到人与人在性格、特长、能力等方面存在很大差异，于是针对不同的人，采取不同的教育态度与方法。如，对"听到后是否接着行动"这一问题，孔子告诉子路："有父兄在，怎么能听到后接着行动呢？"对冉求则说："听到后要接着行动。"之所以如此回答，是因子路率直，做事比较鲁莽，故而要让他先问问父兄的意见再决定，养成他慎重的习惯。冉求做事优柔寡断，所以要让他果断一些。孔子就是这样根据弟子的不同个性加以合理引导，让他们的能力发挥到最好。

孔子因材施教，还表现在注意扬长避短，充分施展每个人的天赋特长上。如，孔子认为子路有从政才能，可治理"千乘之国"，冉求略差一点，可治理"千室之邑"，公西华能说会道，适合接待宾客。根据不同的特长，施与不同的教育，使各自的才能和天赋得到最大发展，这种因材施教的方法在孔氏家族的家教中也发挥了显著效果，使家族中涌现出多方面的人才。

3. 启发诱导

孔子提出"不愤不启，不悱不发""举一隅而不以三隅反，则不复也"等教育方法，是要引导弟子主动思考，积极寻找答案，触类旁通。颜渊曾说："夫子循循然善诱人，博我以文，约我以礼，欲罢不能。"（《论语·子罕》）老师在前面循循善诱，教以文，约以礼，弟子们紧随其后，想停都停不下来，积极主动地学习。这是对孔子启发教育的恰当描述。通过启发诱导，调动起学习兴趣和求知欲望，学习才能收到好的效果。

孔子还有许多先进的教育理念和方法，如教学相长、寓教于乐等。通过这些教学方法，孔子将毕生所学传授给了弟子和家族内的子孙们。孔子创立的儒家思想由此在社会上传播开去，同时在家族中传承发展下去，成为家学的主要内容。孔子的教育理念与方法也成为家教的重要部分，在家族中形成了重教风气。

（五）整理"六经"

孔子开创私学、教授弟子，没有现成的教材，便自己整理典籍文献，编订教材。《史记·孔子世家》记载"孔子之时，周室微而礼乐废，诗书缺"，周王室衰微，礼乐制度废坏，典籍缺失已经很严重。孔子担心这些文化典籍逸失，从中年就开始有意对典籍加以收集、整理，对夏、商、周三代的文化进行总结。在弟子们的帮助下，孔子晚年终于将鲁国丰富的典藏及周游列国获得的丰富资料整理、编订完成，结集为《诗》《书》《礼》《乐》《易》《春秋》六部经典，被称作"六艺"或"六经"。"六经"是孔子教育弟子所用的主要教材，是影响中国文化发展数千年的儒家元典。

《诗》又称《诗经》，在孔子之前早已存在，"古者诗三千余篇"，至春秋时期繁多而杂乱。孔子对这些诗加以整理，主要表现在：删除重复篇章，仅留下305篇；进行篇章的调整，"《关雎》之乱以为风始，《鹿鸣》为小雅始，《文王》为大雅始，《清庙》为颂始"（《史记·孔子世家》），把《关雎》《鹿鸣》《文王》《清庙》作为风、小雅、大雅、颂的首篇；给每首诗都配以乐曲，"三百五篇孔子皆弦歌之"。经过孔子的整理，乐归于正，《诗》的各篇皆有其所，《诗》的精华部分得以保存下来。

《书》，又称《尚书》，属于政治类的历史文献。孔子之前，有虞、夏、商、周四代的史料。孔子"序书传，上纪唐虞之际，下至秦缪，编次其事"（《史记·孔子世家》），广泛搜集、整理古代文献资料，然后对夏、商、周的史料进行选择和编排，成为《书》。

《礼》指的是《仪礼》，记载了周代的礼仪制度和行为规范。周灭殷后，周公"制礼作乐"，在殷礼的基础上制作了周礼。孔子好礼，对三代之礼都有探究。《礼记·杂记》记载："哀公使孺悲之孔子，学士丧礼。《士丧礼》于是乎书。"即鲁哀公曾派孺悲跟孔子学习士丧礼，于是有了《礼》中的《士丧礼》一篇。《史记》也记载"《礼记》自孔氏"。可以说，孔子对《仪礼》有修起之功，对夏、商、周三代的礼仪典章进行了整理与传授。

孔子重视乐，教育弟子"兴于诗，立于礼，成于乐"。乐具有重要作用，既可与礼构成礼乐之制，又能怡情养性，助人达致完美的境界。孔子擅长乐，曾学乐于苌弘，学琴于师襄子，与鲁国太师谈论乐，在乐方面造诣很深。他"恶郑声之乱雅乐也"，晚年回到鲁国后，对《乐》进行整理修定，使"乐正"。可惜的是，《乐》现已不存。

《易》指的是《易经》。孔子之前有《周易》，为卜筮之书，深奥难懂。孔子注意探讨《周易》蕴涵的义理，为《易》作了注解，"序彖、系、象、说卦、文言"（《史记·孔子世家》），即《易传》，赋予《易》更多哲学意味，使它更为易懂，能被大众所接受。

《春秋》是孔子依据春秋时期鲁国史记而作。《春秋》"约其文辞而指博",言辞中暗含着孔子的思想倾向和政治主张,不再是一般的史书,而是为端正人心、劝善惩恶而作。《孟子·滕文公下》对它评价:"《春秋》,天子之事也。是故孔子曰:'知我者,其惟《春秋》乎!罪我者,其惟《春秋》乎!'"《春秋》有深刻的政治寓意,可以通过它来"拨乱世,反诸正",针砭时弊,规范世人。两千多年来,几经变化的春秋学就赖于孔子《春秋》而传。

可见,经过孔子的整理与重新编撰,这六种典籍的内容得以升华,具有了广泛的普世价值,被后世尊为"经"。"六经"的整理具有多方面的意义。首先,使古代文化典籍得以有效保存下来,并得到了发展和提高。其次,"六经"作为儒家思想的重要内容,是儒家弟子必读的经典,是儒学得以发展的根基,并从汉代起作为治国理政的重要理论依托。最后,"六经"作为孔氏家族家庭教育的"教材",是家学传承发展的重要内容,为孔氏家族"道德文章"传家奠定了基础、提供了依据,是家风传承的重要载体。

总起来看,孔子在鲁国丰富文化的滋养下,通过好学不厌,成为思想深邃且博学多识的思想家、教育家、政治家。同时,作为孔氏圣人家风的奠基者,孔子的学问成就了孔氏家学,特别是他整理的"六经"成为孔氏家学长久不衰的精髓;孔子的言传身教成就了孔氏家教,其教育中所积累的教育方法多成为家教的方法;孔子的品格和思想决定了孔氏家风的内涵和特色。于是,有底蕴深厚的家学为基础,有科学合理的家教为引领，优秀的孔子至圣家风应运而生。

二、学诗学礼之庭训

孔子学以成师，凭借所学的广博知识、所修的高尚品德成为中国历史上首位伟大的私学教师。他在教育弟子的过程中，也在教诲着子孙。孔子对弟子教什么，也对儿子孔鲤教什么。《论语》记载了孔子教儿子学诗、学礼的典故，后人据此称其为诗礼庭训。

（一）诗礼庭训

诗礼家风的由来，可追溯至孔子对孔鲤的庭训。《论语·季氏》记载：

> 陈亢问于伯鱼曰："子亦有异闻乎？"对曰："未也。尝独立，鲤趋而过庭。曰：'学诗乎？'对曰：'未也。''不学诗，无以言。'鲤退而学诗。他日，又独立，鲤趋而过庭。曰：'学礼乎？'对曰：'未也。''不学礼，无以立。'鲤退而学礼。闻斯二者。"陈亢退而喜曰："问一得三，闻诗，闻礼，又闻君子之远其子也。"

陈亢是孔子弟子，与孔鲤是同学。他觉得老师有可能偏爱自己的儿子，对孔鲤"开小灶"，便问孔鲤有没有从父亲那里多学些什么。孔鲤回答没有，只是提到孔子问学诗、学礼两件事，告诫孔鲤"不学诗，无以言""不学礼，无以立"。陈亢听后，不但消除了原来的疑问，而且"问一得三", 有新收获: 一是知道了学诗有利于提升语言表达水平; 二是知道了学礼有助于在社会上立得住、站得稳; 三是知道了孔子不偏爱自己的儿子, 对弟子和儿子一视同仁, 教授同样的内容。

从陈亢领悟"君子之远其子也"推知, 孔鲤应当是和孔门其他弟子一起学习, 孔子并未私下对儿子教授什么; 只是平日家居时, 问问学诗、学礼了没有, 带有询问、检查的意味。孔子问学诗、学礼, 表示他对诗、礼的重视, 所以, 当孔鲤回答没有学诗、学礼的时候, 孔子立即指出了学诗、学礼的强大理由:

> 不学诗, 无以言。
> 不学礼, 无以立。

孔子对儿子孔鲤的教诲是在孔子家"庭"中进行的, 所以人们称之为"庭训"。后来, "庭训"成为典故, 用来泛指父亲对子女的教诲。孔子的庭训重在学诗、学礼。孔氏后人高扬先祖之风, 遵循先祖庭训, 以学诗、学礼作为家学、家教、家风的重要内容, 一脉相承, 赓续不已。孔府内设诗礼堂, 就是用来纪念孔子的诗礼教诲, 而孔子后人也每每自称"诗礼世家"。由于孔子的庭训影响巨大, 历史上不少书香门第或文化世家都喜欢用"诗礼传家, 忠厚继世"来表示自己的家风。

诗礼庭训中还有关键的一点, 那就是学诗、学礼共有的部分——学。孔子自身好学，以学为乐，在学中成就了自己，也希望儿子能够继承这一美好的习惯和品德，能够学有所成，继承自己的学问思想。孔子教诲孔鲤要重"学"，在《孔子家语·观思》中有记载：

> 鲤乎，吾闻可以与人终日不倦者，其惟学焉。其容体不足观也，其勇力不足惮也，其先祖不足称也，其族姓不足道也。终而有大名，以显闻四方、流声后裔者，岂非学者之效也？故君子不可以不学，其容不可以不饬，不饬无类，无类失亲，失亲不忠，不忠失礼，失礼不立。

孔子告诫孔鲤，人的容貌形体、勇猛气力、先祖宗族都是外在的，不值得称赞与炫耀，只有学使人不断进步，使人具有广博的知识、内在的涵养。通过学，不仅自身有好的名声、闻名四方，还可以留名后世，为子孙后代带来好的影响。君子要通过学来增长知识与智慧，还要注意外在的仪容规范。不注意外在的行为规范，就不易让人亲近，无法让人亲近会失去信任，从而失礼，无法立足于社会。容貌举止可以使外在光彩得体，学可以使人聪明睿智，两者相得益彰，才能达到"文质彬彬"。

可见，学的内容非常广泛，既包括"六经"等文献典籍知识，也包括行为规范、道德修养等实践。以典籍为基点，将所学运用于生活实践中，学以致用，这是孔子学的根本所在。可以说，"不学诗，无以言"，"不学礼，无以立"，是从学习与实践结合的意义上来说的。

（二）不学诗，无以言

《论语》中，孔子多次以诗教育子弟，对孔鲤的告诫是"不学诗，无以言"，以"言"的功用来告诫儿子要学诗。诗与言之间有何关联？这其中有孔子哪些深意呢？这要从诗在春秋时期广泛的用途和深邃的涵义说起。

首先，春秋时期，诗常被用于治国、外交、宴会、应答等活动中，赋诗"言"志、断章取义是其中常有的形式，常被用来委婉而有力地表达志向、观点与看法等。

据学者统计，《左传》中仅对今本《诗经》引用就有一百二十多处，还有很多没有被孔子收入的逸诗。如，鲁昭公元年，晋国大夫赵孟与曹国大夫子皮等到郑国会见穆叔。赵孟赋诗《匏叶》，意在表明自己不会违背礼，有财物会与众人共享。穆叔接着赋诗《鹊巢》，赞赵孟有才华美德，受晋君重用，又赋诗《采蘩》，表示愿听从晋国号令。子皮赋《野有死麕》，旨在告知赵孟要以义抚诸侯，不要非礼相加。赵孟听后，赋《常棣》，表示要与他们友好相处。于是，几国达成了盟约，表示和平共处。

可见，诗在春秋时代诸侯贵族的活动中应用非常普遍。通过诗句应答，既可言简意赅、准确而含蓄地表达自己的观点，又可显示文雅气质、文化内涵，继而达到交好各国、安邦定国的目的。只有对诗内化吸收，理解其精髓，才能够"言"，才能用于治国、外交、酬答等具体的活动中。仅能背诗，却不能领悟其根本，不能应用，再多也是没有用的。所以"学诗",贵在能"言"。

由此可知,"不学诗,无以言",隐含着孔子对儿子未来的期待,希望他能够掌握诗这一套话语系统,有能力立于贵族文人之列,能在外交、酬答等活动中应对自如。

其次,春秋时期人们会根据所"言"诗,探知其品德、志向、修养等,进而,人们会依据其所"言"诗,决定如何与他相处。为何诗具有这些功效呢?这要从诗的独特性质与诗教功能说起。

孔子说"诗可以兴,可以观,可以群,可以怨"(《论语·阳货》),认为诗可以兴起人真实的情感、性情,可以通过诗观时政得失、万物盛衰、世事变迁等,还可以表达、宣泄各种不满的情绪,最终帮助人们更好地相处,使人的精神得以升华和超越,回归于宁静平和之中。进而,诗使人行为中正,心智成熟,知善恶,明是非,达到"温柔敦厚"的诗教效果。

可见,诗具有非常重要的教育作用,对人的成长影响巨大,从内在性情培养,到外在言行举止,再到与人相处、行为处事等,都起着引导规范作用。所以,孔子会再次告诫孔鲤:"女为《周南》《召南》矣乎?人而不为《周南》《召南》,其犹正墙面而立也与?"(《论语·阳货》)强调孔鲤要学诗,特别是《周南》和《召南》。《周南》和《召南》是《诗经·国风》中前面两篇,是《诗经》中特别重要的部分,为《诗经》的奠基之作。如果不学这两者就像面向墙站立,不见前物,不能看清人生世事,不得前行,没有前途可言。

推而言之，诗对人具有引领、教化作用，可以让人树立远大志向，明了人生世事，前途更为坦荡。

再次，诗影响家庭的涵养，可预知家族兴衰。诗让人从性情到行为、志向等诸多方面发生改变，这些改变进而会影响到家庭中的人。所以，诗可以进一步显示出家教情况、家族文化，从而能够通过所言诗预知某人及其家族的前景。这便是《汉书·艺文志》所说："古者诸侯卿大夫交接邻国，以微言相感，当揖让之时，必称诗以谕其志，盖以别贤不肖而观盛衰焉。"在古代的诸侯卿大夫与邻国来往时，人们通过其所言的诗，可以知道言诗者的志向，辨别其贤与不贤，进而推知家族未来的盛衰。

总起来说，诗涉及修身、齐家、为政等多方面，对人具有重要的指导意义和教化作用，对家族具有引导和陶冶意义。孔子要求孔鲤学诗，是希望他能够"言"于各个场合，能跻身于知识精英之中，能担当重任，更深切的期待是，他能够通过学诗，养成温柔敦厚的性情，行为中正得当，有远大志向与理想，进而能够使家族兴旺。所以，孔子将学诗作为教子的首要之务，多次提及，实在是言简而意深。

（三）不学礼，无以立

礼是孔子思想的重要部分。孔子不仅把礼视为国家治理的需要，而且将礼植根于人的内在生命之中。从社会政治层面来说，礼合于天的规律，因时因地制宜，是为政治国所需的制度规范。就个人修养来说，礼合乎人心所求，是人立身处世要遵循的规范准则。

孔子重视礼，教诲孔鲤"不学礼，无以立"，即若不学礼，不按照礼的要求去做，则无法在社会上安身立命。这里的学礼，既是知礼，知道礼的规范要求，领会礼的内涵，也是实践礼，依礼而行。学礼是知礼与行礼的合一。只是知礼，但是不遵循礼，甚至违背礼，那不算是学礼。

学礼有两个层面的要求，一是学习具体的礼仪、礼节等外在的制度形式；二是学习礼的内在义理，即礼所蕴含的精神、内涵。相应地，"立于礼"也具有两方面的内涵：立身与立德。

其一，学习并遵守礼仪规范，以立身。春秋时期，礼仪很多，体系庞杂，在日常起居、待人接物、婚丧嫁娶等领域都有具体的礼仪规定。其基本形式分为国礼、家礼、交际礼仪等，且有相互交叉的情形。家礼在形式上大致可分为生育礼、冠礼、婚礼、丧葬礼、父子之礼、夫妻之礼等。古代礼仪总称为五礼，包括吉礼、凶礼、军礼、宾礼、嘉礼。每一种礼都有明确的程序和要求，做错了不只是被人取笑，还可能触犯法律法规，甚至危及前途命运。

孔子自幼学礼、习礼，时刻以礼规范、约束自己，可谓世人学习和效仿的榜样。孔子教诲孔鲤"不学礼，无以立"，是希望他也依礼而行，自觉遵守各种礼仪规范，从而可以在社会上安身立命，行为无过。

其二，把握礼的内涵，以立德。孔子赋予礼一些新的内涵和深意，集中体现在"仁"的涵义上，将礼与仁结合起来。他说："人而不仁，如礼何？人而不仁，如乐何？"（《论语·八佾》）他认为离开了仁，就不可能有真正的礼乐，仁是礼乐的核心内涵。孔子又提出"克己复礼为仁"（《论语·颜渊》），主张约束自己的言行以合礼的要求，才能实现仁。仁与礼紧密联系，礼不再是刻板的制度和规定，而是与人的生命紧密相连，有了内在的精神内涵。

学礼，更重要的是学礼的这些内在精神，让自己的精神得以"立"。"礼，与其奢也，宁俭"，礼与其有奢华的外在形式，不如有"俭"的内在精神，这是礼的根本。"恭而无礼则劳，慎而无礼则葸，勇而无礼则乱，直而无礼则绞。"（《论语·泰伯》）恭、慎、勇、直本是人的美好品质，如果没有"礼"作为内在精神的指导和规范，恭、慎、勇、直会走向另一端，无法"立"。只有学习礼的内在精神，领悟了礼的内涵，具有仁爱、恭敬、节俭、有节等品德，才能成就真正的君子人格，从而有所"立"。

由此而见，孔子教诲孔鲤"不学礼，无以立"，是希望他学礼、知礼，自觉循礼而行，更深一层是希望他能够明白礼的"义理"，掌握"礼"的精神内涵，培养仁、敬、恭等美好品德，成为"文质彬彬"的有德君子，从而更好地在社会上安身立命。

（四）诗礼为基，"六经"皆学

孔子以"六经"教弟子，自然也以"六经"教孔鲤，要他学好以《诗》《礼》为代表的儒家典籍。孔子选择诗礼作为庭训的内容，当然也有其特别用意，除了上面所讲的诗与礼在个人成长、家族发展等方面的重要价值和意义，还因为诗与礼在施教体系中有特殊的地位与作用，且两者有密切的关系。

"温柔敦厚，《诗》教也。"（《礼记·经解》）诗缘于情，发于人的内心、本性，重视对人感情的抒发，可使人性情温柔敦厚。《诗》教是君子人格养成的起点和关键处，是内在性情改变的重要途径。"恭俭庄敬，《礼》教也"，礼以恭敬辞让为本，是人安身立命的规范指导和内在制约。两者相比，诗本自性情，更为侧重人内在心性的养成；"礼者，理也"，礼更重规范和制度的养成，更具理性。诗"发乎情"，是"民之性也"，需要礼"以治人之情"（《礼记·礼运》），弥补《诗》教"愚"的不足。诗与礼相结合，才能达到"发乎情，止乎礼义"，才能使行为恰当无过。

钱穆认为："然孔子之传述诗礼，乃能于诗礼中发挥出人道大本大原之所在，此乃一种极精微之传述，同时亦即为一种极高明极广大之新开创，有古人所未达之境存其间，此则孔子之善述，与仅在述旧更无开新者绝不同类。"① 这指明了将诗与礼作为人的大本大原是孔子的一大开新，也是其思想重点所在。可以说，诗礼庭训是孔子对儿子的殷切希望，也是他对其整个家族的期望。

需要强调的是，孔子以诗礼来教诲孔鲤，并不是说只学诗学礼两个方面，其他的就不重要、不用学了，而是要以这两者为起点、重点，同时学习其他的典籍，学习"六经"。

---

① 钱穆：《孔子传》，生活·读书·新知三联书店，2012年，第126～127页。

"六经"之教各有其特色:"温柔敦厚,《诗》教也;疏通知远,《书》教也;广博易良,《乐》教也;絜静精微,《易》教也;恭俭庄敬,《礼》教也;属辞比事,《春秋》教也。"(《礼记·经解》)"六经"从不同方面对人进行教育,培养人不同方面的品行习惯,常侧重于人某个方面的发展,各有其优势。《诗》让人变得温柔敦厚,善良温婉;《书》让人博古、通达;《乐》让人愉快、平和;《易》让人思想澄静、见解深刻;《礼》让人谦逊、庄重;《春秋》让人善于通过言辞判断是非。

"六经"用不同的知识、从不同的方面对人加以教化,既培养人的美德,又教人具有智慧,让人具有广博知识,又富有高尚人格,内在善良敦厚,外在彬彬有礼。可以说,"六经"构成了系统全面的教育体系,从不同的角度让人得以身心全面发展,培养人健全的人格品德。"六经"又各有其不足之处,"《诗》之失,愚;《书》之失,诬;《乐》之失,奢;《易》之失,贼;《礼》之失,烦;《春秋》之失,乱"(《礼记·经解》)。所以,只有学习这"六经",使它们相互补充,才能弥补各自的不足,使人得到整体发展,而没有偏颇失误。

孔子对孔鲤学诗学礼的庭训,实际上是让孔鲤学习"六经"典籍,并能够灵活应用,融会贯通。"六经"是孔氏家族世代学习传承的主要内容,成为孔氏家学的重要部分。通过"六经"的学习,孔氏家族中形成了重视修身养性、自觉循礼而行的良好风尚,养成以儒家思想为精神追求的家风特色。

三、述圣子思传家风

孔子诗礼庭训对孔鲤及后世子孙具有重要的影响。孔子自身的行为举止、学识涵养，营造的家庭氛围等，影响也特别大。可惜孔鲤先孔子而去，没能将孔子思想发扬开来。值得欣慰的是孔子的孙子子思能继承和发展孔子思想的精髓，在思想学术上很有造诣。另一方面，子思作为孔子嫡孙，对孔氏家学的传承、家风的形成具有承上启下的重要作用，在孔氏家族中也占有重要地位。

（一）孔子教子思

孔子晚年归鲁，整理"六经"，授徒教学。当时孔伋年幼，时时围绕在孔子身旁。孔伋，字子思，孔鲤之子，孔子之孙。后人常称其字。子思具体的生卒年至今仍存在争议，可他直接受教于孔子，得孔子真传，这是确定的。耳濡目染中，孔子的言行举止、所思所想都深深烙印在子思的心里，对子思思想与人格的养成具有极其重要的影响。

1. 晚年慰藉

孔子与子思的言语事迹在《孔丛子》中有多处记载。《孔丛子》可以说既是儒学著作，也是一部孔氏家学。① 《孔丛子》最早著录在《隋书·经籍志》中，注"陈胜博士孔鲋

---

① 李学勤《竹简〈家语〉与汉魏孔氏家学》（《孔子研究》，1987 年第 2 期）中有相关论述，认为《孔丛子》是孔氏家学的一种。

撰",标明《孔丛子》是孔鲋所著。北宋之后,学界开始对此书的作者、真伪和成书年代等争论不休。目前,较为一致的观点是此书并不是伪书,但也不是孔鲋一人所作,而是多人不断编撰、增补、修改而成。①《孔丛子》具有重要的史料价值,是研究孔氏家学及儒学的重要资料。

儿子早逝,得意弟子颜回、子路相继去世,已至晚年理想仍没实现,这些对孔子无疑都是沉重的打击。闲居时,孔子不禁喟然长叹。子思从小受到祖父教诲,虽年幼仍能体察到祖父的心思。他拜了两拜,说:"您是叹息子孙不修儒学,将愧对祖先?还是担忧向往的尧舜之道不能实现?"

孔子觉得子思还小,不会明白他的志向。子思却说:"伋于进膳,亟闻夫子之教,其父析薪,其子弗克负荷,是谓不肖。伋每思之,所以大恐而不懈也。"(《孔丛子·记问》)子思自言,在吃饭的时候,多次听到孔子教诲,父亲砍柴,儿子却不能将柴背回家,这是不肖。每想到这,子思就感到特别惶恐,怕自己不能尽到孝心,担心不能继承祖父的事业,所以,好学不倦,不敢有丝毫懈怠之心。

子思小小年纪便理解孔子的伟大理想,愿意继承祖父未竟的宏大志向,传承儒学,将尧舜之道发扬开来。这给失落中的孔子带来莫大的安慰,使他不禁说道:"我没有好担忧的

---

① 如王钧林《论〈孔丛子〉的真伪与价值》(《齐鲁文化研究》,2009 年第 12 期)认为,"必非记述于一时一人之手","到了汉代,孔子子孙中有人出来加以搜集、整理,编订成书,于是有了《孔丛子》"。

了！子孙世代不废弃祖业，将来家族一定能昌盛！"子思成为孔子晚年最好的慰藉。

2. 亲授子思

子思自幼陪伴孔子左右，是孔子晚年最大的寄托，也得到了孔子的悉心教诲。孔子的许多优点，如好学、好问、好思等品格，都对子思带来很大影响。在潜移默化中，子思也养成了好学、好思、好问的习惯，年幼时便向孔子请教一些为政治国、礼制规范、人生修养等重大问题。祖孙两人的问答在《孔丛子》中有多处记载，主要包括以下几方面。

任用贤人。子思曾问孔子，为什么君主明知贤人能带来益处，却不用贤人。孔子耐心教导道："非不欲也，所以官人失能者，由于不明也。其君以誉为赏，以毁为罚，贤者不居焉。"（《孔丛子·记问》）意思是，君主不是不想用贤人，而是因为自身不能明察贤人。他们常对颂扬自己的人给予奖赏，而对批评自己的人给予惩罚。而贤人是有操守的，不会阿谀奉承，也不会见过失不谏诤。君主对贤人的谏诤感到不悦，甚至愤怒，自然不想任用他们。

子思此问，说明他已经关注到为政重在用人这一关键问题，足见他志向非常远大。孔子的回答简明精要，却对为政者、贤者的剖析入木三分，给予子思准确的点拨。

礼乐与法制。子思经常听到孔子讲述以礼乐来化民易俗、为政治国的言论，但是管仲用法来治理齐国，却也被天下人称作仁人，被孔子赞曰"如其仁，如其仁"。于是，子思觉得礼乐之治与法治在为政中都很重要，疑惑孔子为何只强调礼乐，却不提法治，便问孔子。孔子晓之以大义，说："尧舜之化，百世不辍，仁义之风远也。管仲任法，身死则法息，严而寡恩也。"（《孔丛子·记问》）也就是说，尧舜倡导的仁义教化长远而根本，历经数代不衰亡，在于仁义教化深得人心。管仲所倡导的法治是短暂的，是因为法严苛而缺乏恩情。管仲这种智慧的人，可以定法，而无管仲之才的人用法治国，必将带来祸乱。

礼乐之治与法治是孔子政治思想中的重要内容，子思能够深察这一问题，离不开他的好思、好学。孔子从核心处告知子思，让他快速明了为政治国的根本所在。可知，子思的思想与境界能够快速提升也在情理之中。

心察万物。子思好学，对为学的方法、途径也有思考。他问祖父："事物有本有末，事情有真有假，一定要仔细考察才能分辨清楚，那怎么来分辨呢？"孔子说："由乎心。心之精神是乎圣，推数究理，不以物疑，周其所察，圣人难诸？"（《孔丛子·记问》）也就是说，要分辨事物本末与真假要由心来辨察。心的精神无所不通，要用心来推究事物的内在规律和道理，而不是被事物的表面现象迷惑。看到事物更为深入、全面的部分，圣人也不容易做到。

子思主动探求认识事物本末的方法，这一思考可谓深刻。孔子告诉子思思考问题、看待事物要用"心"，告知他"心"是学习的途径和关键所在。这为子思学习知识、思考问题开辟了一条重要的路径，成为子思开创心性儒学的一个重要根源。

《孔丛子》也只是选取了孔子教育子思最具代表性的几个典故而已，实际的教育还应有很多。正如《孔丛子·公仪》记载，子思对鲁穆公说："我所记的祖父的言语，有亲耳听到的，有从别人那里听来的，虽然不一定是祖父原话，却不离祖父原意。"子思不只是听到孔子亲自的教诲，还有从别人口中听到的孔子原意。子思所受的家教是孔子亲自的教育。此时孔子思想至于成熟，体系更为系统完备，对子思的教诲也应更为精辟、深邃。可以说，子思一开始就站在了教育的高点上。

子思能够对儒学有深刻的认识，除了孔子的教诲，还与他成长的家庭环境和氛围熏染有很大关系。孔子在家中常与弟子、鲁国官员等谈论治国理政、诗书礼乐等思想理论，子思自幼所思所想也皆是此类高深的问题。所以，子思能够得孔子思想精髓，对儒家思想有深刻领悟。

3. 一代"述圣"

子思的思想品格深受孔子影响，其人生轨迹也受到了孔子的影响，具有与孔子相似的经历。子思学成之后，也周游宋、齐、卫等国，宣传其思想理论与政治主张，并在鲁、卫等国从政，曾为鲁穆公臣下，但最终也是不被国君重用。后来，子思在鲁国、邹国等地授徒教学，培养了一批优秀的儒学人才。孟子就学于子思所开讲堂中，受到子思门人的教育，得子思思想的精髓。子思、孟子的思想一脉相承，被称为思孟学派。可以说，子思上承孔子，下启孟子，在儒学中具有承上启下的重要作用。

子思著述颇丰，有"《子思》二十三篇"、《中庸》等著作。可惜《子思》二十三篇早已散佚，以致有人怀疑是否真有此书。近年来出土的战国时代大量文献，已可佐证部分文献是子思所著，这进一步证实了子思确作"《子思》二十三篇"。《中庸》本为《礼记》中一篇，宋代大儒朱熹评价说："此篇乃孔门传授心法，子思恐其久而差也，故笔之于书，以授孟子。"① 给予《中庸》很高评价，认为它是孔门思想心法所在，为子思所作，并列入"四书"中。

中庸思想不是子思独创，而是对孔子思想的继承和发展。《中庸》一书中许多思想言论或直接或间接来自孔子。如，《论语·雍也》记孔子言："中庸之为德也，其至矣乎，民鲜久矣！"《中庸》则记："中庸其至矣乎！民鲜能久矣。"两者言语上稍有差异，内涵极为相近。《中庸》所说"其人存，则其政举；其人亡，则其政息"，是对《孔丛子》中祖孙谈论"任贤"的进一步深化。"由乎心"的为学路径，也成为《中庸》的重要理论基础。很明显，《中庸》是子思对孔子中庸思想的进一步系统和深化，是将观念上升为理论体系。宋代之后，《中庸》地位不断上升，被列为"四书"之一，成为儒家思想的重要典籍，明清时期其地位甚至超过了"五经"。这足见《中庸》一书的巨大魅力和潜力，也可见子思思想深邃、见解高深。

子思以实际行动兑现了对祖父的承诺。一方面，他对儒

---

① 朱熹：《四书章句集注》，中华书局，1983 年，第 17 页。

学的发展做出了突出贡献，被尊为"述圣"；另一方面，他又以继承家学为己任，重视对儿子子上的教育，对家学的传承与发展也做出了突出贡献。

（二）子思教孔白

孔子重视对子思的教育，成就了子思。子思也重视对儿子孔白的教育，志在将孔子所开创的家学传承和发展下去。孔白，字子上。子思对儿子的教诲主要集中在为学、做人方面，这可从《孔丛子》记载的几个典故中来寻得线索。

学思结合。《孔丛子·杂训》记载，子思教诲儿子孔白："白乎，吾尝深有思而莫之得也，于学则寤焉；吾尝企有望而莫之见也，登高则睹焉。是故，虽有本性而加之以学，则无惑矣。"子思从自己的切身体会告诫儿子，说他曾经冥思苦想却没有收获，通过学习就恍然大悟了。这正如踮起脚遥望远方却还是什么也看不到，而登上高处就什么都看见了。所以，学要与思相结合。即便有天赋本性，也要加以学习，这样就不会有困惑了。

子思以浅显易懂的话语，说出了为学的关键——学思结合。这与孔子所说"吾尝终日不食，终夜不寝，以思，无益，不如学也"（《论语·卫灵公》），有异曲同工之妙。好学好思是孔子的美好品格，是其即凡入圣的主要原因，也是孔子对子思教诲的重要内容。子思也是通过学与思取得如此成就，于是他又将这一为学的真谛传于孔白，希望他能够将学思相结合，在学问上有所成就。

读圣贤书。孔子庭训，让孔鲤学诗学礼。子思沿袭孔子的教子理念，对儿子也有相近的教育。《孔丛子·杂训》记载子思教孔白："我们祖宗曾这样教导：学习必须由圣贤的经典开始，才能具有真才实学；刀必须经由磨刀石的磨炼，才会有锋利的刀刃。所以，我家夫子教育学生，一定先从《诗》《书》开始，然后再教他们学习礼乐，但诸子百家的杂说不包括在内。"

在此，子思明确表达这些教导来自祖辈，是家教的传承。他劝告孔白学习应先读经典，且从读《诗》《书》开始，之后再学礼乐。这与孔子对弟子的施教体系，即"先之以《诗》《书》，而道之以孝悌，说之以仁义，观之以礼乐，然后成之以文德"（《孔子家语·弟子行》），又是一致的。可见，子思将儒学教育与家学家教融合，承接了家族重视诗礼教化的家教传统。

重志向人格的培养。孔子心中的理想形象是文质彬彬的君子，所以格外重视对子孙志向的培养、人格的养成。子思也重视对孔白进行这方面的引导。他说："有的人有公侯的尊位，却未能成为真正的君子，这难道仅仅是因为他没有志向吗？有成就志向的人，难道不是没有贪欲的人吗？华丽的衣服穿在身上，也不过是用来保暖的；祭祀时用的牛、羊、猪三牲再丰盛，也不过用来填饱肚子。知道节制物质享受的人，就会感到知足。感到知足，他的志向就不会被富贵贫贱拖累。"（《孔丛子·居卫》）

子思告诫孔白，君子应重在人格、志向的培养，而不是物质的享受、权位的高低。节制各种物质上的欲望，会感到知足，感到知足就不会被外在的富贵贫贱所左右。这也正是孔子所说的"饭疏食饮水，曲肱而枕之，乐亦在其中矣。不义而富且贵，于我如浮云"（《论语·述而》）。人的志向不应在名利富贵，而在于高尚人格的养成，在于追求人间大道。这是孔子家族对人格的要求，也是其高贵之处。

子思重视对儿子的教育，即使他远在异乡，也不忘以书信的形式与孔白交流联系，对他加以教诲。《孔丛子·杂训》记载，居住在鲁国的子思派使者送信给在卫国的孔白，孔白收到信后向北方拜了几拜，以示对父亲的尊敬，然后才接过信来恭敬地读。孔白写好回信，又面向北方拜了拜，然后把信交给使者，便回去了。使者有所疑惑，为什么子思给他信时，还送了送他，而孔白交了信就回去了呢？是孔白不知礼吗？他将这个想法告诉了子思。子思说："行完拜礼后不送而退回，是臣子对君父见完面就退的礼敬，而临行相送是对待宾客的礼节。"子思对待使者是以宾客相待，而孔白是让使者送信给父亲，是以对待父亲的礼来对待使者。由此可知，孔白对父亲与使者皆是以礼相待，可谓知礼守礼，而且，子思孔白父子心灵默契、关系融洽。这是父子二人思想信念相通的表现，是家教的结果。

在子思的悉心教育下，孔白知礼循礼、好学乐道、富有德行。齐威王曾两次召他为相，孔白都不接受，而是致力于学术的研究与传承，可见他淡泊名利、品行高尚。孔白秉承家训、继承家学，也注重对家学的传承，重视对儿子孔求的教育。楚王曾因孔求富有学识修养而召他为官。孔求也没有赴任而专注于家学的传承与研究。

在孔子的精心教育下，子思得孔子真精神、儒学之精髓，著书教学，对儒学的传承发展具有承上启下的重要作用。子思又特别重视对儿子的教育，将所学传于孔白，对孔氏家学的传承发展也起到承上启下的关键作用。孔子开创的诗礼家风，在子思的传承下，又经过几代人的沿袭发展，渐渐固定下来。

四、孔穿孔谦代相传

战国时期，群雄逐鹿，战争频繁。有识之士游说于各国之间，诸子百家群花竞放，在相互的争辩与交流中，愈发兴盛和成熟。儒学在这个时期也发展到新阶段，孟子、荀子这两名巨将将儒学推到了新高度。在先祖孔子伟大思想指引下，孔氏家族充盈着浓厚的学术氛围，家族内部也涌现了多位颇有学识的儒者，对儒学和孔氏家学的传承和发展均做出了贡献。孔穿、孔谦父子品行高尚、博通经典、精于学术，可谓其中的佼佼者。

（一）"天下之高士"孔穿

孔穿，字子高，是孔子第七代孙。《汉书·古今人名表》记载孔穿"中上"，属智人之列。《孔氏祖庭广记·世次》对孔穿介绍道："博学，清虚沉静，有遁世之志，楚魏皆召之，不仕。著儒家之语十二篇，名曰《兰言》。"① 从中可知，孔穿博学多识、品格高洁，对于儒家思想有深入认识。因为孔

① 孔元措：《孔氏祖庭广记》卷一，《丛书集成初编》，商务印书馆，1936年，第4页。

穿知晓为政治国之法，魏国、楚国都召他为官，可他性好清静，淡泊名利，志在学术，没有去从政为官。《孔子家语·序》中也记载孔穿"著儒家说十二篇，名曰《谰言》"①，《兰言》与《谰言》虽有字体不同，但也进一步证实，孔穿确作有关儒家说的书。《谰言》是论述人君法度的儒家典籍，重在为政治国方面。

由以上孔子教子思、子思教孔白、孔白教孔求可推知，孔子家学父子相承已成一定风气。据史料记载，孔穿的父亲孔箕曾任魏相，应为当时博学之士，所学应来自父亲孔求所传家学。那么，孔穿学识品行来自家学传承也在情理之中。

孔穿的思想言论、行为事迹在《孔丛子》中有多处记载。从记载中可知，孔穿曾游于齐、魏、赵等国，与平原君、信陵君等权贵名流多有来往，常交流讨论为政治国、礼义诗书、用人治理等重大问题。孔穿因其学识修养，被崇以师礼，有"天下之高士"的美誉。

孔穿家学既是儒学，自然对"儒""儒服"有深刻理解。《孔丛子·儒服》记载了平原君与孔穿关于儒服的讨论。平原君见孔穿身着宽袖长衣、脚穿宽头鞋，便问穿的是不是儒服。孔穿说："夫儒者，居位行道，则有衮冕之服；统御师旅，则有介胄之服；从容徒步，则有若穿之服。故曰非一也。"（《孔丛子·儒服》）也就是说，儒服有不同的样式，不同场合所穿不同。儒者为官时，穿戴王公的礼服礼帽；统率

---

① 杨朝明、宋立林：《孔子家语通解》，齐鲁书社，2013 年，第 580 页。

军队时，穿军旅之服；做平民百姓，则穿平常之服。衣着服饰随着不同的场合而变，这是对礼的遵守。

对儒服，孔子与鲁哀公也有过讨论。哀公问孔子所穿是不是儒服。孔子说："丘少居鲁，衣逢掖之衣。长居宋，冠章甫之冠。丘闻之，君子之学也博，其服以乡，丘未知其为儒服也。"（《孔子家语·儒行解》）孔子认为儒服没有固定的形式，只是入乡随俗而已，并不是重点所在，儒者的重要表现在博学尚德。孔穿所说与此相似，可说是对先祖孔子思想的继承，并有了进一步发展。

平原君又问"儒"这个名称怎么来的。孔穿说："取包众美，兼六艺，动静不失中道耳。"（《孔丛子·儒服》）即，"儒"源于它具备多种美德，能兼通六艺之学，思想行为能持守中道。这一概括可谓道出了"儒"的本质。孔穿以此定义"儒"，自然也以这些标准来要求自己，专研儒家典籍，修身养德，力求行为中正。

在对"儒"的自觉追求下，孔穿精通了儒家文献，且能够灵活运用。如，孔穿曾与名家代表公孙龙展开"白马非马"的精彩辩论。公孙龙以善于诡辩著称于世，孔穿引经据典，予以反驳。他先引用《春秋》中"睹之则六，察之则鶂"，以六鶂为例证，说明"白"与"马"是名实关系。继而，又以丝麻为喻，并引用《诗》中的"素丝"、《礼》中的"缁布"来说明"贵当物理，不贵繁辞"，即要抓住事物的本质所在，而不是言语上的诡辩。最后得出，"白马"本质在"马"，而不是"白"。从这场辩论中，既可以看出孔穿认识事物本质的洞察力，也可以看出他对儒家经典的熟悉掌握。

孔穿对公孙龙也并不是一概否定，而是客观对待，对他的智慧给予一些肯定，表示他若放弃白马之说，愿意拜他为师。由此可见，孔穿心胸开阔、谦虚好学，实践着孔子"三人行必有我师"的理念。

孔氏家族重视礼的教育，孔穿也精通礼。《孔丛子·儒服》记载，秦兵攻打魏国，魏国的信陵君恐惧，请孔穿告知"祈胜之礼"。孔穿提出，应先命有勇有谋的将士抵御敌军，然后再设坛行礼，并将行礼的过程一一解说，最后阐释了礼仪蕴涵的意义。这让信陵君特别佩服。可以说，孔穿对礼深有探究，不仅是形式上的熟知，而且体悟到礼的内在精髓。

孔穿有学识涵养、为政才能，可是不慕权势，不愿出仕为官，而是把更多精力放在家学的研究与传承上，将自己的所学所思传于儿子孔谦，培养了一个贤明的国相，将家学传承下去。

（二）贤明国相孔谦

孔谦，字子顺（又称子慎），孔穿之子，孔子第八代孙。他研习家学，对儒家思想有深刻的认识，尤其在治国理政方面有所建树，曾任赵、魏两国相。任职期间，孔谦不畏流言诽谤，坚持推行新政，显示治国之才。同时，孔谦教子有方，对传承家学起到尤为重要的作用。

1. 继承家学

孔谦所习来自家学，这可从《孔丛子·执节》所记赵王赞孔谦家世中窥得一斑。文中说，孔氏家族自正考父以来，儒师相继不断，至孔子成为集大成的圣人。孔子之后，世习儒学，天下诸侯都以礼相待。孔谦继承家学，成为两国国师。对此，赵王由衷赞道："从古及今，载德流声，未有若先生之家者也。先生之嗣，率由前训，将与天地相敌矣。"（《孔丛子·执节》）从古到今，能继承先祖美德、弘扬先祖美名的家族，没有哪家比得上孔子家族。孔氏子弟都是接受前辈亲自教导，而成才成德。赵王预言孔氏家族将与天地相媲美，绵延不绝。

赵王言辞虽有赞美色彩，但也说出了先秦时期孔氏家学由前辈亲自训导这一事实，点明孔子家族已经意识到精神道德相承的重要性，注重家教，所以家族能长期兴盛。

孔谦答道，他的祖先秉承了圣人的天赋之性，而自己却"学行不敏"，应更加勤勉，以不辱没先人，不泯灭家族祖业。可见，孔谦不仅有胸怀天下的壮志，还自觉肩负着家族的使命，并以此自我激励，不断进取，而没有傲慢、懈怠之心。

故而，孔谦专心研读《诗》《书》《礼》《春秋》等儒家典籍，达到了精通的境界，并常用经典来言理喻世。如，魏王说自己曾听闻天神降下谷种，周朝才得以兴盛。孔谦回答说，天虽是至神，自古及今没有听说下谷子给人的。进而，他引用《诗经·大雅·生民》中"诞降嘉种"，《尚书·吕刑》中"稷降播种，农植嘉谷"，说明是后稷教民种谷，以利天下，而不是上天给予人的"天祥"。由此可见，孔谦对《诗经》《尚书》等家传经典能熟悉掌握、灵活运用。

2. 聘为国相

孔谦因杰出的才华道德，先后被任为赵国和魏国的国相。如，魏王使人聘孔谦时，称赞他"先生圣人之后，道德懿邵"，遂命为国相。任职期间，孔谦对于国事政事尽心竭力，提出了许多有指导意义的观点。

《孔丛子·陈士义》记载，魏王问臣下理国应先做什么。大臣季文说"知人"。孔谦则认为"当今所急，在修仁尚义，崇德敦礼，以接邻国而已"，提出修仁义、崇德礼、以仁政来治国的观点。他还引用了舜的例子，说明修德能让群臣竞让，以礼来治。如此，便可使贤人在位，而不需要君主去努力知人、求贤臣。

推崇仁义、"为政以德"、"齐之以礼"，这些是孔子思想的重要内容。孔谦继承先祖这些思想，并以此作为政治思想的重要信条，坚信"若王信能用吾道，吾道故为治世也"（《孔丛子·陈士义》），认为自己的思想能够导向治世。而他自己生活即便"疏食水饮"，也是心甘情愿的。这也正是对孔子"修己安人"思想的继承，是孔氏家风的一种表现。

《孔丛子·执节》还记载了申叔向孔谦问礼的典故。申叔问："臣子多次劝谏，但国君不听，依照礼法，臣子能否议论君主的不是？"孔谦说不能。申叔反驳道："你的父亲孔穿却认为可以，认为这样能使君主有所畏惧。"孔谦解释说："先父是说过，可那是他刚出仕时的权宜之计，并不是礼法的本义。依照礼，不能到处说自己无罪，因那会彰显君主的过错。先祖孔子也说过'事君，欲谏不欲陈'，君主有过，可以在朝内劝谏，不能在外彰显。这是礼的根本。"可见，孔谦解释礼能因时而变，深刻把握礼的本质所在，这是基于对孔子真精神的继承和深刻领悟。

从这则关于劝谏的典故可知，孔子、孔穿、孔谦三代人对于"臣谏"之礼，虽然表述有所不同，其精神实质却是一致的。这便是臣子要依礼而行，使君主接受劝谏，行为无过，而不能为了一己的情绪就违背礼义。推而广之，孔谦的思想理论都是由家学继承发展而来。

3. 归家教子

孔谦相魏九个月，力陈治国方略，却多不被采用。他叹道："不见用，是吾言之不当也。言不当于主而居人之官、食人之禄，是尸利也。"（《孔丛子·论势》）他认为居位受禄，而没有作为，就不应当再在这个位置上。于是，他辞官归家，边从事家学研究，边教授子弟。这既是其气节所在，也是明智之举。正如孔子所倡导的"用之则行，舍之则藏"，不被重用，便辞官离去，不屈节，亦可保身。

孔谦有三子——孔鲋、孔腾和孔衬（又作孔树）。他特别重视对儿子们的教育引导，对他们寄予厚望，勉励道："愿后世克祚，不忝前人，不泯祖业，岂徒一家之赐哉？亦天下之庆也！"（《孔丛子·执节》）孔谦希望子孙能世代传承家学，以不愧对先人，不泯灭祖先伟业。这不仅是对孔氏家族的恩赐，也是天下人的福分。三子果然不负所望，在学术上皆有很大成就，在秦汉历史上开启了光辉的一页，成为孔氏家族发展的重要里程碑。可以说，孔谦既为孔氏家族的人才兴旺、家学繁荣做出了重要贡献，也为儒家学术的兴盛起到了重要推动作用。

五、孔鲋藏书传家学

孔鲋，字子鱼，又名孔甲，孔谦长子，孔子第九代孙。他自幼受父亲影响，对家学有浓厚的兴趣，虽然生在战乱之中，却"独乐先王之道，讲习不倦"，对儒家思想有深刻的认识、坚定的信心。

孔鲋淡泊名利，专心于学术。当时有人说孔鲋"修无用之业"，自身得不到荣耀，百姓得不到利益，不如放弃学术。孔鲋不同意他的看法，说"武者可以进取，文者可与守成"（《孔丛子·独治》），武者可以平复天下，文人可以守成天下。他坚信天下必将安定，到时可以"修文以助之守"。而且，孔鲋表明他志在保其祖业，传承家学，优游以卒岁。可见，虽在乱世之中，孔鲋已看到治世不久将至，意识到以儒学来修文必将有利于后世。这是他对家学的信心，也是其前瞻性的显现。

秦统一后，实行"焚书坑儒"的暴戾之行，孔氏家族面临巨大灾难。孔鲋作为孔子后人、儒家典籍的直接传人，自然意识到其危难之重，但他并不惧怕，也不是拼死保卫家学经典，而是采取理智的措施。《孔子世家谱》记载，孔鲋"与弟子襄藏《论语》《尚书》《孝经》于祖堂旧壁中，自隐于嵩山，教弟子百余人"①。他与弟弟将书籍藏在家中墙壁内，归隐山林，教书育人，以待来者。这种"世治则助之行道，世乱则独治其身"（《孔丛子·独治》）的行为，正是继承了孔子"道不行，乘桴浮于海"的豁达与明智。

藏书鲁壁为儒家典籍的保存、传承起到了特别重要的作用。多年后，鲁壁藏书大白于天下，因为这些典籍是用先秦文字写成，被称为"古文经书"。孔氏学者多认为这些典籍是"先王遗典""圣祖之业"，以整理这些古籍为"家业"，以阐明古文经典为家族使命，使古文经学得以发展兴盛。没有鲁壁藏书，便没有古文经学，儒学将黯淡许多。可见，孔鲋藏书的意义重大。

孔鲋隐居山林，以教学著述为生，编著《孔丛子》一书。尽管人们对《孔丛子》一书的真伪、作者、成书年代等问题存在一些认识方面的分歧，但是从书中记载孔子、子思、子高等人的篇章来看，前部分应是孔鲋收集先人资料编撰而成。对《孔丛子》，孔鲋具有首开之功。②《孔丛子》后部分的《连丛子》含有附连在《孔丛子》之后的意思，接着孔鲋的记述，记载了汉代孔子立、子元、子建、子丰、孔僖和长彦、季彦的事迹与活动。李学勤先生曾指出，《孔丛子》属于汉魏时期的"孔氏家学"，《孔丛子》的"最

---

① 孔德成：《孔子世家谱》（一），《孔子文化大全》，山东友谊书社，1990 年，第 73 页。

② 黄怀信等：《汉晋孔氏家学与"伪书"公案》，厦门大学出版社，2011 年，第 17 页。

后作者离孔季彦不远","很可能出于孔季彦以下一代"。① 这种看法得到了较为广泛的认可。

《孔丛子》收集了孔氏家族祖上多代人的嘉言懿行，可以视为"孔氏家族的传记"，是孔氏家学的重要内容，对于研究孔氏家族具有重要的价值和意义。同时，它作为儒学典籍，也是研究儒学乃至中国学术史的重要资料。

《史记·孔子世家》记载孔鲋曾为"陈王涉博士"。孔鲋能为博士，这要得益于好友陈馀的推荐。陈馀先向陈胜概述了孔鲋的家世，说他祖上是孔子，父为魏相，能以圣道辅国，见利不易操，名声享誉诸侯，世有家法，然后说孔鲋在父辈的熏染、教化下，富有才华与德行，"居乱世能正其行，修其祖业不为时变"（《孔丛子·独治》），能够继承先祖的学业，具有"通材"，能"干天下"，预言用孔鲋将"天下无敌"。孔鲋遂被陈胜任为博士，后死于陈下。

孔鲋还特别注重对弟子、子弟的教育和劝诫。孔鲋教授弟子多人，叔孙通当属其中佼佼者。孔鲋鼓励他要积极出仕，广大儒学。叔孙通听其教诲，果然成为汉代名儒。孔鲋还常教育引导弟弟。如《孔丛子·答问》记载，孔鲋临终告诫弟弟子襄："鲁，天下有仁义之国也。战国之世，讲诵不衰，且先君之庙在焉。"勉励子襄牢记先祖仁义之德，学习传承先祖之学，并且嘱托子襄师事叔孙通，因他能"处浊世而清其身，学儒术而知权变"。可见，孔鲋关切子弟，关注家学传承，关

---

① 李学勤：《竹简〈家语〉与汉魏孔氏家学》，《孔子研究》，1987年第2期。

心家族兴盛。

综上所述，孔子既是儒家的创始人，也是孔氏家学的开创者，教育弟子，桃李满天下，使儒学传扬四方，教育子孙，道德文章传家长。孔子的思想决定了家族诗礼家风的内涵和特色。孔鲤早亡，孔子又直接教授子思，使他在思想学术上取得了重要成就。子思传孔白、孔白传孔箕、孔箕传孔穿、孔穿传孔谦、孔谦传孔鲋三兄弟，子承父教是孔氏家教的主要方式，儒家典籍是家学的基本内容。经过几代人的传承发展，孔子诗礼家风在先秦时期已经成形，家学也发展到了新的高度。

第二节　孔氏家学与家风

由孔子开创的"学诗学礼"家风，陶冶教化着一代代孔氏族人修身养德、读书循礼，使家族人才辈出、长盛不衰，并且促使孔氏家学不断发展。孔氏家学是以孔子整理的"六经"为主要内容，由孔氏后裔不断传承并持续发展的学术文化。孔氏家学作为家风传承的精神载体和动力，促进了家风的发展，也使家教得以更好落实，对家族精神传承起到纽带作用。在两千多年的历史长河中，孔氏家学既与儒学同源，随着儒学的发展而不断发展，又具有家族的特色，保持其独立性。按照儒学发展的常用划分方法，孔氏家学也可以分为两汉、魏晋南北朝、隋唐、宋元、明清五个阶段。每个阶段的家学既具有关联性，又具有不同的特色和内容。

一、两汉孔氏经学的繁荣

经过战国与秦朝的战火考验，儒学在艰难中走向了春天——两汉。这一时期，政治上总体安定，经济、文化得到快速发展。汉朝统治者根据时代需要，实行尊孔崇儒的政策。特别是推行"独尊儒术""通经入仕"等措施后，儒学趋于经学化，发展为国家的主流意识。孔氏家族在这得天独厚的形势下，更加专注于家学的传承与研究，在古今文经学上都取得了巨大的成就，家学方面有很大进展，为儒学的发展做出了重要的贡献。在繁盛的家学促进下，孔子诗礼家风也更为浓郁。

（一）孔氏家学发展概况

两汉统治者采取尊孔崇儒的政策，使儒学处于独尊位置，提升孔子地位，为孔子后人传述祖业，发扬家学，提供了良好的社会条件和环境氛围。孔子后人受到优厚待遇，这更加激励了他们研习儒家经典的积极性和传承家学的使命感。可以说，两汉时期是儒学发展的快速期，也是孔氏家学发展的黄金时期。

1. 两汉儒学的兴盛

汉初，盛行黄老无为之术，这有效缓解了秦遗留的各种社会矛盾。但几十年后，黄老之术不再适应社会发展。统治者意识到需要有一种积极有为的思想来引领与凝聚人心，以促进国家的安定和发展，而能够担当此任的唯有儒学。再加上儒学这几百年的发展，一批优秀儒者，如叔孙通、董仲舒等人，积极建言献策，儒家思想越来越受重视，逐渐替代了黄老学说。

汉朝执政者采取了一系列尊孔崇儒的措施。这主要表现在：废除"挟书律"；置"五经博士"，并为博士官置弟子员；"罢黜百家，独尊儒术"；各郡立学，教授儒家典籍，等等。这一系列举措使儒学成为国家的主导思想，使儒学官学化，发展为经学，大大促进了儒学的发展。尊孔崇儒的政策、儒学的官学化和高度发展，为孔氏家学的发展提供了良好的环境氛围和社会条件。

两汉经学分为今文经学和古文经学。今文经学指以汉代通用文字传承的经学。汉武帝时五经博士所传的儒家经典都是今文经学。今文经学在西汉处于主流位置，极为兴盛。古文经学出现较晚。据《汉书·艺文志》记载，汉武帝末年，鲁恭王扩建宫殿时，毁坏了孔子留存的宅院，在墙壁中"得《古文尚书》及《礼记》《论语》《孝经》凡数十篇，皆古字也"（《汉书·艺文志》）。鲁壁所出古书皆用战国时期的古文字写成，与当时通用隶书写成的经文有诸多不同，这批古书遂被称为古文经书。

古文经书大大丰富了汉代儒者的研究资料，弥补了当时原始文献大量缺失的不足。与汉初通过口耳相传、献书等形式发展起来的今文经学相比，鲁壁藏书更为可信，版本更早、更可靠，在一定程度上，起到了匡正弥补今文经学不足的作用。这也为后世学者研究儒学提供了弥足珍贵的原始资料，丰富了儒学研究的方向。一批儒者，特别是孔子后裔转而研究古文经书，掀起了研究古文经学的热潮。古文经学为儒学的发展带来了契机和新的思路。

鲁壁藏书的发现对孔氏家族来说意义重大。古文经书多被孔子后裔认为是先祖留下的珍贵遗产，作为家学的重要内容，世代传习。虽然今文经学在当时仍是主流学术，但是孔氏族人中以整理、研究古文经学为家族使命的学者不乏其人，如孔安国、孔卬、孔骥等人。他们殚精竭虑、代代相传，在古文经学方面取得了丰硕成果。于是，古文经学成为孔氏家族世代相传的家族文化，也成为儒家文化的重要部分。

2. 孔氏家学的特色

在两汉儒学兴盛发展的时代背景下，孔氏家族人才辈出、灿若繁星，既有擅长儒学的权臣名家，也有专治学术、授徒传经者，在多个方面取得了重要成就。

孔氏家学得到了极大发展，主要表现在保存整理儒家典籍、阐发儒家经学义理和传承发扬儒学等方面。其中尤为突出的是经学研究，不仅涉猎广泛，古今文经学兼容，而且研究走向深化、细化、多样化。在发展中，孔氏家学呈现新的特色。

（1）孔氏家学的发展

从孔子以来，儒家典籍就一直在孔氏家族中传承不断。孔氏家族保存和整理了大量儒学典籍，成为孔氏家学的重要内容。尤其是孔鲋鲁壁藏书，保存了大量先秦儒学典籍，为古文经学的开启起到了奠基作用。可以说，没有鲁壁藏书，就没有古文经学。此外，孔氏家族对古代典籍的整理保存，还表现在对孔子及后裔思想言论资料的整理编著方面，这主要有《孔丛子》与《孔子家语》。

在保存整理典籍的同时，孔氏学者也在阐发、训解儒家经学义理，包括今文经学和古文经学。孔子后裔中多人因博学多识、精通经文义理而被立为经学博士。汉代博士的选拔要求其实很高，要能够对儒家经典"穷微阐奥"，精通一经，还要博学，能"兼综载籍"。孔氏学人能凭借治学广泛、学识渊博，多人居博士之位。如孔子襄、孔忠、孔武、孔延年、孔霸、孔光等皆被列为博士。他们不仅能精通经学，而且有些人撰有经学著作。如孔安国曾孙孔骥著《春秋公羊训诂》《春秋穀梁传训诂》，孔融著《春秋杂议难》，孔奇著《春秋左氏删》[1] 等，都是对今文经学的阐释。

古文经书面世后，孔安国、孔臧等孔氏学者首先对古文经进行整理与研读，并在此基础上开始训解、阐发义理。尤其是孔安国，他训解的《古文尚书》《古文论语》《古文孝经》，为古文经学的发展奠定了基础。在此基础上，经过数代孔氏学者不断研读、训解，古文经学渐成体系，在西汉末期正式登上学术的殿堂，与今文经学相抗衡。至东汉，学习古文经学的人渐多，马融、郑玄等大儒也胸怀"古文虽不合时务，然愿诸生无悔所学"（《后汉书·列传第十七》）的信念，从事古文经学的研究。在古文经学从形成到兴盛过程中，孔

---

① 黄怀信等：《汉晋孔氏家学与"伪书"公案》，厦门大学出版社，2011 年，第 121 页、第 156 页。

氏学者可谓功不可没。

孔氏家学的传播发展主要表现在家学传承和授徒教学两方面。孔氏学者中有多人不求爵禄，而创办私学，致力于儒学的著述与教授。如孔子九代孙孔鲋，十四代孙孔光，孔安国曾孙孔立，十九代孙孔宙等。他们在教授自家子弟的同时，将儒学施教于社会大众，保持了学术的开放性。这不仅使儒学在家族中更好地传承发展，而且促进了儒学向社会的发展传播。

（2）孔氏家学的特色

两汉时期孔氏家学经过数百年的繁荣发展，呈现一些新的特色，主要表现在以下几点。

其一，孔氏家学涉及广泛，古今文经学兼治。今文经学较早立于学官，世人多依赖今文经学进入仕途，然而经学研究繁琐复杂，常常是穷其一生只通一经，形成"西汉多专一经，罕能兼通"[①] 的局面。孔氏学者因为家学积累深厚、丰富，自幼就受到好的教育，治学广泛，多能够兼通多经。在"鲁壁藏书"问世后，孔氏学者中多人又从事古文经学的研究。当时古文经学还没有被列为官学，从事古文经学者不仅不能以此获取官位，还要面临今文经学派的攻击。孔氏学者怀着对家学的热爱，坚守学术阵地，使古文经学日益兴旺，逐渐占据一定位置。

孔氏学者多博览群经，不少人还兼治古今经学。如，孔

---

① 皮锡瑞：《经学历史》，中华书局，2004 年，第 84 页。

子十二代孙孔延年涉猎广泛，被人赞为"博览群书，无所不备"①，被立为博士，后转太傅。孔子十一代孙孔安国少学《鲁诗》，治古今文《尚书》、《古文论语》、《古文孝经》，又善《毛诗》等，被武帝立为博士。孔安国后人孔印、孔衍、孔骥、孔子立、孔子元等，都是兼治多经，包括《尚书》《诗》《礼》《春秋》《孝经》《论语》等，几乎涉及全部儒家元典。其中，孔衍兼治今古文《尚书》、《古文孝经》、《古文论语》等，为成帝时《尚书》博士。

其二，孔氏家族内不同支脉的传承有其特色。孔子之后七代单传，家学多父子相传，学术发展脉络单一。孔子九代孙有孔鲋、孔腾、孔袝兄弟三人，孔氏子孙开始增多，家学由单一发展为家族内不同支脉并行发展，家学走向多元化。孔鲋后裔学术成就不显著。孔腾后裔世代以经学传家，成就卓著者尤多。孔袝之子孔蕺追随汉高祖刘邦，以军功封蓼侯，世袭到西汉末年，后裔中也有以经学著称者。这三个大的支脉下，又繁衍出多个支脉。尽管此时的孔子后裔有些已为官宦世家，但仍恪守诗礼传家的祖训，世习家学，卓有成就。

孔腾后裔在学术上最为杰出，多人因为学术被立为博士，可谓人才济济。这一支又可分为两个小的支派：孔武一支和孔安国一支。孔腾的长孙孔武一支，多官位显赫的朝廷重臣。如，孔武之孙孔霸在宣帝时为大中大夫，元帝时官至太师，

① 孔元措：《孔氏祖庭广记》，《丛书集成初编》，商务印书馆，1936年，第5页。

被封为关内侯。孔霸四子孔光两任丞相，官至太师，封博山侯。他们在治学上也多有建树，孔武及其子孙孔延年、孔霸、孔光等都是博士出身，以研究今文经学为主。孔安国一支，学者较多，如孔安国、孔卬、孔衍、孔骧等也均为博士，但不属权臣之列。他们多兼治今古文，尤其在古文经学上取得了很大成就。

东汉时，家学的传承更为多样、深化。孔霸长子孔福一支，早期以治今文经学为主，主要治《今文尚书》与《严氏春秋》，后来兼习《春秋》三传、《毛诗》及《古文尚书》等。如，孔宙主修《严氏春秋》，他的几个儿子也以研究《春秋》为主，但稍有不同：孔谦"祖述家业，修《春秋经》"；孔褒主修《春秋经》；孔融主修《左氏春秋》，还兼修《毛诗》与《易》；孔昱则主治《古文尚书》。孔霸次子孔捷一支以治《春秋》为主，孔奋、孔奇主修《春秋左氏》，孔奋之子孔嘉著有《左氏说》。

可见，孔氏家族不同支系研究的内容和方向等差异逐渐增大，呈现具体细化的倾向。这一倾向有利于经学研究的深入发展，也使孔氏家学内容更为丰富多彩、发展更为迅速。这是孔氏家学发展的一个特点，也是必然趋势。

其三，孔氏家族在家学兴盛的同时，重视家教的风气也更为显著，在先秦子承父教的基础上又增加了兄弟共学等形式。家族中父子自为师友、兄弟共习、祖孙几代同治一经是常有之事。长辈将多年所学的思想精髓在耳提面命、言传身教中传授于子孙，子孙在前人所学的基础上继续研究推进，这是孔氏家学得以快速发展的主要原因。如，孔安国与其子孙孔卬、孔衍、孔骧等几代人都主攻《古文尚书》《古文论语》等，使古文经学得到发展。孔忠、孔延年、孔霸、孔光等祖孙几代都治《今文尚书》，且多因此被列为博士，成绩卓著。

"兄弟共学"渐成为孔氏家族传习家学的主要形式。兄弟间共同学习家学，相互勉励，交流讨论，是一种普遍的现象。这种共学方式，使学习更为轻松愉悦，进步更快，更容易取得成效。如，汉时孔安国与堂兄孔臧共同致力于古文经学的研究，使当时充满艰辛的古文经学研究得以坚持下去，并有长足发展；孔长彦与孔季彦兄弟在父亲去世后，共同学习，相互勉励，致力于《古文尚书》等家学的研究，在学术上取得了很大成就。

两汉时期，孔氏家学达到了鼎盛，涌现出多名优秀的经学家，在多个领域取得了非凡的成就，孔氏家族成为首屈一指的经学世家。尤其是古文经学的研究和传承，不仅是孔氏家学的重要内容，也成为中国文化的重要部分。在家学的研习传承中，家族成员形成了共同的精神信仰和价值追求，营造出浓厚的文化氛围，深化了家族中向学、乐学的风气，使崇德尚道、传习儒学的诗礼家风得以提升。家风作为家族传承中更为本质和潜在的部分，它一经形成又会反过来成为家学思想走向深邃和快速发展的动力，推动了家学的发展。孔氏家族出现了一些在学术上有突出造诣的优秀人物，孔安国、孔臧家族中的佼佼者尤为显著。

（二）孔安国与其家族

孔安国，字子国，孔忠之子，孔子十一代孙。① 他不仅精通多部经典，而且兼治古今文。《孔子家语·后序》介绍："子国少学《诗》于申公，受《尚书》于伏生，长则博览经传，问无常师，年四十为谏议大夫，迁侍中博士。"可知，孔安国学识广博，对于《诗》《尚书》等多种今文经学有深入的研究，并以《今文尚书》列为博士，官至临淮太守。

孔安国的父亲孔忠汉文帝时官博士，祖父孔腾为汉惠帝时博士、长沙太傅，都以治今文经学著称。孔安国在家族教育下，起初也是治今文经学。在鲁壁发现《诗》《书》《论语》等古文经之后，他又致力于古文经学的整理研习。古文经用先秦文字写成，当时很少有人能读懂，更不用说通其大意。孔安国"乃考论古文字，为今文读而训传其义"②，将古文转化成今文形式，且作了训解，为古文经学的阐释研究奠定了基础。《孔子家语·后序》记载，孔安国"为《古文论语训》十一篇，《孝经传》二篇，《尚书传》五十八篇，皆所得壁中科斗本也"。最近的研究成果进一步证实，《尚书传》《古文孝经》《论语孔氏训解》确含有孔安国口头形式的初步

① 关于孔安国的生卒年及代系等，历史上存在不同观点。《史记》《汉书》等记载为孔子十一代孙，《孔子家语·后序》中记载为孔子十二代孙。今取《史记》《汉书》的观点。

② 杨朝明、宋立林：《孔子家语通解》，齐鲁书社，2013年，第580页。

训解。① 这三部书成为后世研读《尚书》《孝经》《论语》的重要参考资料，在经学史上有重要位置。尤其是《尚书传》，成为《古文尚书》相关学术发展之基。

此外，孔安国"窃惧先人之典辞将遂泯没"，将"当时公卿士大夫及七十二弟子之所谘访交相对问言语"② 整理编成《孔子家语》一书，为后世研究孔子思想和儒家学说保存了丰富而珍贵的参考资料，也成为孔氏家学的重要组成部分。③

孔安国博览群经，整理训解古文经学，以传承家业为志向，在学识和品行上都为人所称颂。这些对他的子孙具有直接的引领和指导作用，培育了多名经学人才，使家族数代传承家学不断，"自安国以下，世传《古文尚书》《毛诗》"（《后汉书·孔僖传》）。如，《孔丛子·连丛子》记载孔安国之子孔卬"特善《诗》《礼》而传之"，孔卬传承父亲的古文经学，也习今文经学，尤其擅长《诗》《礼》，并将它们传承下去。

在孔卬的教导下，两子孔衍、孔骥都被列为博士。孔衍通《古文尚书》《古文论语》《毛诗》等。《孔丛子·连丛子·叙世》记载孔骥"善《春秋》三传，《公羊》《穀梁》训

---

① 可参见单承彬《孔安国注〈古文论语〉考》，《论语源流考述》，吉林人民出版社，2002 年，第 112~135 页。
② 杨朝明、宋立林：《孔子家语通解》，齐鲁书社，2013 年，第 578 页。
③ 黄怀信等：《汉晋孔氏家学与"伪书"公案》，厦门大学出版社，2011 年，第 123 页。

诸生"，与其子孔子立合编《小尔雅》。可知，他兼通经学，善训诂学，可谓学识渊博。孔子立受父亲教育，好古文经学。《孔丛子·连丛子》记他："善《诗》《书》，少游京师，与刘歆友善……为是不仕，以《诗》《书》教于阙里数百人。"可知，孔子立沿袭诗礼家风，喜好《诗》《书》，并且无意权贵，志在向弟子、子弟们传授《诗》《书》等。孔子立的儿子也习《毛诗》《古文尚书》《古文论语》等，极有可能参与续编《孔丛子》。

东汉时期，孔安国后裔秉承古文经学的宗旨不变，《毛诗》《古文尚书》等仍然是家学的主要内容。孔建以文学为议郎博士，孔丰善经学、以学行闻于世，孔僖善《诗》《书》、涉猎《礼》《春秋传》等。孔僖的两子孔长彦、孔季彦自幼刻苦读先人的遗书，"长彦好章句学。季彦守其家业，门徒数百人"（《后汉书·孔僖传》）。兄弟两人后来研究的方向不同，长彦主治今文经学，季彦习古文经学，兼修《史》《汉》。两人不重仕途爵位，以家族学术的传承发扬为使命。

纵观孔安国家族，世代以治古文经学为主，《诗》《古文尚书》《春秋》等是家学的重要内容，《孔丛子》得到进一步丰富，《孔子家语》也已形成，家学的内容不断得以丰富，在学术上取得了巨大成就。伴随着孔氏家学的繁荣，孔氏诗礼家风也走向辉煌。

（三）孔臧及其家族

孔臧，字子武，孔蓁之子，孔子十一代孙。他历位九卿，曾拟被委任为御史大夫，但他拒绝任高官，辞曰："臣世以经学为业，家传相承，作为训法"（《孔丛子·连丛子》）。他有感于俗儒之乱，妖妄杂说并起，自觉以家学传承作为自己的使命，以使先祖思想言论永存后世、涵养世人。他转而求任太常，以便有更多时间和精力"典臣家业"，与孔安国一起整理古文典籍，全身心致力于家学的研究和传承之中。

汉武帝答应了他的请求。孔臧遂专心从事经学的研究。他起初研究今文经学，后在孔安国的影响下从事古文经学的研究，并取得了一定的成绩。孔臧的作品主要有《汉书》著录的儒家类"孔臧十篇""赋二十四篇"，其中《孔丛子·连丛子》收录四篇赋。可见，孔臧不仅精通经学，还擅长汉赋，富有文采。

孔臧不仅致力于家学的研究，也重视对子弟的教育。《孔丛子·连丛子》记有孔臧作《与子琳书》《与从弟书》，表达了孔臧对儿子孔琳、从弟孔安国的关切之情与劝诫之意。在孔臧的教导下，孔琳"博学问，嗣蓼侯，历位诸吏"①，博学多识，能传承孔氏家学，世袭了蓼侯之职。

总起来说，两汉时期，孔氏族人继承先祖遗训、传承家学、整理研习儒家文献典籍，特别是古文经学，使孔氏家学走向辉煌。家族中涌现出众多优秀人才，他们著书立说、授徒教学、讲解儒家经典，以其广泛而深入的经学研究为儒学的发展带来了巨大推动作用。正如赵翼所说："今按周、秦以

---

① 孔德成：《孔子世家谱》（一），《孔子文化大全》，山东友谊书社，1990 年，第 74 页。

来，世以儒术著者，自以孔圣之后为第一。……自霸至昱，卿相牧守五十三人，列侯七人。计自孔圣后，历战国、秦及两汉，无代不以经义为业，见于前、后《汉书》，此儒学之最久者也。"① 家学取得如此巨大的成就，主要是因为家族内父子、兄弟共同学习家学典籍，在交流切磋、探讨学问中，家学不断积累沉淀，发展提升。同时，共学中形成的浓郁学习氛围，也使孔子学诗学礼的家风进一步发展，家族的文化素养与道德水平进一步提升。

二、魏晋南北朝家学渐广

魏晋南北朝时期，战争不断，社会动乱。文化上，儒学衰微，玄学兴起，佛教渐兴。儒学衰微主要是指儒学不像两汉时期那样处于思想上的统治地位，并不是萧然沉寂，而是转向民间，更为大众化。魏晋南北朝时，虽然儒学治国的作用渐渐削弱，其齐家功能则有所强化。孔氏家族虽然不如两汉时期那样鼎盛，但仍能保持世家大族的风度。保持家族长盛的主要因素是家学的持续发展和诗礼家风的兴旺。

（一）南北孔氏并立

魏晋时期，北方政治更为混乱，不少北方世家大族迁徙江南。孔氏家族中也有部分家族南迁，在南方形成两大支系：一支是魏晋时孔衍及后裔避地江东，成为当地世家大族；另

---

① 赵翼著，王树民校证：《廿二史札记校证》卷五《累世经学》，中华书局，1984年，第100页。

一支是孔潜率族人由梁国迁居会稽山阴，发展成会稽山阴孔氏。于是，孔氏家族从地域上大致可以分为两大部：绵延居于北方的曲阜孔氏家族和南方孔氏家族。

当时大江南北出现了多个世家大族，如琅琊王氏家族、兰陵萧氏家族、吴郡陆氏家族、会稽孔氏家族等。这些世家大族能够在战乱中保持不衰，有多方面原因，包括士族制度的兴盛、门第观念的增强及"九品中正制"的推行等，还有关键的一点是重视家教和家风建设，并多在家族内形成具有文化传承、精神凝聚作用的家学。正如陈寅恪所说："夫士族之特点既在其门风之优美，不同于凡庶，而优美之门风实基于学业之因袭。"① 世家大族兴旺的主要因素是家学与家风。在这个世家大族兴盛、家学受到重视的时代背景下，孔氏家学有了新的发展。

1. 北方孔氏家学

魏晋南北朝时，虽然儒学失去往昔的尊崇地位，但是孔子仍然受到朝廷尊重，北方的曲阜孔氏仍然受到朝廷的礼遇。如，尽管朝廷更迭不断，但孔子后裔依然世袭宗圣侯或奉圣亭侯等，负责祭祀孔子等活动。《晋书》记载黄初二年诏："以议郎孔羡为宗圣侯，邑百户，奉孔子祀。"议郎主要"掌顾问应对"，由通经典、有学识者担任。可知，孔羡应该熟知儒家经典。后来，孔震、孔嶷、孔抚、孔懿、孔鲜都袭封奉圣亭侯，主要负责祭祀孔子。要祭祀孔子，必须对儒学经典、

---

① 陈寅恪：《唐代政治史述论稿》，上海古籍出版社，1997年，第71页。

礼仪等谙熟方可，所以此时的孔氏家族肯定世有家学。

孔子二十二（另有二十一或二十四之说）世孙孔猛，是孔季彦之孙，先祖为孔安国，"家有其先人之书"（《孔子家语·序》）。《汉书·孔僖传》记载："自安国以下世传《古文尚书》《毛诗》。"可知，《古文尚书》《毛诗》等先人之书在家族中世代相传，孔季彦能"守其家业"，到孔猛时家里仍留有先祖所传家学典籍。孔猛虽师从大儒王肃，家学也是其学业中的重要部分。孔猛将家族内部传承的典籍《孔子家语》等交给王肃，王肃为《孔子家语》做了整理与注解，使它得到进一步发展，在社会上流传开来。尽管此时的孔氏家学没有两汉那样兴盛，但家学还是传承不断，家族中学习家学的风气还是没有改变。这种家风令家族保持不衰，对儒学的传承与发扬、典籍的保存和整理也有一定的促进作用。

2. 南方孔氏家学

南方孔氏虽离开了鲁国故地，却没有丢弃祖辈遗训，仍重家教，研习家学不断，保留着孔氏诗礼家风的特色。他们因家学传承而长期兴盛于南方，累世英才不绝，也使儒学在南方得以传扬开去。

（1）孔衍及其后裔

孔衍，字舒元，孔子二十二（一说二十三）代孙，带领族人避地江东，是孔氏家族南渡江东的佼佼者。他"经学深博，又练识旧典"（《晋书·孔衍传》），对经学有深入研究，知识又广博。孔衍著述主要有：《凶礼》一卷（佚）、《琴操》三卷（佚）、《左氏训注》十三卷（佚）、《春秋公羊传集解》

十四卷（佚）、《春秋穀梁传训注》十四卷（佚）、《汉春秋》十卷（佚）、《汉魏春秋》九卷（佚）、《汉尚书》十卷（佚）、《春秋后语》十卷（佚）、《长历》十四卷（佚）、《千年历》二卷（佚）、《在穷记》一卷（存）、《说林》五卷（佚）、《孔衍集》一卷等。可见，孔衍著述非常丰富，"凡所撰述，百余万言"（《晋书·孔衍传》），而且涉猎广泛，对《春秋》三传、《尚书》、礼等都有研究。

孔衍为何能著述如此丰富？《晋书·孔衍传》记载："衍少好学，年十二能通《诗》《书》。"孔衍自幼养成好学的习惯，年少便能通《诗》《书》等典籍。这无疑与家族重视家学的教育有直接的关系，与家风的陶冶有很大关系。孔衍父亲孔毓，曾任司空、司马等职，对孔衍有很大影响。可以说，孔衍渊博的知识、深厚的儒学涵养多来自家学传承。

孔衍迁居江东，也将家学带到了江东，为家族在江东的发展打牢了基础。如，孔衍子孔启曾为太守，孙孔恢为尚书祠部郎，曾孙孔粲为博士。从他们所任官职看，其所负责的工作都需要知晓儒家经典方可胜任，所学主要来自家学。二十六代孙孔淳之爱好坟籍，孔默之"好儒学，注《穀梁春秋》"①，孔默之儿子孔熙先博学多闻，善文史星算等，所学无疑也主要来自家学。可以说，孔衍渊博的知识、深厚的儒学修养，对子孙起到潜移默化的教化熏陶作用，使家族在南

---

① 孔德成：《孔子世家谱》（一），《孔子文化大全》，山东友谊书社，1990 年，第 77 页。

方形成了浓郁的诗礼家风，培养了一批人才。

（2）会稽山阴孔氏

汉末，任太子太傅的孔潜率家族由梁国避地会稽山阴，逐渐发展为会稽地区的世家大族，在政治、文化上均占有重要的位置。他们在为政中能够秉正不挠、廉洁自律、勤政务实，而且多富有学识，具有德行才能。山阴孔氏家族显赫，关键原因是家族内重视家学传承，注重品德修养，培养了众多优秀人才，其中最为卓著的是孔愉和孔冲及其子孙。

孔愉，字敬康，孔潜曾孙，孔子二十五代孙。他历任高官，曾任吴兴太守、御史中丞、大尚书、将军等，而且，通《春秋》《书》《诗》等经典，在学术上有建树，著有《晋建武咸和咸康故事》四卷、《孔愉集》一卷。孔愉重视家教，在他的教导下，三子皆通经典。长子孔闇嗣爵，位至建安太守。次子孔汪好学有志行，著有《孔汪集》和《杂药方》（已佚）。三子孔安国以儒见长，历任太常、尚书、特进等职，著有《孔安国集》。三十一代孙孔休源曾任梁时太学博士、尚书左丞等，熟习典章制度，被人称为"孔独诵"。他"明练治体"，执法严明。三十二代孙孔奂，自幼好学，涉猎经史百家，曾任陈朝吏部长官，熟悉典章制度，选举得法，"在职清俭，多所规正"，并著有文集十五卷，弹文四卷。孔奂子孔绍忠亦有才学。

孔冲，孔潜孙，博学多识，曾任丹阳太守。《晋书·孝友传》记载，东阳许孜年二十，"师事豫章太守会稽孔冲，受《诗》《书》《礼》《易》及《孝经》《论语》"。可知，孔冲长于多部儒学典籍，并以所学授徒讲学。在他的教育下，子孙也注重儒家经典的研习与著述。孔冲之子孔侃，任大司农和太守。孙子孔坦在经史方面有研究，少方直，"通《左氏传》，解属文"（《晋书·孔坦传》），曾任尚书左丞、吴郡太守等。他秉承先祖孔子教学为先的治国理念，对东晋的选举和礼制多有奏议，并著有《孔坦集》十七卷。

另有一些孔氏族人虽无法确知其世系传承，但都称为会稽山阴人，当是孔氏迁徙而去。如，孔晁为晋时五经博士，学识渊博，著述丰富，著有《逸周书注》、《春秋外传国语注》二十卷、《溢法注》三卷等。孔俭，通"五经"，尤其明《三礼》《孝经》《论语》，教生徒数百人，三为五经博士，历官国子助教，迁尚书祠部郎，可谓"通儒"。孔子祛博通诸经，尤其专《古文尚书》，对于《礼》也有深入研究，著述丰富，有《尚书义》二十卷、《集注尚书》二十卷、续朱异《集注周易》一百卷等。

由以上山阴孔氏的学术概况来看，他们仍传习家学不辍，且主要致力于经学研究，保有重学务实的家风，少有浮华轻薄之气。同时，由于山阴孔氏学人在朝廷多担任职务，对于刑律多有研究。如，宋孔琳之熟悉历代治典，依儒家正典和历代官仪提出一些异议，倡导"仁政"。南齐孔稚珪精通法律制度，上奏《律文》二十卷、《录叙》一卷，协助制定了一些比较合理的法律条文，要将刑律之学纳入儒学范围。

孔氏家学与刑律之学本身就是有关联的，减刑罚、惠民、严明等本就是儒家仁政思想的体现。孔氏从政者在此试图将刑律与儒家仁政思想进一步结合，有意将儒家为政思想应用于现实的典制刑律之中。这有利于孔氏家学更好地传承发展，也进一步拓宽了孔氏家学的范畴。

（二）孔氏家学的特色

在魏晋南北朝社会混乱、儒学难享尊荣的情况下，孔氏家族仍然能够保持一定程度的发展，尤其是南迁的会稽山阴孔氏，其中关键的因素是家学的传承、家风的长期浸润陶冶。这正如余英时所说："唯独齐家之儒学，自两汉下迄近世，纲维吾国社会者越二千年，固未尝中断也。而魏晋南北朝则尤以家族为本位之儒学之光大时代，盖应门第社会之实际需要而然耳。"[①] "以家族为本位之儒学"是指儒学特别强调齐家的部分，使儒学在家族中得以更好发展。这是当时门阀制度的特别需要。在这种形势下，孔氏家学获得新的发展，与汉代家学有所不同，与同时代的其他世族家学也有差异，主要表现为以下几点。

1. 恪守家学，弘扬儒学

在魏晋玄学、道教、佛教等多种思想影响下，儒学衰微。特别是十多年的永嘉之乱，使社会的礼制遭到严重毁坏，"家废讲诵，国阙庠序"（《晋书·孔坦传》），家庭之内儒学讲诵渐渐荒废，儒家教育机构荒废待兴。学者中有学术思想转向的现象，不少人走向玄学、佛学等。孔氏学者仍恪守家学，

---

① 余英时：《汉晋之际士之新自觉与新思潮》，《士与中国文化》，上海人民出版社，1987年，第399页。

继续研读《诗》《书》《礼》《易》《春秋》《论语》等儒家经典，并通过家教等形式将家学在家族中代代相传，坚守儒学的立场不变。

孔氏学人不仅在家族内部教授儒学，也向社会传扬儒家思想，用儒学教化世人。如，孔冲收徒教学，讲授儒家典籍。孔坦任职时，曾上奏朝廷"经邦建国，教学为先，移风崇化，莫尚斯矣"，指出教育对国家建设、社会风气的改善具有巨大的作用，建议"崇修学校，普延五年"（《晋书·孔坦传》），讲习儒家典籍，教以法度训诫，示人规范准则。这些建议与措施对完善考试制度、恢复儒学教育、推广儒家思想颇有推动作用。东晋孔季恭在任会稽内史时，"修饰学校，督课诵习"，加强了学校教育，促进了对儒家经典的诵习。

可以说，迁居南方的孔氏学者，仍然保持学诗学礼的家风，世习家学，注重修身养德。而且，他们也注意对儒学的传播，带动了当地儒学的发展。北方孔氏后裔更是牢牢坚守先祖庭训，以传承家学为使命，致力于儒家典籍的传承发展。

2. 治学广泛，著述丰富

魏晋南北朝时期，孔氏家族学有所成的可考人物有三十多人，多为南方孔氏。他们不仅在儒学内部有所开拓，而且涉及其他领域，包括政治、历史、文学、艺术、历法等。如，孔衍著述多、涉猎广，不仅在《春秋》《尚书》等经学上有突出成就，而且在音乐、治兵、历法等方面有研究。孔愉不仅精通儒学，还著有历史著作《晋建武咸和咸康故事》。孔坦通经学，在文学上也有造诣，著有《孔坦集》十七卷。孔灵符、孔灵运兄弟对地理有所研究，分别著有《会稽记》和《地志》。孔觊有文集十五卷、弹文四卷。孔晔著有《会稽记》，并有志怪小说《夏侯鬼语记》。孔汪著有《杂药方》。孔琳之不仅通刑律，还"好文义，解音律，能弹棋，妙善草隶"（《宋书·孔琳之传》），尤其擅长草书。孔稚珪"好文咏"，著有《孔詹事集》，其《北山移文》堪称六朝骈文的代表。

可见，孔氏后裔在传承儒学的同时，发展了多方面的才能和兴趣，扩大了治学的范围，使家学的内容更为丰富。随着家学内容的不断扩展，家族内的风气也有所改变，但仍以研习儒家典籍为主，以涵养德性为重心。

3. 家学中融入玄学、道教等文化

儒学是开放包容、与时俱进的，孔氏家学也具有开放性。魏晋南北朝时期的孔氏家族在传承家学、以儒学为基本内容和信念的前提下，也融入玄学、道教等文化，呈现一丝玄化、清脱的色彩。

孔氏后裔中玄学化最明显的是南方会稽孔氏，表现为归隐山林、嗜酒随性等。如，孔愉虽然对儒家典籍有很深的造诣，但是晚年受玄学影响日益加深，最后辞官回乡，归隐山林，隐姓埋名，远离世俗。孔愉曾孙孔祐也隐居四明山。

宋齐之际，孔灵产有隐遁之怀，后隐逸在山林间，对道教有较深的研究。孔灵产之子孔稚珪既精于儒学，又受父亲影响，对道教、玄学有认识。他曾登岭寻欢，共谈"四本"这一玄学最基本的论题。虽然谈玄学的论题，但是孔稚珪的思想方法和学术旨趣与魏晋道教又有很大不同，是将家学与道学相结合的结果。

孔氏家学中融入玄学、道教等文化，原因是多方面的，除了社会上玄学、道家思潮的风行，也与孔氏家族的仕途境遇、朝廷统治者的喜好等因素有关。孔氏学者在坚守家学的前提下，对玄学、道教等有所认识，并吸取它们有益的成分，促进了家学的发展，使家学具有了新的生机和活力，而不是故步自封。这使家风发生了少许的变化，多了一些洒脱、自由的风气。

在魏晋南北朝多种思潮并举的时代环境中，孔氏家族仍注重传承家学，诵习儒家典籍，又融入了玄学、道教等文化的因素，使家学得到丰富和发展，治学范围更为广阔。孔氏家学的持续发展得益于学诗学礼这一良好家风的陶冶，家学又反过来促进了家风的传承和深化，使家族中学习儒家典籍的氛围更为浓厚，保留着儒学真精神，并促使当地儒学得到一定程度的发展。

三、隋唐孔氏经学复兴

隋唐时期政治比较稳定、经济繁荣发展，朝廷大力推崇儒学，使其成为国家的主导思想。孔氏家族作为儒家思想的主要传承者、发扬者，在这次儒学复兴的时代背景下，也得到了进一步发展，成为当时著名的文化世家、官宦望族。孔氏家学随着儒学的振兴得到了一定发展，并呈现出新的特色。随着家学的发展，孔氏家族的家风也发生了一些改变。

（一）孔氏家学发展概况

隋唐时期实现了政治上的总体统一，自然也要求实现思想文化上的统一，能够担当此任的只有儒学。朝廷采取尊孔崇儒的政策，不断提升孔子的地位，给予孔氏家族多种优遇，孔氏家族再一次兴盛起来。在以儒学作为科举考试主要内容的政策下，大批孔氏学者通过科举登上仕途。这主要是因为，孔氏家族对家学的传承没有中断、以学诗学礼为内涵的孔氏家风也一直在家族中蔓延。

1. 尊孔崇儒的时代

隋朝统一天下之后，大力提倡儒学，尊重儒士，并组织搜集整理儒家典籍，推动了儒学的发展。唐取代隋之后，更加尊崇儒家思想，采取了一系列措施来加强儒学的主导地位，包括整理儒学典籍、科举选拔人才、尊崇孔子及其弟子、重视学校教育等方面。

第一，组织整理儒学典籍。唐太宗李世民重视儒学，给予儒学很高的评价："朕今所好者，惟在尧舜之道，周孔之教，以为如鸟有翼，如鱼依水，失之必死，不可暂无耳。"（《贞观政要·慎所好》）他用生动的比喻，说明儒学不可或缺，并采取一系列措施来提升儒学的地位、推动儒学的发展。组织儒者大规模地整理历代古籍是其中主要的一项。他命人汇成了《隋书》《群书治要》《五经正义》等经典古籍。

关于整理古籍、儒学教化的目的，《隋书·儒林》中有明确论述："儒之为教，大矣。其利物博矣。笃父子，正君臣，尚忠节，重仁义，贵廉让，贱贪鄙，开政化之本源，凿生民之耳目……"说明了儒学对国家政事、民众教化、社会风气、人伦道德等方面的重要作用，是唐朝社会得以安定发展的坚实思想基础，是社会稳定的有力保障。古籍的整理也为孔氏家学的发展提供了良好的条件，使孔氏家学进一步融汇到国家层面的学术之中。

第二，通过以儒家经典为主要内容的科举考试，来选拔人才。这进一步将儒学之道与国家权力相结合，儒学成为读书人博取功名的手段和途径，直接促进了儒学的发展和普及。在这个过程中，儒学渐渐由魏晋南北朝时期的三教并列晋级转变为国家的主导思想。孔氏学者凭借家学的优势，多人中举，具有更多进入仕途的机会，人才辈出。

第三，尊崇孔子，不断提升孔子的地位。唐武德七年（624），高祖李渊亲临国子学释典，封周公为先圣，孔子配享。贞观二年（628），唐太宗升孔子为先圣，颜回配享。开元二十七年（739），唐玄宗追赠孔子为"文宣王"。在开元末年，祭祀孔子用国家祀典中的"中祀"，孔子享受较高的祭祀等级。

孔庙规格不断提高。武德二年（619），立周公、孔子庙于国学。贞观四年（630），州、县立有孔子庙，形成孔子庙分布全国的格局。对孔子的尊崇，直接提升了孔氏家族的地位和威望，使孔氏学者具有了更强的荣耀感和使命感，更加自觉地以文化传承者自居，传承家学的积极性更高。

在这一时代背景下，儒学走向统一。这主要表现在两个方面：一是儒学南北差异逐渐减小，走向经学的融合；二是

90

儒学对释、道以坦然的态度面对，既有批判，又能积极吸收、融化两者的优秀部分。经过长期的交融、渗透，更为全面的儒学体系建立了。孔氏家学在这样的儒学发展形势下，走向了新的天地，孔氏学诗学礼的家风更为浓郁。

2. 孔氏家学的新发展

在隋唐崇儒尊孔的政策下，孔子家族受到多种礼遇，如孔子嫡裔先后被封为绍圣侯、褒圣侯、文宣公等。在地位提高的同时，孔氏学者的文化素养也明显提高，北方宗子一脉尤为显著，多人任博士等职。如，文宣公孔璲之任国子四门博士、邠王府文学等；文宣公孔策专攻经学，考中明经，为《尚书》博士，任国子监监丞等；文宣公孔振以进士第一人及第；文宣公孔昭俭授广文馆博士等。他们能够任博士或科举中第，是因为深厚的学术功底，而这种功底来自长期的家学传承与积淀。魏晋南北朝时期，宗子一脉虽然显得衰落沉寂，但家学仍然在家族中传承不断，诗礼家风也在陶冶着家族成员。经过多年的积累，恰当的时机一到来，他们便异军突起了。

唐代科举考试的主要内容是儒家经典，这对世代以儒学为家学内容的广大孔氏学者来说，是巨大的优势。这时的孔氏族人犹如井喷，在科举取士中多人中举。如，三十五代孙孔贤考中进士；三十九代文宣公孔策明经及第，迁《尚书》博士，三子中孔振、孔拯皆中状元；四十代孙孔纬、孔纁、孔缄兄弟三人都中状元，被称为孔门三状元，孔纬还曾为唐僖宗、昭宗两朝宰相，其子孔崇弼也是进士出身；四十一代文宣公孔昭俭授广文馆博士；孔贤后裔孔元昌、孔昭邈也进士及第。

另据学者统计，"三十九代兄弟九人，一位状元，一位榜眼，四位进士，两位明经，只有一人没有功名还官四门博士。四十代兄弟十五人，四位状元，一位明经状元，五位进士，一位明经，四人没有功名，一位任太子舍人，一位任曲阜县令，长孙兄弟二人全都考中状元。"① 这是仅就宗子家族两代来说，就有如此多中举者。在整个唐朝，孔子后裔中举者更是众多。

家族中一时有这么多因才学而中举的现象，绝不是偶然。这与孔氏家学的长期积累沉淀有直接关系。以儒学为内容的家学为孔氏学者提供了良好的基础和前提，加上家族中重视家教、长期形成的习儒重德家风，使孔氏族人自幼便接受儒学教育，养成自觉学习的习惯。

孔氏家学在这些有利形势下，又得到了长足的发展，主要表现为：其一，孔氏学者的著述多了起来，研究的深度和广度也有所增加。这些著述涉及广泛，而不仅仅在儒学之内。如：孔至著《百家类例》《姓氏杂录》《百官要理》等；孔志约著《本草音义》二十卷；孔绍安著《孔绍安集》五十卷等。著述最多、最突出的要数孔颖达，不仅在孔氏家族，就整个唐朝而言，他都堪称儒学研究的高峰。

其二，孔氏家学在总体上仍保持经学研究路向。唐代诗

① 孔祥林、管蕾、房伟：《孔府文化研究》，中华书局，2013 年，第 50 页。

文在中国历史上最为兴盛，但是孔氏学者仍然以家学传承为主，多致力于儒家经学的研究之中。孔颖达负责编撰的《五经正义》是其中的翘楚，另有《孝经义疏》等，都对经学的发展起到了重要的推动作用。孔氏学者中也有多人因经学列为博士，如尚书学博士孔策传承家学，仍以《尚书》作为治学的方向。

（二）孔颖达与《五经正义》

孔颖达，字冲远，冀州衡水人，孔子第三十三代孙。他遍研群经，编撰《五经正义》《大唐仪礼》等皇皇巨著，为隋唐儒学乃至整个中国儒学的发展做出了巨大贡献。孔颖达也使孔氏家学达到了新的高峰，进一步培养、带动了家族大量优秀人才。

1. 孔颖达其人

孔颖达能够在学术、思想上取得巨大的成就，与其丰厚的家学传承有极大的关系。孔颖达 8 岁就学，博闻强记，日诵千余言。他每天手不释卷，幼年时便熟读《三礼义宗》，后精读《毛诗》《礼记》《左传》《尚书》《易》等多部儒学经典，遍读诸子百家之书，涉猎天文、历法等多个方面。孔颖达能够少时便博览群书，打下深厚的学术功底，与他自身的勤奋有关，更与其家族长辈重视对子女的家学教育有直接的关系。

孔颖达家族可以上溯到西汉孔延年二子孔福。孔福七世孙孔郁为东汉冀州刺史，其子孔杨为下博亭侯，后定居下博。孔杨的七世孙孔灵龟，任北魏国子博士，为一代名儒。孔灵龟之子孔硕便是孔颖达的祖父，任北魏治书侍御史，为官正直，尚善罚暴，"风俗以之肃清"。孔硕生孔安，为孔颖达父亲，任北齐青州法曹参军，为官清廉，志在宽简，是信奉儒学的循吏。可以说，孔颖达家族世传家学，以儒家思想为行为的规范，具有较高的文化涵养，为政清廉。敦厚纯正的家学根基、崇儒兴教的家风传承，为孔颖达提供了良好的成长与学习环境。先辈们的品行学识为孔颖达树立了学习的榜样和导向。年少时便习承家学，为他成为"学贯五经"的通儒提供了基础和前提。

在对家学的传承外，孔颖达还拜当时名冠天下、学识渊博的通儒刘焯、刘炫为师，继承了他们兼通南北、广纳博引、兼收并蓄的学术风格，在学术思想上有了更大进步。20 多岁时，他边研习经书，边授学乡里，教育子弟与弟子，自身的知识涵养也有了进一步提升。

隋炀帝在位时，孔颖达 30 多岁，"举明经高第"，先后任河内郡博士、太学助教、太常博士等职。唐朝建立后，孔颖达因为学识渊博，位列文学馆"十八学士"之中，后又任国子博士、国子司业、太子中允等，参议国事，尽职尽责。他侍太子李承乾读书期间，数进忠言。后来李承乾不循法度，孔颖达多次犯颜进谏。《旧唐书·孔颖达传》记载："与诸儒议历及明堂，皆从颖达之说。"可见孔颖达以其学识广博、见解深刻，得到了众人的认可。褚亮题词赞曰："道光列第，风传阙里。精义霞开，掞辞飙起。"（《旧唐书·孔颖达传》）对孔颖达的声誉与学识给予很高评价。因功绩卓著，孔颖达得赠太常卿，谥号"宪"，陪葬昭陵。

孔颖达对学术最大的贡献是整理与编订了多部儒学典籍。他参与编著、修订的典籍主要有《五经正义》《孝经义疏》《大唐仪礼》等，在社会上皆有重大影响。其中的《大唐仪礼》，主要包括《吉礼》六十篇、《宾礼》四篇、《军礼》二十篇、《嘉礼》四十二篇、《国恤》五篇、《凶礼》六篇等，共计一百三十七篇。书成，孔颖达进爵为子。孔颖达最具影响力的著作当属《五经正义》。

2. 经学成就

孔颖达在学术上最大的成就是经学，集中体现于《五经正义》。《五经正义》初名《五经义疏》，是由孔颖达奉唐太宗李世民之命主持编撰的儒家典籍，参与编著的学者达五十多人，历经三十年左右才完成。全书包括《毛诗正义》四十卷、《尚书正义》二十卷、《礼记正义》七十卷、《周易正义》十四卷、《春秋左传正义》三十六卷，共一百八十卷。它们以"五经"为底本，以史上经典旧注为依托。所依注为：《周易》魏王弼注，《尚书》孔安国传，《诗经》汉毛公传、郑玄笺，《礼记》郑玄注，《左传》晋杜预注。《五经正义》将经与注集合在一起，先释经，再释注，注意"疏不破注"的原则，但又引证诸家经说，做到旁征博引，在经学训诂方面成就特别大。

《五经正义》成，唐太宗下诏曰："卿等博综古今，义理该洽，考前儒之异说，符圣人之幽旨，实为不朽。"（《旧唐书·孔颖达传》）这一评价可谓中肯。儒学史上长期存在今古文之争、南学北学之分、先秦两汉儒学与魏晋玄学所形成的新儒家之风等多种学术分歧与争辩。《五经正义》融汇众多观点，使这些分争达到了一定的和解，可谓中国经学统一和总结的标志。《五经正义》颁布后，便成为官方定本，被社会各界广泛接受，并作为科举考试的主要依据。在其后的唐宋时期，《五经正义》也一直处于学术的主导位置，宋代还被列入《十三经注疏》中，在儒学史上具有特别重要的作用和意义。

《五经正义》作为经学的集大成者，虽由多人集体编撰而成，孔颖达作为主要编撰者，无疑起到了核心作用。他加入了其个人的许多思想观点，决定了书的整体风格与水平。他站在儒学的立场上，积极采纳诸家的思想观点，包括道家、玄学的思想。这使儒学的内涵进一步丰富和升华，形成了融会贯通的理论体系，达到了一个新的高度。从另一个层面来说，《五经正义》也具有孔氏家学的意味，在孔氏家族中具有十分重要的地位和意义，是孔氏子孙学习传承的重要内容。

3. 教化子孙

孔颖达的重要贡献除了整理古籍，还表现在教育上。从早年授徒教学到隋时任河内郡博士、太学助教，再到唐时任太学博士、太子中允等，孔颖达多在从事教学及相关活动。受教者中既有高贵的太子，也有广大的平民，其子孙、族人也在受教之列。

在常年教学中，孔颖达形成了比较系统的教育理论。他以经学为教育的基本内容，认为经学具有重要的作用，可

"观民风俗",可以让人明事理大本。在经学中,他尤其重视礼的教化作用,"治人之道于礼最急",认为礼为君主教化的重要途径,"制礼以教民"。孔颖达也重视"情教",认为抒发情感的诗歌与声调和谐的乐可以使人的情感和谐、人心和善,可使人际关系协调、社会稳定。可见,孔颖达的家教蕴藏着重礼重诗的特色,使诗礼家风进一步深化发展。

孔颖达以其广博的学识、丰富的教学经验,培养了大批儒学人才。据唐朝于志宁说,孔颖达任国子祭酒期间,"学徒盈于家室"。孔颖达教育的成就也突出表现在家教的成功上,子孙多人有突出成就。长子孔志玄博学,官至国子司业,志玄的儿子孔惠元好学多识,也任国子司业,后又升为太子谕德。祖孙三代为司业,为世人所赞。次子孔志约精于礼,为礼部郎中,著有《本草音义》二十卷等。三子孔志亮在刊定《五经正义》中为宣德郎,后为太常博士。在重礼重诗优良家风的熏染教化下,孔颖达家族数代人才济济,他们多经文兼修、博学多识,而且科考中举者较多。孔祥林统计,"三十八代至四十一代有 22 人考中进士(其中状元 2 人),也有 5 人高中明经"①。直至宋代,家族中仍然人才辈出,文章著述不断。这与孔颖达奠定的优秀家学、家教及优良家风的传承有直接关系。

孔颖达既是儒家经学大师,也是孔氏家族的佼佼者。他对孔氏家学的传承、孔子之学的发展与发扬做出了巨大的贡

---

① 孔祥林:《曲阜孔氏家风》,人民出版社,2015 年,第 58 页。

献，是儒学史、孔氏家学史上一位标志性的人物。孔氏家学的发展及其在家族中的传承，促进了孔子诗礼家风的发展提升。

总起来看，隋唐时期，朝廷采取了一系列崇儒尊孔的政策，特别是科举制度的实行，使儒学成为考察、选拔官吏的重要内容。这些措施推动了儒学的发展，也使孔氏家学得到了强化和提升。大批孔氏学者因为具有家学的优势，科举中第，走上仕途。反过来，这些孔氏学者也推动了家学的发展，在家族中形成更为浓厚的习儒重教风气。

四、宋元时期文史并茂

宋元时期，再次掀起尊孔崇儒的高潮，儒学发展进入新时期。这主要表现在理学的兴起，实现了由汉唐训诂之学向义理之学的转变，在融合道家、佛学的基础上形成了儒学的新思想体系。孔氏家学在这一学术背景下，又有了新的发展，主要表现为在经学继续缓慢发展的同时，文学、史学、家族谱书等有了明显进展。

（一）宋代孔氏家学的发展

五代十国长年战乱，最终宋朝统一天下。宋朝建立后，统治者认识到长期混乱的主要原因是儒学的衰落、儒家伦理体系的崩溃等，于是他们中的很多人便开始研习儒学。如，宋太祖赵匡胤读经书手不释卷，宰相赵普喜好儒学，"半部《论语》治天下"。进而，朝廷采取了一系列崇儒尊孔的政策，在北宋初期开始形成尊崇儒学、重文轻武的社会风气。

这为儒学的发展提供了良好的环境条件，也为孔氏家学的复兴提供了条件。

宋朝对儒学推崇备至，尊崇孔子，也给予孔氏后裔各种优渥。这主要表现在加封孔子、修建孔庙、敕封孔子后裔等。特别值得一提的是朝廷重视对孔子后裔的教育，开始设置三氏学，给予经费支持，赐予学田，并聘请当时大儒教导孔氏子孙等。这使孔氏家族对子孙的教育不仅仅局限在家族之内，而是与官学相结合，从而使孔氏后裔的学术水平、思想素质得到了更快提高，使孔氏家学的内容更为丰富。

1. 孔氏家学发展概况

宋时，儒学获得了快速发展和巨大转变，主要表现在训诂之学向义理之学的转变和理学体系的建立。汉唐以来长期重视辞章训诂，儒学渐渐走向繁琐古板，日益脱离人的生活、生命，成为僵化的学问。宋儒认识到这些弊端，提出儒学要结合社会现实，探究经文的本义，使儒学转向探求性命道德的义理之学。这一转变，为儒学的发展提供了新的生机和活力，最后形成了以理学为代表的新儒学体系。

在宋代儒学长足发展、义理之学日益兴盛的时代背景下，孔氏家学随着儒学的发展趋势而发生了转变，由经学研究渐渐转向儒学关注人身心生命的方面。于是家学呈现新的特色，主要表现在：在史学、文学、诗词等方面有了快速发展；关注家族历史，家族谱志等方面的著作渐渐增多；对经学的研究与著述，相比汉唐时期明显减弱。

宋朝继续采取以儒学为内容的科举取士制度。曲阜孔子后裔多人考中，出仕为官。对此，《孔府文化研究》曾统计："四十三代长孙有四子，二人举进士；十孙，三人举进士；曾孙十一人，也是三人举进士……形成了孔氏家族的第二次科举高潮。"① 从这些数字可见，曲阜孔子后裔长孙一支有多人考中，人才辈出。这与家学渊源有很大关系，也与家族重教并形成了习儒诵经的学习氛围有关。

孔道辅家族可谓曲阜孔氏家族中的佼佼者，数代皆有学识渊博的人才出现，在家学方面有突出的贡献。南方孔氏后裔中也出现了众多德才兼备者，江西"清江三孔"称得上其中的代表。下面以这两个家族为例，说明孔氏家学在该时代的传承发展。

2. 孔道辅家族

孔道辅，字原鲁，孔子四十五代孙，"中兴祖"孔仁玉之孙。孔仁玉，善六艺，尤精《春秋》，袭封文宣公，兼任曲阜县令。孔仁玉四子皆有才学，第四子孔勖便是孔道辅父亲。孔勖博学多闻，尤其善于诗歌，进士及第，曾为太平州推官，以殿中丞通判广州，为官廉洁。据《宋史》，宋真宗东封时，亲自到孔子祠拜祭，问："孔氏中现在谁最为知名？"有人举孔勖，因他有德行学问。于是皇帝召见了他，并封他为太常博士、曲阜知县。孔勖在广州时，以清洁闻名。在他离开时，当地的少数民族首领纷纷献宝货送别。可见，孔勖深得民心。

---

① 孔祥林、管蕾、房伟：《孔府文化研究》，中华书局，2013 年，第 134 页。

孔道辅受父亲的教育影响，自幼端重，好学不已，也进士及第。他"性鲠挺特达，遇事弹劾，无所避"，中正耿直，廉洁奉公。宋仁宗见他才华出众、为人忠正，委之以重任，曾命为太常博士、龙图阁待制、右谏议大夫等。在知兖州期间，孔道辅寻到孟子墓，建孟子庙，寻访孟子后裔，为孟子、孟氏家族的兴盛做出了巨大贡献。

孔道辅擅长诗文，流传下来多首作品。如，《题祖庙两首》写道："门有诗书不华彩，素王留得好生涯。行人莫讶频回首，天下文章第一家。"从这首诗中，既可知孔氏家族家学的深厚和重诗书文章的特色，也可感受到孔道辅的家族自豪感和传承家学的使命感。

孔道辅有二子——孔舜亮与孔宗翰。兄弟两人在父亲的教育和影响下，饱读经书，富有文采。在皇祐元年（1049），他们同时考中进士，分别官至左中散大夫和刑部侍郎，在当时传为佳话。两人均擅长诗赋，曾与苏轼、司马光、程颢等人诗词唱和。兄弟俩的成就与孔道辅的引领有直接的关系，与家族重诗书文章的风气也有很大关系。

孔宗翰感叹"盖先圣之没，于今一千五百余年，宗族世有贤俊，苟非见于史册，即后世泯然不闻，是可痛也"①，心痛孔氏家族中众多未被列入史册的贤俊之才被后世忘记，便编成家族志书《阙里世系》（有些书中称作《家谱》），以记

---

① 孔宗翰：《家谱旧引》，《孔氏祖庭广记》，《丛书集成初编》，商务印书馆，1936年，第1页。

载孔氏的谱系及杰出人才，可惜此书早已佚失。

孔舜亮之子孔传，原名若古，随四十八代衍圣公孔端友南下。他虽不是进士，但是也取得了巨大的成就，官至右朝议大夫、知抚州军州事等。并且他涉猎广泛，著述较多，尤其关注家族历史和先祖事迹。主要著作有：《阙里祖庭记》（三卷）、《东家杂记》、《孔子编年》、《杉溪集》等。《孔子编年》摘取《左传》《国语》《春秋公羊传》《史记》及其他书中所记孔子事迹，以年次编辑而成。

《东家杂记》的宗旨在开篇有记："先圣没，逮今一千五百余年，传世五十。或问其姓，则内求而不得；或审其家，则舌举而不下。为之后者，得无愧乎？……故老世传之，将使闻见之所未尝者，如接于耳目之近，于是纂其轶事，缀所旧闻，题曰东家杂记。"① 孔传南下衢州，作此书的目的是希望家族世代铭记祖先圣迹和家族历史。这在一定程度上是受到叔父孔宗翰的影响。《东家杂记》虽列纲目较多，共二十一类，但多为短文，记载了历代追崇先圣之事、孔氏家族旧闻逸事等，对研究孔子及孔氏家族具有重要的参考价值。

孔传有六子——端问、端守、端己、端位、端植、端隐，在孔传的教诲影响下，皆有学识品行。其中，孔端问笃学工诗，著有《沂川集》。

从四十三代孙孔仁玉到四十七代孙孔传历经一百多年，

① 孔传：《东家杂记》，《孔子文化大全》，山东友谊书社，1990年，第13~14页。

孔氏家族仍保持整体的兴盛，文化上保有生机、政治上占有一定地位。这主要是因为家学的代代相传，在家学的传承中，形成了共同的信念追求和思想观点，深化了学习儒学、重诗书文章的家庭氛围，也就是诗礼家风。

3. 江西"清江三孔"

孔子四十代孙孔绩是孔颖达后裔，唐时迁居江西临江。虽居处有变迁，其家族仍研习家学不断。在宋时，临江孔氏异军突起，多人通过科举考试中进士，且在经学、文学、史学等方面有突出的成就。《曲阜孔氏家风》统计了临江孔氏的中举概况："三子一进士，四孙三进士，七曾孙三进士二举人，玄孙二十二人三进士，来孙四十四人两进士，四十四晜孙五进士二举人，四十七代孙二十九人十进士二举人。"① 可见，孔绩家族数代中举人数较多。孔绩后人可谓人才辈出，其中最具代表性的要数"清江三孔"。

"清江三孔"是指北宋时期的孔文仲、孔武仲、孔平仲兄弟三人，为孔子四十七代后裔。三人均中进士，同朝为官，在政坛、文坛上享有较高声誉。黄庭坚曾作诗赞曰："二苏上联璧，三孔立分鼎。"将孔氏三兄弟与苏辙、苏轼兄弟相提并论，足见黄庭坚对他们推崇之高，也可看出三人在学术、文学等方面有杰出成就。

三兄弟在学术上皆有突出的成就，然而专长有所不同。孔文仲涉猎广泛。苏颂为其所纂《中书舍人孔公墓志铭》中

---

① 孔祥林：《曲阜孔氏家风》，人民出版社，2015 年，第 59 页。

写道："少禀义训，知自刻苦，经史传注，百氏子集外，至于天文、律历、算数之书，无不识于心，而诵于口。"① 可知，孔文仲自幼接受父亲的教诲，读书刻苦，涉猎广泛。他的主要著作有：《孔文仲文集》五十卷（佚失）、《舍人集》二卷。

孔武仲经史子集皆精，曾参与校订《续资治通鉴长编》、纂修《神宗日历》等。经学方面著作有：《诗说》二十卷、《书说》十三卷、《论语说》十卷、《尚书集解》十四卷、《五臣解孟子》十四卷；史部有：《金华讲义》十三卷、《孔武仲奏议》二卷；子部有《芍药谱》一卷。可惜大都遗失。

孔平仲善于诗歌，长于史学，知识博杂。后人评价他说："平仲长于史学，工词藻，故诗尤夭矫流丽，奄有二仲。"② 可知，孔平仲在诗词方面比两位兄长略胜。孔平仲著述丰富，主要有：《续世说》十二卷、《孔氏谈苑》四卷、《孔氏杂说》一卷、《珩璜新论》四卷、《诗戏》一卷、《良史事证》一卷、《释稗》一卷、《朝散集》二十一卷等。

《四库全书》收录三人的诗文集《清江三孔集》（三十卷），凡二十四万言，包括诗、赋、奏议、史论、表状、碑记、杂著、制策等。这只是三人著作所存留的少部分，"虽曰存一二于千百"，也算得上内容宏博、文体丰富，具有较高的史料、文学与思想价值。晁补之对孔平仲兄弟赞道："二人射

---

① 苏颂：《中书舍人孔公墓志铭》，《苏魏公文集》卷五九，《四库全书》（第1092册），第633页。

② 吴之振：《孔平仲清江诗集钞》，《宋诗钞》卷一六，《四库全书》（第1461册），第290页。

策几人惊，要与三苏共入评。先圣子孙多异禀，累朝图牒有高名。"① 亦将他们与三苏并列，可见"清江三孔"学术成就之高。

"清江三孔"不仅在经学、史学上有所建树，而且擅长诗文，可谓知识渊博、富有才华。三人之所以有如此高的学术功底与成就，与其家学、家教有直接的关系。"清江三孔"的父亲孔延之是庆历三年（1043）进士，官至司封郎中，"工于为文"，著有文集二十卷（佚失），编撰了《会稽掇英总集》二十卷等。其中《会稽掇英总集》被《四库全书总目提要》（卷一八六）评价为"在宋人总集之中最为珍笈，其精博在严陵诸集之上也"，可知此书具有很高的价值。

孔延之与当时的名儒曾巩、周敦颐等相交甚好。曾巩在《司封郎中孔君墓志铭》中这样描述他："幼孤，自感厉，昼耕读书陇上，夜燃松明继之，学艺大成。……治人居官，一以忠厚，不矜智饰名。噫！可谓笃行君子矣！其家食不足，而俸钱常以聚书，至老，读书未尝废也。工于为文，诸子皆自教以学，子多而贤，天下以为盛云。"② 这段评述，不仅道出了孔延之的好学、忠厚、笃行、才华等美德善行，而且指出了他对儿子教育的重视。孔延之"工于为文"，三子也都善于诗文。可见，"清江三孔"所学主要来自家教，三人能

---

① 晁补之：《叙旧感怀提刑毅父并再和六首》，《鸡肋集》卷十七，《四库全书》（第1118册），第523页。

② 曾巩：《司封郎中孔君墓志铭》，《元丰类稿》卷四十二，《四库全书》（第1098册），第708～710页。

取得学术上的巨大成就从根本上得益于父亲善教和良好家学，是家庭中好学习儒风气陶冶的结果。

同时，兄弟间在学业上切磋交流、同学共勉、扶持安慰，也是他们能够学有所成的重要因素。如，孔平仲直言自己"幼承父兄教训之勤，长蒙庠序熏灼之美"（《国学解元谢启》），自幼受到父兄的教诲，后得到学校的教育。他能够有所成就，在于"盖父兄教习之使然，非岁月勉强而为此"（《谢程卿举职官启》），父兄的教育起到特别重要的作用。在孔文仲考中进士后，孔平仲写《喜经父阁试第一》《喜经父制策第一》等文章表达喜悦之情，直言"大科江左未尝有，此事吾家真最荣"，表达了对哥哥文仲的敬慕之情，并以兄长作为学习的榜样。可见，兄长孔文仲对弟弟们有着重要的引领作用。

兄弟三人共学，虽说所擅长的有所不同，但在诗文、史学等方面都有所成就，并且在风格与思想上也有许多相近之处。如，在他们的诗文中蕴涵有浓厚的儒学气息；具有平易自然的风格；多抒写怨伤与心志，情深意切。诗文讲求经世致用，可见他们具有儒者情怀。这与宋时文学兴盛、经学衰弱的大环境有关，也与家风的传承有关。自孔子诗礼庭训以来，孔氏家族对诗便情有独钟，在每一个时代皆有诗文流传下来。通过诗表达淑世情怀，是儒家思想熏染教化下真情的流露。

"清江三孔"不仅在学术上相近，在仕途也有相似的经历。父子四人皆为人正直，为政清廉，敢于直谏，堪称政界君子。因反对王安石变法，三人被认为是守旧派，一再遭贬，仕途坎坷。但他们仍有君子气节与仁者情怀，提出德礼、刑政、恤民、治兵等见解，具有一定的借鉴意义，后又因与周敦颐交好，卷入"洛蜀党争"中，郁郁不得志。在如此境遇之中，三人仍能够留下这么多的诗文、经学等著作，是内在的使命感使然，是自身兴趣使然，也是家学传承自觉性使然，是家风长期浸润使然。

（二）元代孔氏家学的发展

北宋末年，因为战乱不已，朝廷被迫南迁。孔子四十八代孙、袭封衍圣公孔端友带领部分族人也随之南迁，寓居浙江衢州，呈现南北两宗并列的境况。南宋、金、蒙古几个政权争立衍圣公，曾一度出现三个衍圣公并立的情形。衍圣公的承袭显得比较混乱，孔氏家学也呈现下滑的趋势。好在金、元两朝对儒学也采取尊崇的态度，推行一系列崇儒政策，如重修孔子庙、提升孔子祀封规格、优待孔子后裔等。在学术水平整体较为低迷的形势下，孔氏家族中仍然涌现出较为优秀的人才，如孔元措、孔克坚等。

1. 孔元措

孔元措，字梦得，孔子第五十一代孙，金明昌二年（1191）被封为衍圣公，蒙古灭金后再次被封为衍圣公。他对孔氏家学有深入研究，尤其精通礼乐，并编撰有家族志书《孔氏祖庭广记》。

孔元措被元朝封为衍圣公后，上书元太宗，提议收录金朝掌管礼乐的旧臣及礼册乐器，以完善朝廷的礼乐制度。意见被采纳后，孔元措便收集与整理礼乐，召集礼乐大师，在曲阜造乐器，制冠冕、法服、钟磬等，然后在宣圣庙演习礼乐。经过几年的制作与练习，他"召乐人至日月山试奏于帝前，遂用以祀上帝"①，所制礼乐为统治者所用。正如《阙里文献考》所赞："元朝一代礼乐，公实始创之。"②孔元措可谓元代礼乐制度的奠基者，是儒学与孔氏礼乐文化的重要传承与发扬者。

《孔氏祖庭广记》完成于金正大四年（1227），是孔元措在先人孔宗翰所著《家谱》和孔传所作《祖庭杂记》的基础上，参考《左传》《周礼》《礼记》《孔子家语》等多种典籍，加以考证查实而成。《孔氏祖庭广记》考证严谨，内容丰富，主要包括：图片（先圣庙、手植桧、杏坛、后殿、先圣小影、姓谱、宅图等）、圣诞辰讳日、母颜氏、娶亓官氏、孔子追封谥号、历代崇奉、嗣袭封爵沿革、改衍圣公告、乡官、碑刻、续添袭封世系等。它比较翔实地记录了孔氏家族的历史、功绩、先祖圣哲等，是孔氏家学的重要部分，也是研究孔氏家族历史及思想的重要资料，是研究儒学的重要史料。

2. 孔克坚

孔克坚，字璟夫，孔子第五十五代孙，至元六年（1340）袭封衍圣公。《阙里文献考》介绍孔克坚："少廓达通敏，日

---

① 孔继汾：《阙里文献考》卷八，《孔子文化大全》，山东友谊书社，1989年，第165页。

② 孔继汾：《阙里文献考》卷八，《孔子文化大全》，山东友谊书社，1989年，第165页。

诵千余言，通《左氏春秋》，又工为乐府。"① 可知，他幼承家学，聪敏好学，精通《左氏春秋》，对礼乐有研究。孔克坚因明习礼教，经人举荐，被征为同知太常礼仪院事，负责朝廷礼仪事项。郊祀时，孔克坚"登降有容"，"观者称其知礼"。

孔克坚还富有文采，著有《祭酒逸稿》二卷等。《阙里文献考》中评价他说："五十五代公绍修家学，謇谔朝端，政绩风规，卓乎伟矣!"② 在元明交替的混乱形势下，儒学呈现衰落趋势，孔克坚仍能传承家学，修习礼乐，为元朝礼乐文化建设做出了贡献，传扬了儒家文化，实在可贵。儿子孔希学受父亲孔克坚的影响，也知礼博学，袭封衍圣公。

综上所述，宋元时期孔氏族人，既有家学方面的优势，又有好学的家风影响，所以多人能通过科举考试中第，使家族文化水平进一步提升。加上朝廷采取崇儒重教的政策，给予孔氏家族多种优遇，如袭封衍圣公、办三氏学等，更促进了孔氏家族和家学的繁荣发展。此时孔氏家学整体呈现为经学方面较为薄弱，文学、史学、礼乐等方面有了较大发展，特别是孔氏族谱、志书等家学开始繁荣起来。家谱、志书等的兴起，表明孔氏族人更加自觉地传承家学，也表明他们的家族观念进一步增强，更加有意地关注家风建设。

---

① 孔继汾：《阙里文献考》卷九，《孔子文化大全》，山东友谊书社，1989 年，第 175 页。

② 孔继汾：《阙里文献考》卷九，《孔子文化大全》，山东友谊书社，1989 年，第 187 页。

五、明清家学全面繁荣

随着明清时期儒学的发展变化，孔氏家学也发生了相应的变化。为了便于叙述，孔氏家学可进一步分明代和清代两个时期来说。明朝时期，孔氏家学发展较为缓慢，但在诗文、家谱、志书方面有突出的进展。清朝时期，孔氏家族人才辈出，家学兴盛，不仅著述繁多，而且涉及广泛，在经学、文学、考据学、礼学、文字学等多个方面都有所成就。

（一）明代孔氏家学

明朝也将儒学作为国家的主导思想。建立政权之初，明太祖便表明"愿与诸儒讲明治道"（《明史·太祖纪》），将程朱所注"四书"等作为科举考试的标准注本，使理学占据主导位置。明成祖时，朝廷组织编修了《四书大全》《五经大全》《性理大全》等，对儒家经典进行了系统整理。明朝中期，王阳明心学适应了时代需要，出现"门徒遍天下，流传逾百年"的盛况。明末，王学末流"空言之弊"日益显著，引起了许多学者的不满，儒学渐渐转向经世致用的务实之学。

明朝统治者崇儒尊孔，给予孔子后裔多种优遇。如，多次重修孔庙，形成了现在孔庙的基本格局；加强对"四氏学"的扶持管理，重视对孔氏后裔的教育；科举中给予孔氏后裔各种特别照顾，等等。在有利形势下，孔氏家族人丁快速增多，学术水平比金元时期有缓慢提升，然而科举及第者不多，有重大影响的孔氏学者也不多。孔氏家学随着儒学发展的大形势，呈现新的特色。

1. 笃学修德，多善诗文

衍圣公作为孔氏家族的最高代表，具有特殊的地位和作用。明代起，衍圣公专职负责祭祀孔子，受到帝王格外优待，"自明祖优礼圣公，待以上宾"①。这不但要求衍圣公对祭祀礼乐有深入研究，还需要有渊博的学识和高尚的品德。又因衍圣公除了祭祀，无其他重要政务，便有更多时间和精力学习家学及其他典籍。故而，明代衍圣公注重明德修身，多精通礼乐、工诗文，能继承发展家学。

五十六代衍圣公孔希学能承父志、传家学。《阙里文献考》记载孔希学"性明敏，好学"，袭封衍圣公后，"益自树立，于经籍子史之书，靡不研究，文词尔雅"②。由此可知，孔希学敏而好学，对经史子集等家学有广泛研究，文词优雅。明朝建立之初，明太祖朱元璋召见孔希学，问其政事。学识渊博的孔希学"敷陈历代治乱甚悉"，对历史的政事治乱表达了深刻见解。太祖对孔希学很满意，封其为衍圣公，并赞道："尔其勤敏以进学，恭俭以成德，庶领袖世儒，益展圣道之用于当世。"③ 意思是，他敏学好德，是世儒的榜样，能将先祖的圣道用于世上。明朝给予孔希学多次赐赏，待遇更胜元朝时。这与明初崇儒尊孔有关，也与孔希学因良好的儒学

---

① 孔继汾：《阙里文献考》卷九，《孔子文化大全》，山东友谊书社，1989 年，第 187 页。

② 孔继汾：《阙里文献考》卷九，《孔子文化大全》，山东友谊书社，1989 年，第 177 页。

③ 孔继汾：《阙里文献考》卷九，《孔子文化大全》，山东友谊书社，1989 年，第 178 页。

修养受到帝王嘉许有关。

孔希学之后的几代衍圣公也多能恪守家训，边专职祭祀，边志于儒学的传承研究。如，五十七代衍圣公孔讷"笃学，恭谨，不以贵骄人"，能诗；五十九代衍圣公孔彦缙虽幼孤，但"笃志读书，才识益高广，度量宽而有容"；六十代衍圣公孔承庆研习家学，能诗，著有《礼庭吟稿》；六十一代衍圣公孔弘泰，善诗赋，曾与文学家李东阳吟诗唱和，著有《东庄稿》；六十二代衍圣公孔闻韶"尚佩服家训，进学修德，与族长举事管理族人，读书循礼"①，能牢记、奉行家训，管理族人，读书修德，闲时与兄弟饮酒作诗。孔闻诗在兄长孔闻韶墓志中写道："成庵公有弟七人，与君以行序，若无常父，然又足以占雍睦也。岁时高会，群玉连床，吟咏之琅琅，谈屑之霏霏，金薤错出，韶馨吐音……"②墓志中既描绘出孔闻韶兄弟们在一起吟诗作对、探讨学问的共学情景和友好氛围，也突出了孔闻韶的品德与才华。

大概出于衍圣公爵位世袭等原因，衍圣公们不用汲汲以求功名，读书、修德、习礼乐、传家学成为衍圣公重要的生活内容，祭祀、配祀、管理族人等是他们的主要任务，吟诗作对是他们的重要乐趣，故而在学术上没有很大的成就。由此也可见，孔氏家族中千年延续下来的好学、重礼、善诗、

---

① 孔继汾：《阙里文献考》卷九，《孔子文化大全》，山东友谊书社，1989 年，第 185 页。

② 徐振贵、孔祥林：《孔尚任新阙里志校注》，吉林人民出版社，2004 年，第 792 页。

进德之风，在家族中传承不断，使家族保持兴旺。

2. 家族文献与志谱

明代孔氏家学中的志书、家谱有了新的发展，不仅数量有所增加，内容也更加丰富。《曲阜孔氏家风》记载："孔承懿有《孔氏新谱》，孔弘颙有《孔氏族谱》，孔贞丛有《阙里志》，孔胤植有《阙里志》和《述圣图》，孔弘存有《孔庭摘要》，孔弘干有《阙里文献集》《孔门金鉴》和《曲阜县志》，孔弘毅有《重修曲阜县志》和《重订三迁志》，孔贞运有《皇明诏制全书》等。"① 由此可知，孔氏家族的志书范围在扩大，数量在增多，种类上也更多样，而且参与编撰志书族谱的人员也在增加。

明代关于曲阜阙里的文献有多部，仅《阙里志》就有多个版本。由陈镐撰、孔弘干续修、孔承业刊刻的《阙里志》十五卷，是其中最初的旧《志》。其后，孔氏子孙多次因循这版《阙里志》续辑重修。如，孔承业增修《阙里志》，于嘉靖四十三年（1564）刻印。孔贞丛撰写《阙里志》十二卷，成于万历三十七年（1609）。这几部书是孔氏族人不断积累完善的结晶，也可以视为家学发展的重要成果。它们现在都存于世，是研究阙里、孔氏家族等的重要资料。

明代孔氏家谱的续修较为频繁。衍圣公孔彦缙立《永乐七年孔氏族谱图示碑》，列出了孔氏家族从四十三代至五十四代世系的传承，以辨明孔氏谱系，现立于孔庙中。孔承懿撰

---

① 孔祥林：《曲阜孔氏家风》，人民出版社，2015 年，第 65 页。

《孔氏新谱》，只是抄录，未有刻本，不现于世。另外，《孔氏宗谱》《阙里孔氏宗谱》等多部家谱传于世，却不知具体编纂者。可见，明代对阙里文献、志书、宗谱的关注明显胜于从前。这是家族观念增强的表现，也是严明家族世系、加强家族管理的需要。

3. 经学的些微发展

在明代经学式微的儒学发展形势下，孔氏家族仍有人专心于经学研究，且取得了一定的成就，有著述留世。孔谔、孔承倜就是其中的代表。

孔谔，字贞伯，孔子五十七代孙，永乐六年（1408）举人，任为中允，教授皇子诸王，七年（1409）特赐进士。《阙里文献考》记载："谔平生嗜性理之学，于诗赋尤工。"[1]孔谔喜欢研究理学，著有《中庸补注》三卷、《舞雩春咏诗集》二十卷，其中《中庸补注》进秘府。在孔谔的影响下，其子孔公恪"通经传性理之学，好议论，又喜谈兵"[2]，著有《三出妻辨》《天爵絜矩》等。

孔承倜，字永冠，孔子六十代孙，曾任保定县知县、荆王长史，居官清白。他"博学工诗"，博览群书，又"笃信阳明之说"，其学出于王阳明心学之类。他在任官的地方开馆会生徒，讲王阳明良知之学。但他又不是空谈心性，而是遍

---

① 孔继汾：《阙里文献考》卷九十四，《孔子文化大全》，山东友谊书社，1989年，第1839页。

② 孔继汾：《阙里文献考》卷九十四，《孔子文化大全》，山东友谊书社，1989年，第1839页。

读经书，对经学有较为深入的研究。他著述丰富，著有《日言》（一卷）、《诗经代言》、《书经代言》、《易经代言》、《四书代言》、《中庸孔庭续问》（一卷）、《三教指迷》、《四事请教录》、《梦解》、《天理说》等，可惜不少已佚。

孔承倜的从弟孔承仍与其子孔宏斐也讲良知之学，常与孔承倜相唱和。孔承倜的兄长之子孔宏颜以文章名世，其子孔闻讷亦笃志好学，闭户著书。可见，孔承倜家族以文章闻世，多专于心学方面的研究。这其中孔承倜起到了重要的带领作用，在家族中兴起了研究心学的风气。

明时，孔氏家族中还有一些学者在经学方面有研究，如孔尚严著有《学庸正解》、孔兴治著有《四书讲义》等，但学术水平总体不算特别高。

总起来看，明代孔氏家学与当时儒学发展暗相契合，有理学、心学研究倾向，也有其独特之处，在诗文、家族谱志与曲阜阙里文献方面较为突出。正如《阙里文献考》所言："圣门四科终以文学，岂不以立言一道与立德立功共属不朽乎？"① 文章著述在儒学中占有重要位置，在孔氏家族中也具有重要地位，是家族精神传承的依托所在，也是家风得以传承发展的重要载体。

（二）清代孔氏家学的兴盛

清朝在建立后仍采取尊孔崇儒政策。如，清朝皇帝曾亲

---

① 孔继汾：《阙里文献考》卷九十四，《孔子文化大全》，山东友谊书社，1989 年，第 1843 页。

自至曲阜祭祀孔子，提升衍圣公的职位，给予孔子后裔优待，等等。儒学在这一时期得到了新的发展。清朝中期后，学者多转向训诂考据之学，如清人皮锡瑞所言，"说经皆主实证，不空谈义理，是为专门汉学"①，经学有所复兴，"乾嘉之学"等兴起。这对整理古籍、保存文献等有重要贡献。

在这种时代背景下，孔氏家族人丁兴旺、人才辈出，可谓簪缨不绝、科甲相继。孔氏家学再一次进入兴盛时期，取得了多方面成就，主要表现为以下几点。

1. 研究广泛，成果卓著

清代孔氏家学异军突起，不仅学者多、著述多，而且有的学者水平比较高。有学者对清代曲阜孔氏家学的著述作了统计：经部，存68种，凡81种；史部，存54种，凡76种；子部，存37种，凡49种；集部，存142种，凡231种；丛部，存5种，共5种。五部共存306种，不全7种，未见129种，凡442种。② 由此可见，清时孔氏家学不仅著述丰富，而且涉及广泛，经史子集皆有研究。此外，在数学、地理、校勘、天文等方面有研究。概括起来，孔氏家学主要在三个方面有突出成就：家族文献与阙里文献、经学、文学。

其一，家族文献与阙里文献繁荣。由于孔氏家族的社会形象和地位特殊，孔庙祭祀、追溯家族历史、弘扬先祖美德

---

① 皮锡瑞：《经学历史》，中华书局，2008年，第341页。
② 陈冬冬：《清代曲阜孔氏家族学术研究》，华中师范大学，2013年，博士学位论文。

等成为家族必要的事务，所以，孔氏学人保有记载家族礼乐制度、编纂家族志书、整理谱序和地方文献等家学传统。

清代孔氏家学在家族文献方面最大的贡献是编纂了系统的家族礼乐文献。历史悠久的孔氏家族保存了许多古代礼乐文献，这为礼乐文献体系的编纂奠定了必要的条件。至清代，孔氏家族礼乐文献体系走向成熟，有多部力作问世。如，孔贞瑄著《大成乐律全书》，孔尚任纂、孔尚忻编《圣门乐志》，孔传铎撰《圣门礼乐志》，孔继汾著《孔氏家仪》，孔祥霖、孔令贻等多次对《圣门礼乐志》加以续纂、修改。在家学礼乐的不断传承中，孔氏家族逐渐形成系统、成熟的礼乐学说体系。

其中，孔继汾对孔氏家族礼乐方面的研究多而全，贡献最大。其《孔氏家仪》《家仪答问》记载了比较完备的家族礼仪，将孔氏家族庙祭、家祭、婚礼、丧礼、宾礼、服制、修谱礼仪等都记录在内，而且提出了许多具有价值的礼学思想。《勘仪纠谬集》主要考证了祭祀的仪式、祭品、祭祀器皿的本源等。《文庙乐舞全谱》则详细记载了文庙祭祀中的器乐、乐谱和祭祀舞蹈动作等。这些都是孔氏家族历代礼乐方面家学传承的结晶，是世人研究礼学、礼仪、孔氏礼乐等问题的重要参考资料。

清代孔氏家谱是在明代家谱的基础上修订而成。孔兴燮、孔毓圻、孔昭焕、孔宪璜等人均对家谱有过修撰，形成了《孔子世家宗谱》《孔子世家谱》《孔氏大宗支谱》《孔氏世系本末》等十多种家谱，是历代修谱中次数最多、规模普遍较大的续修。

孔氏家族因追溯家族历史、记述曲阜地方历史的需要，编纂有不少阙里文献类著作。较早的有宋代孔传的《阙里祖庭记》《东家杂记》，元明时有《孔氏祖庭广记》《阙里志》《阙里文献集》等。清代，阙里文献更为兴盛，主要有：孔胤植编《阙里志》、孔尚任撰《阙里新志》、孔衍堉撰《阙里纂要》《杏坛圣迹》、孔继汾撰《阙里文献考》等。其中，孔继汾在前人旧志的基础上，考订、增益而成的《阙里文献考》，被赞"继往开来，功冠千古"，是目前最为完整的阙里文献资料。该书篇幅巨大，共一百卷，分为十六门，条目清晰，收录内容全面而翔实，是后世研究孔子、孔氏家族、孔门弟子和阙里地方文献等的重要史料。

其二，经学兴盛。随着清朝经学的复兴，孔氏家学中经学也有突出成就。不仅研究经学的孔氏学者骤增，研究的范围较广，而且学术水平较高，融入当时儒学研究的主流学术圈中。其中最具代表性的是孔传铎、孔广森、孔广林、孔继涵、孔光栻等人。

孔子七十代孙孔广森，字众仲，孔传铎之孙，孔继汾次子，少承家学，师从当时的经学大师戴震，得其思想精髓，后又学于庄存与等名儒。后人评价孔广森："经史训故，沉览妙解，兼及六书九数，靡不贯通。"① 可知，孔广森在家庭读

---

① 支伟成：《孔广森》，《清代朴学大师列传》皖派大师列传卷六，《清代传记丛刊》第12册，台北明文书局，1985年，第163页。

118

书诵典的家风影响下，自幼博览群经，又有名师指点，对经史有深入了解，贯通六书九数。《清代传记丛刊》中评价他"经书博涉，颛门尤长《春秋》《戴记》，而积力终在《春秋公羊传》"①。孔广森擅长《春秋》《大戴礼记》，尤其对《春秋公羊传》有深入的研究与阐述。

在对公羊学的研究中，孔广森"旁通诸家，兼采'左''穀'，择善而从"，吸收《春秋左传》《春秋穀梁传》的优秀部分，利用校勘方法对《公羊传》进行理校，用考据之法，广采诸家，终成经典之作《春秋公羊经传通义》。在书中，他提出："《春秋》之为书也，上本天道，中用王法，而下理人情。不奉天道，王法不正；不合人情，王法不行。"② 可知，孔广森在校勘、释义前人公羊学研究的基础上，有一些新的义理阐发，进一步推动了公羊学研究。孔广森由此也得到了后人高度评价，如梁启超评价他是"清儒头一位治《公羊传》者"③。

《大戴礼记补注》是孔广森在北周卢辩所注《大戴礼记》的基础上，参照戴震校勘《大戴礼记》等多种文本修订而成。他补注了缺少的篇目，校正读音，纠谬文字，解释字词涵义，并附以自己的见解，极大地推动了《大戴礼记》的研究。清代大儒阮元给予孔广森很高的评价，认为他使两千多

① 支伟成：《孔广森》，《清代朴学大师列传》皖派大师列传卷六，《清代传记丛刊》第12册，台北明文书局，1985年，第163页。
② 孔广森：《春秋公羊经传通义》，上海古籍出版社，2014年，第722页。
③ 梁启超：《中国近三百年学术史》，崇文书局，2015年，第169页。

年古经传复明白于世，用力勤，功劳巨大。可以说，孔广森开启了清代为《大戴礼记》作新疏的事例，具有承前启后的作用。

孔广森还著有《诗声类》十三卷、《礼学卮言》六卷、《经学卮言》六卷、《仪郑堂骈体文》三卷等多部著作，可谓著述丰富。孔广森作为戴震的四大弟子之一，是乾嘉学派的重要人物，也是清代孔氏家族中经学成就最高者，对家族的经学研究具有带领作用。

除了孔广森，孔氏学者中还有多人在经学上有造诣。如，孔广森的祖父孔传铎著有《春秋三传合纂》《礼记摘藻》等；孔广森的哥哥孔广林著述颇丰，有《周易注》《周官肍测》《毛诗谱》《仪礼肍测》《仪礼士冠礼笺》等多部著作；孔广森的叔父孔继涵著有《春秋地名考》《五经文字疑》等；孔继涵之子孔广栻，继承家学，著有《春秋地名同名录》《春秋释例世族谱补缺》《春秋世族谱》《春秋土地名考》等多部作品。

孔氏学者在经学上的研究不仅人员多、研究范围广，在《春秋》《礼》《周易》《诗经》等方面皆有研究，而且采取新的角度和方法，研究深入，水平较高。清代孔氏学者在经学方面的成就，是两汉后孔氏家学中的新高峰，在整个经学史上也可谓成绩卓著。孔氏家族出现经学的这一长期兴盛，绝不是偶然的现象，而是对先祖孔子思想的自觉传承，是长期家学积累沉淀使然。在家学的传承中，家族内自然形成了向学、读经、解释经典的风气。这一风气一经形成会长期陶冶教化家族中的每一个成员，使他们自觉传承和发扬家学。

其三，文学昌盛。数千年来孔氏家族学诗学礼的家风一直延续着，擅长文学创作的学者不绝如缕。清代，学诗学礼的风气更趋浓厚，涌现出大批杰出的文学人才，创作了大量文学作品，诗、文、词、赋、戏剧皆有涉猎，孔氏家族进入文学的繁荣期。孔宪彝编选的《阙里孔氏诗抄》收录了清代孔氏120位族人的诗作，周洪才《孔子故里著述》收录清代孔氏学人90多人、330多种著述。孔氏家族形成了庞大的家族诗文创作团体，在孔氏家学中堪称顶峰，在中国文学史上也是非常突出的。

曲阜孔氏大宗户中擅长诗文词赋者尤多。他们不仅与社会名士结社唱和，还与家人聚在一起吟诗作赋、交流切磋，形成了浓郁的文化氛围。这是温柔敦厚的诗礼家风代代相传的结果。如孔毓圻、孔传铎、孔继汾、孔继涵、孔广棨、孔昭虔、孔昭杰、孔宪彝、孔庆镕、孔祥霖等。他们大都有诗集传世，且诗文具有较高的文学与思想水准。孔氏族人中还有一些擅长诗文与戏剧的学者，孔尚任就是其中的佼佼者。

孔尚任，字聘之，孔子六十四代孙，是孔氏家族中文学方面的翘楚。孔尚任的父亲孔贞璠是明末举人，对他有一定影响。后来，孔尚任在四氏学中读书，好诗文，尤其擅长戏剧传奇。他创作丰富，涉猎广泛，戏剧有《桃花扇》《小忽雷》《大忽雷》等，诗文集有《湖海集》《长留集》《石门山集》等，词集有《绰约词》《春秋闺词》等。这些作品具有比较高的文学价值，其中的《桃花扇》是孔尚任的代表作，也是中国戏剧的经典之作，以其创新性、艺术性享誉古今。孔尚任的诗歌创作典雅含蓄、温和敦厚，体现了"温柔敦厚"的风格特色，是传承诗礼家学的重要体现。正如《湖海集·序》中所写："盖尼山庭训，首重学诗，公真能世其家学者也。"① 孔尚任在诗文方面的成就是对家学的继承，从其戏剧来看，他又在创新发展，将家学推向前进。

2. 衍圣公家族的家学传承

清代孔氏家学传承尤为显著的是衍圣公家族。衍圣公家族特殊的身份和地位，决定了他们要有深厚的儒学涵养，要懂得儒学典籍，要成为文化世家的代表。在家学的世代积累沉淀中，衍圣公家族早已自觉培养了众多优秀人才。他们幼读典籍、共学切磋，形成了论学谈诗的良好家庭风气。如，六十七代衍圣公孔毓圻与其弟孔毓埏、夫人叶粲英、子女孔传铎、孔传鋕、孔传钲、孔丽贞等结成诗社，常常相与唱和，谈论文学词赋。

衍圣公家族不仅衍圣公能诗善赋，有著作留世，而且整个家族内出现了多名学识渊博的学者，在多个方面都有所成就。如孔毓圻、孔传铎、孔继汾、孔广林、孔广森、孔昭虔等祖孙五代不仅广注群经，而且对数学、天文、地理、音韵等有涉猎，有著述五十多种。再如，孔继涵与其子孔广栻、孔广根、孔广权父子四人皆擅长诗、赋、经学等，著述丰富。

孔子六十七代孙孔毓圻，康熙六年（1667）袭封衍圣公，

---

① 孔尚任：《湖海集·序》，介安堂第五刻，第4页。

曾为太子少师，得到皇帝的褒奖。他"为学尚实行，不喜声华文誉"①，总纂《幸鲁盛典》，著有《编正孔子家语》、《兰堂遗稿》二卷、《耕砚田笔记》等。其弟孔毓埏"好学，工文辞"，著有《研露斋文集》、《拾箨余闲》一卷、《远秀堂集》八卷等。兄弟二人皆擅长诗文，且合撰了《校订孔丛子》一书，是兄弟共学的结晶。

六十八代衍圣公孔传铎是孔毓圻长子，在父母的影响下，也"工文词"，所著《盟鸥草》《红萼词》《绘心集》等诗词集，多记仕途经历、交游见闻、酬唱赠答、日常所感等，诗文风格平易，真切感人。孔传铎又"究心濂洛关闽之学""精通三礼"②，在经学、家族文献、礼乐文化方面也卓有成就，著有《春秋三传合纂》《礼记摘藻》《圣门礼乐志》《阙里盛典》等。其中，《春秋三传合纂》以《春秋》为纲、三《传》为目，为研读《春秋》带来了方便。

孔传铎有六子，皆有一定的学术涵养和成就，其中四子孔继汾学术成就最高。孔继汾，字体仪，博闻强记，博通经史，23岁中举，任户部主事等，后闭户读书，专心著述，取得了巨大成就。他继续父亲关于家族礼乐文化的研究，创作了《孔氏家仪》《家仪答问》《文庙乐舞全谱》《文庙礼器图式》《勖仪纠谬集》《圣门乐志》等一系列家族礼乐制度方面

---

① 孔继汾：《阙里文献考》卷十，《孔子文化大全》，山东友谊书社，1989年，第198页。

② 孔继汾：《阙里文献考》卷十，《孔子文化大全》，山东友谊书社，1989年，第199页。

的著作，对孔氏家族礼乐文化的整理做出了巨大贡献。

孔继汾有七子，其中孔广林、孔广森最为优秀，皆擅长经学。孔广林为长子，勤勉治学，著述丰富，被阮元赞为"海内治经之人无其专勤"①。孔广林曾用力于郑玄辑佚学，作《通德遗书所见录》，辑郑玄著作十八种之多，经学上也有所贡献，作品计十多种。

孔广森是清代著名的经学家、音韵学家和文学家。他自幼博览群书，涉猎广泛，于经史、音韵、文学、算学、书法等皆有研究，著述丰富。在孔广森的教育影响下，儿子孔昭虔也研究音韵，著有《古韵》《词韵》（惜未完成）。与父不同的是孔昭虔更擅长诗文、杂剧，著有《镜虹吟室诗集》《镜虹吟室词集》《扣舷小草词》等诗文集，有《葬花》《荡妇秋思》等戏剧。

孔继涵，字体生，为孔毓圻之孙，孔传钲之子，母亲为东阁大学士兼吏部尚书熊赐履之女熊淑芬。他22岁中举，33岁考中进士，爱好广泛，于校勘、考据、数学、经学、地理、文学等皆有研究。孔继涵著述丰富，主要著作有《考工车度记》一卷、《解勾股粟米法释数》一卷、《同度记》一卷、《水经释地》八卷、《红榈书屋诗集》四卷、《斲冰词》三卷等，拓展了孔氏家学的内容。

孔继涵的另一重要贡献是校勘、刻印了大量图书典籍，

---

① 孔德成：《孔子世家谱》卷三之一《大宗户》，山东友谊书社，1990年，第120页。

124

主要包括戴震著作、多种典藏善本、稀见古书和孔氏家族的文献资料、个人著作等。他的著作与校勘刻印的书籍，统称为《微波榭丛书》。这对于文献的保存、整理和传播起到了非常大的作用，使许多典籍得以流传于世，也使孔氏家学得以更好地传承与发扬。同时，孔继涵与戴震的家族联姻、交游等活动，将曲阜孔氏多名学者带入乾嘉学派中，使孔氏家学中增加了乾嘉考据学等内容，从而丰富和发展了孔氏家学。

孔继涵有五子，在经学、文学、校勘学等方面多有成就。长子孔广栻，中举人，能继承家学，著述颇丰，有《春秋世族谱考》等经学著作、《藤梧馆诗抄》等文学作品。次子孔广根，著有《秋蓼山房诗稿》《秋蓼山房词稿》等。五子孔广权善诗词，著有《观海集》《爱莲书屋诗集》等。孔继涵孙子中有四人中举，曾孙中有一进士三举人，后裔也多擅长诗文，可谓家学不坠。

民国时期社会动荡，儒学受到严重打击，孔氏家族仍诵读典籍，传承家学不断。七十七代衍圣公孔德成幼年读书的房屋上，悬挂着"东趋家庭学诗学礼承旧业，西瞻祖庙肯堂肯构属何人"的对联，激励着他学诗学礼，继承先祖事业。1935年，孔德成赴南京就任奉祀官时说："余平时继承祖志，专攻经、史、子、集，间亦浏览社会风土民情。将来志愿，当本孔学一贯精神，不从事政治活动，冀对教育事业有所努力。"[1] 在批孔批儒的时代背景下，孔德成仍然恪守祖训、坚

---

[1] 汪士淳：《儒者行：孔德成先生传》，联经出版公司，2013年，第92页。

守家学，致力于对先祖孔子的思想文化传承。后赴台湾，孔德成兼任台湾大学中文系、人类学系教授，教授"三礼研究"等课程，对教育事业、儒学研究与传播做出了贡献。

由最具代表性的衍圣公家族家学发展来看，家族成员的学术专长与著述既有继承、相通的部分，又有个人发展与创新，构成了绚烂多姿、硕果累累的孔氏家学。除了衍圣公家族，孔氏家族中还有一些支系的家学比较兴盛，如孔尚任家族，不可一一而述。

清代孔氏家学得以繁荣昌盛的原因是多方面的，有尊孔、优待孔氏后裔、整体学术的发展等外在有利条件，更重要的是家族自身因素。这主要得益于家族内浓厚的学术氛围、父子之间的学术传承、兄弟间的交流共学、相互激励等。这些优良风气助长了孔氏家族的学风。可以说，此时的衍圣公家族将诗礼家风发展到了极致，不仅男性富有才学、著作丰富，而且家族中的女性富有文采，形成了才华横溢的女性文学群体。

3. 女性文学的繁荣

衍圣公家族文化氛围浓郁的家庭环境，也孕育、培养了一大批优秀的女性诗人。其中，可考者29人，留下诗词集14部，作品千余首。她们或是孔氏女儿，或是嫁入孔氏的媳妇，常聚在一起吟诗作赋，切磋交流，形成了一个女性创作群体。这一女性群体的人员之多、作品之丰、文化素养之高、时间跨度之久，在孔氏家族，乃至中国女性文学史上，都堪称高峰。其中，具有代表性的是孔丽贞、颜小来、孔璐华、叶粲英、叶俊杰、朱玙等。下面举三人为例。

孔丽贞，字蕴光，五经博士孔毓埏之女，嫁历城荫生戴文谌，早寡。她工于诗画，著有《藉兰阁草》《鹄吟集》。其诗多悲苦、清冷之作，抒发心中的离别、哀伤之情。这与她人生的遭遇有很大关系，亲人相继而亡，多年孀居生活，内心多凄凉之情，所以多闺怨之辞。孔丽贞的诗歌"清醇绝俗，声律允谐"，具有较高的文化素养。她的诗歌功底源自自幼生长的家庭环境陶冶和父兄的悉心教育。家庭内的诗词唱和，培养了她对于诗词的兴趣与写作能力。父亲孔毓埏对她的用心教诲，兄长们的指点，使她对诗词有了深刻领悟。

孔璐华是七十三代衍圣公孔庆镕之姐，嫁于著名经学家阮元。她"幼娴诗礼，兼工绘事"①，幼读《毛诗》，崇尚儒家礼义，擅长诗歌，著有《唐宋旧经楼稿》。诗作内容中正，从容安闲。后人评价："夫人性情敦厚，崇尚雅书。近代闺阁诗当奉为法则也。"② 她关注社会民生，重视对子女的教育。如，作诗《福、祜、祎三子夜课，诗以示之》，提醒儿子们要继承祖辈学业，好学崇德。她的教育理念与诗词修为，对其子女影响较大。

叶俊杰，孔昭诚之妻，"写作俱佳，尤工绘事"，著《柏芳阁诗抄》。孔昭诚早逝，叶俊杰便亲自教育子女，"贫虽如

① 钱仲联：《清诗纪事》（列女卷），江苏古籍出版社，1989 年，第 15756 页。
② 钱仲联：《清诗纪事》（列女卷），江苏古籍出版社，1989 年，第 15755 页。

洗，而学则不辍"①。在她的教育下，"三子俱登贤书，三女均适名门，有画荻之风焉"②。三子宪琼、宪璜、宪恭皆中举人，三女皆嫁入名门，其中韫芬、韫辉能吟诗作词。叶俊杰还收从侄媳朱玙为徒，教其诗画，带领、鼓励其他女性进行文学创作。在她的带动下，家族的家学、家教有了进一步发展。

孔氏家族女性文学之所以能蔚然成风，是多种因素促成的。良好的社会文化环境奠定了基础，孔氏家族优良的家风、浓郁的家庭文化氛围提供了条件，家庭教育的需要、家族中男性的支持与帮助提供了动力，这些因素共同促成了这一家族女性文化的奇观。家族女性文学的兴盛也带来了诸多积极的影响，既丰富了孔氏家学，又使家庭内的文化氛围更为浓重，使子孙受到更好的教育熏陶，使家族诗礼家风更为久远、浓厚。

两千多年的孔氏家学是由不计其数的优秀孔氏学人不断传承发展而成的。孔氏学者在研读经典、追求经世致用之学的过程中，留下了许多经典著作。据孔继汾统计，著作"凡经之类四十四部，史之类六十一部，子之类三十八部，集之类八十八部，总二百三十一部，佚其卷者四十七部，其一百八十四部得一千七百七十四卷"③。这只是孔继汾统计的在其

① 《民国续修曲阜县志》卷六"人物志·列女·贤淑"，《中国地方志集成》，第169页。
② 《民国续修曲阜县志》卷六"人物志·列女·贤淑"，《中国地方志集成》，第169页。
③ 孔继汾：《阙里文献考》卷三十一，《孔子文化大全》，山东友谊书社，1989年，第685~686页。

之前的孔氏学者著作，孔继汾之后的著作和一些没有记载流传下来的著作估计也不在少数。这些著作既是孔氏家学传承发展的硕果，也是儒家文化的重要部分。

孔氏家学随着历史的发展、社会的变革、儒学的演变而呈现出丰富多彩的特色，但又蕴涵着相对稳定的精髓。家学的发展是孔氏家族精神传承的纽带，呈现为家族稳定的家风。这种家风的精髓是由孔子思想所奠定、逐渐形成的乐学重教之风，是道德修养与文化素养并行的诗礼家风，也是以儒学研究和传承为精神主导的学术之风。这深植于家族中的家风一经形成，便时刻潜移默化地影响决定着家族成员的价值观念、行为习惯和人生方向，乃至于家族的走向。同时，孔氏家族能世代恪守诗礼传家的家风遗训，延续发展儒学的精神内涵，又是因为自觉传承了孔氏家学，以家学为载体和内容。

第三节　孔氏家教与家风

家教使家庭成员更具学识品德，是家风得以传承发展的重要保障和最好途径。家庭中一般都有家教，而作为圣人家族的孔氏家教尤为严明、系统、规范。孔氏家教使家学得以长久兴盛发展，使诗礼家风得以绵延发展数千年。如果没有良好的家教，就没有孔氏家学的发展，孔氏家风也难以源远流长。

先祖孔子作为伟大的教育家奠定了家族教育的基点，一开始便把孔氏家教提到了很高的起点上。在两千多年中，无数孔氏后裔遵循先祖教育理念，并不断丰富发展教育的方式、方法、内容等，逐渐形成了系统、庞大而科学的教育体系。这个家教体系主要包括：父母对子女家庭内的言传身教等；专门的教育机构和特殊教育方式，如庙学、官学、私塾等；家族的礼教规范；宗族制度、族规族训等。在系统、严明的家教下，孔氏家族传承发展了诗礼家风，也教育培养出了众多优秀人才。

一、严明家教

孔子首开私塾，授徒教学，在教育弟子的同时教育子孙、族人，并积累了丰富的教育经验。重视教育便成为孔氏家族的传统，从家庭内父母的教育，到宗族内建立的家族教育，再到社会群体的学校教育，孔氏家族形成了系统、严明的教育体系，养成了全面的重教之风。孔氏家教包含的内容特别丰富，主要可分为两方面：一是人格修养、品德规范的养成教育，一是学术传授、思想传承的知识教育。两者中，孔氏家族更为重视前者。衍圣公作为孔氏家族的领军人物，家族教育往往给予他们特别的关注。

（一）家庭教育

从前面所述孔子对儿子孔鲤、孙子子思的教诲和子思对子上的教育中，可知春秋战国时期孔子家族便形成了重家教的风气。重视家教，与孔子重视教育有直接的关系。孔子认识到教育对人成长的重要性，设坛兴教，对社会众人竭尽所能给予教授，对自己的子孙后代自然也重视教育。重视家教与儒家重视家庭伦理也有很大关系。孔子提出"父慈子孝"，父亲要做到慈爱，才能有子对父的孝。"夫孝者，善继人之志，善述人之事者也。"（《礼记·中庸》）孝的重要内容是继承前人的志向与事业。这就要先知先人的志与事。知主要来自前人的教，来自家教等。没有教，便没有了继。由此可知，重视孝道的孔氏家族，势必对家教非常重视。

孔氏家教既是为了传承祖业，将先人的思想与知识发扬开来，光耀门楣，也是为了培养子女的高尚品德和为人处世的能力，使之努力成为德才兼备的君子。所以，孔氏家族极为重视对子女的教育，并探索出家教的一些规律和方法，作为家族的传家宝传承下去。

1. 家教的主要形式：自为师友

自为师友是孔氏家教的一种主要方式，尤其是在家学的传承中。《阙里文献考》记："孔子没，子孙即宅为庙，藏车服礼器，世以家学相承，自为师友，而鲁之诸生亦以时习礼其家。"① 孔子去世后，子孙后代世习家学，自为师友是主要的家学传承方式。自为师友大致可分为两种方式：子承父教和兄弟共学。

孔子既是孔鲤的父亲，也是孔鲤的老师，对孔鲤的教育与对其他弟子的教育一样，是子承父教的典范。子思创办私学，教育弟子的同时教育儿子孔白。战国时期的孔白、孔求、孔箕、孔穿、孔谦、孔鲋这几代人，也都是子承父教，由父

---

① 孔继汾：《阙里文献考》卷二十七，山东友谊书社，1989年，第617页。

亲传授给儿子家学。子承父教使家族内学术相承，使家学在不断积累沉淀中得以发展兴盛，使儒学在战争纷乱、百家争鸣的情况下仍能保持学术的纯正与活力。这样，儒学便呈现两条传播路线：一是由弟子传承的儒学发展路线，一是家族内的家学发展路线。① 两者的源头一致，在后世的发展中却有所不同。相较而言，前者更具开放性与创新性，后者更具纯粹性与传承性。

子承父教在孔氏家族中非常普遍，在各个时代都或隐或显地存在，在汉代尤其明显。如，孔腾为汉惠帝时《书》博士，其子孔忠为汉文帝时《书》博士，其后的孔武、孔延年及孔安国也皆为《书》博士，孔延年之子孔霸为汉昭帝时《书》博士，孔霸之子孔光仍为汉成帝时《书》博士。祖孙几代都因精通《书》而立于博士，说明子承父教是此时家学相承的主要方式。

子承父教的家教模式决定了父亲对儿子的教育特别关注。孔祔之孙孔臧就特别重视对儿子的教育，所作《与子琳书》是中国历史上较早的长篇诫子书。书中，孔臧先对子琳的好学不倦给予肯定，赞赏道："顷来闻汝与诸友生讲肆书传，滋滋昼夜，衎衎不怠，善矣。"（《孔丛子·连丛子上》）继而，鼓励他树立远大志向、继承家学，并教导他要学以致用，因为"徒学知之未可多，履而行之乃足佳"。最后，评赞孔安国的美德善行，希望子琳多向他学习，向先祖孔子学习。从

① 匡亚明在《孔子评传》中已有相似的观点。

此告子书，我们可以看出孔臧对儿子的殷切希望和谆谆教诲，亲切感人。子琳在父亲的教导下，富有学识修养，"位至诸吏，亦传学问"（《孔丛子·连丛子上》）。

孔安国也格外重视对家族子弟的教育，愿将所学所得传于后人，"传之子孙，以贻后代"（《尚书正义·尚书序》），使家学在家族中代代相传。孔安国的儿子孔卬、孙孔骥、曾孙孔立皆擅长《诗》《书》等多部经书，一直到东汉的孔仁、孔丰、孔僖、孔季彦等人，仍能够秉承遗训，以传承家学为己任，致力于古文经学的研究。可见，家族内子承父教的家教形式使家学的传承发展更为稳定和纯正，使家族内保持良好的学习风气与和谐氛围。

在九代之前，孔子家族是单脉相传，只有子承父教一种形式。九代开始，兄弟开始增多，兄弟之间的相互学习、研习交流成为家族中又一家教特色。如，孔鲋临终仍不忘勉励弟弟子襄传承先祖之学，嘱托他要师事叔孙通。这份对弟弟的期待和教导比较感人。孔臧不仅作诫子书，还写《与从弟书》，勉励从弟孔安国，对他专研古文经学的做法给予肯定和鼓励，并与之讨论《古文尚书》中《尧典》《舜典》等相关内容，对孔安国的观点表示认同，赞他"纵使来世亦有笃古硕儒，其若斯何"（《孔丛子·连丛子上》）。可见，他们兄弟志同道合，在共学中研习交流，共同进步。兄弟共学是使家学得以更好传承与发展的又一途径。

再如，东汉的孔长彦、孔季彦兄弟，年幼时父亲便去世了。"兄弟相勉，讽咏不倦"，兄弟两人共学家中藏书，相互勉励，好学不厌。尽管后来长彦专研今文经学，季彦仍习古文经学，但是"兄弟讲诵皆可听"，都学有所成。

《孔丛子·连丛子下》还记载了孔季彦与孔昱关于学问的探讨交流。孔昱劝孔季彦习章句之学，因古文虽好，已被时代废弃，不仅不会带来富贵，还可能带来各种祸患。孔季彦说他坚持治古文之学，不为利禄富贵，也不屈服于世俗之见，只因"先圣遗训壁出古文"，古文是先圣的遗训遗说，蕴涵美好的智慧与深厚的文化。要圣学不泯灭，"赖吾家世世独修之也"，就要依靠家族来传承家学。孔昱被孔季彦感动，转修《古文尚书》，并常与孔季彦探讨交流学习情况，著有《尚书传》一书。孔氏家族兄弟共学，切磋交流同一经典，并取得较大成就的事例比较多。如，孔奋、孔奇兄弟主修《左氏春秋》，等等。

在家学的传承中，父亲对子女的教育更具指导、规范作用，兄弟间的相互鼓励交流更能碰撞出思想的火花，使思维更为活跃、氛围更加自由。故而，孔氏家族常常是子承父教与兄弟共学结合在一起，父子、兄弟共研家学，不仅取得了丰硕的学术成果，而且形成了良好的家庭风气，使家族长盛不衰。这是中国古代家教的奇观。如，宋代的孔文仲、孔武仲、孔平仲兄弟三人，能都中进士，著述丰富，就是与父亲的教导有关，与兄弟间的共学鼓励有关。清代，孔广林、孔广森兄弟都擅长经学，既得益于父亲的引导，也是共学交流的结果。这类例子在孔氏家族中不胜枚举。

子承父教、兄弟共学作为孔氏家族主要的家教方式带来了诸多益处。除了家族成员共同进步，使家学更好传承发展，还使家庭成员形成共同的价值信念和精神追求，在家族内形成积极向学的良好氛围，保障了诗礼家风的持续发展。

2. 家教基本方法：身教言传

孔子在教学中积累了丰富而科学的教学方法，如因材施教、学思结合、启发诱导、以身作则、身教言传等。这些教学方法自然也成为孔氏家教的方法，并且在孔氏家族中传承下来。其中，以身作则、身教言传是家教中最突出和有效的方法。

言教重在说理，能够快速传达人的思想观点；身教重在榜样示范，能够通过具体的实践来带动、教化他人。孔子提出"其身正，不令而行。其身不正，虽令不从"，"不能正其身，如正人何"（《论语·子路》）。身正不仅可以为政，也可贯彻于对子孙的教育中。父母与子女朝夕相处，父母的言行举止、身体力行，具有重要的榜样示范作用，起到更为重大的影响。

孔子是以身作则的典范，要求弟子、子女做到的，他自己首先做到。他要求孔鲤"立于礼"，自身便先成为礼的践行者。无论是在宗庙朝廷之上，还是在家庭生活中，孔子都是循礼而行。如，在日常起居中，孔子做到："必有寝衣，长一身有半"；"食不语，寝不言"；"割不正，不食"；"席不正，不坐"；"车中，不内顾，不疾言，不亲指"（《论语·乡党》），等等。即，他休息时要穿着寝衣，寝衣比身体要长一些，吃饭、睡觉时不说话，肉割得不正不吃，席子放得不正不坐，在车中不随便环顾、不用手指指点点。这些衣食住行方面的细节是对于礼的遵循，比言语说教具有更为强大的教化力量，潜移默化地影响着子女的行为习惯与品德规范。

注重自身的品德和学识修养，通过自身的榜样示范来影响和教育子孙，这成为孔氏家族家教的重要方法，典型的例子数不胜数。如，唐朝孔颖达知识渊博、博通五经、著述丰富，其子孙也擅长经学，三代都任职于国子监。宋代"清江三孔"，父亲好读书、善诗文、中进士，三子也都中进士、擅长诗文。清代，衍圣公孔传铎好学，于经学、诗文方面有所成就，其子孔继汾、孔继濩等，孙子孔广林、孔广森等，也多在诗文、经学方面有研究。可以说，言传身教，以身作则，成为孔氏家族得以传承发展优良家学、持续诗礼家风的关键所在。

3. 家教的主要目标：德才兼备

"与国咸休安富尊荣公府第、同天并老文章道德圣人家"，这副悬挂于孔府大门的对联可谓点明了孔氏家族的光耀之处：安富尊荣与文章道德。孔氏家族两千多年的文章道德，赢得了世代的安富尊荣。文章道德可以说是孔氏族人的两个重要特色：文章指才识学养，道德指品德涵养。这也是孔氏家教的主要内容和目标。

孔氏家教的基本内容是由孔子奠定的。《论语》提到孔子以四教：文、行、忠、信。文，指文化知识；行，指德行实践；忠，指忠实尽责；信，指诚实不欺。文，属于知识教育；行、忠、信，属于道德教育。由此可见，孔子主张德才兼备，两者中又以道德教化作为重心。所以，他会把德行列为四科之首，而次列政事、言语、文学。在教育子孙中，孔子也是把道德教育放在首位，先成人，再成才。

孔子重德的思想，在他为女儿、侄女的选婿中也可以窥见一斑。在众多弟子之中，孔子选择把女儿嫁给公冶长，是因公冶长虽家贫，但聪颖好学、德才兼备，终生治学不倦，有很好的德行。孔子曾假设公冶长身陷牢狱之中，也敢断定"非其罪也"，强调他德行高尚不会犯错。

出于同样的原因，孔子将侄女嫁给了弟子南容。南容言语谨慎、道德高尚，曾与孔子谈论"羿善射，奡荡舟，俱不得其死然；禹、稷躬稼而有天下"（《论语·宪问》）。也就是说，后羿善射，奡力大能在陆上荡舟，为什么都不得好死？而大禹、后稷躬身于禾稼却能够得到天下？孔子听后，赞他："君子哉若人！尚德哉若人！"夸南容具有高尚的品德，能够分辨善恶，心中向往善。《论语·先进》中还有"南容三复白圭"的记载，说明南容言行谨慎。所以，"以其兄之子妻之"。由此可知，孔子更为重视人的道德品行。

道德不是空洞的说教，而是依托于儒家经典，尤其在六经之中。儒家经典作为孔氏家学的重要内容，随着家族的世代传承得以不断发展丰富，呈现为众多的著述文章，显现为繁荣的家学体系。在可见的家学传承之下，实际上是品德的传承。优秀的家学造就了孔氏族人高尚的道德。如，孔安国家族明知研究古文经学不会带来名利，甚至还会遭到轻视和排挤，但是他们仍坚守传承儒学、弘扬家学的信念，以刚毅的品格始终坚持下去。宋代"清江三孔"，不畏官场上的黑暗势力，坚持为民谋利，即使受到贬谪也毫不屈服。这种品德修养是在家教中养成的，是在家学中涵养而成的。

正是孔氏家教要求"文章"与"道德"并举、德才兼备，才培养了一代代德才并举的优秀人才。在受到尊崇褒扬的顺境之中，他们能够谦逊好学、修身养德、传承家风；在受到打压诽谤的逆境之中，他们也能够刚毅进取、养德修身、传承家学。所以，孔氏家族能经过历史的风云变幻，保持优秀家风，长久地立于文化道德的不败之地。

4. 家教合力：女性重教

孔氏家族中，父兄在家教中起到了重要的教育引领作用，家族中的女性也多重视教育，对于家庭的和睦、子孙的成长也起到了重要的作用。特别是当父亲不在家或过世时，女性便起到了特别重要的教育作用。母教典范首推孔母颜徵在，没有她的悉心教育，便没有圣人孔子。

女性重视教育在明清时期记载较多。五十九代衍圣公孔彦缙幼年丧父，在母亲胡太夫人的教育下，"屹然端重如成人"。10岁袭封衍圣公时，他拜见皇帝"言动进退从容详雅"[①]，皇帝赞说真是"圣人后裔"啊。袭封后，孔彦缙不仅没有傲慢，反而"笃志读书，才识益高，广度量宽，而有容

---

① 孔继汾：《阙里文献考》卷九，山东友谊书社，1989年，第180页。

人"①。有人不以礼对他，他也不计较。一时间，朝廷内的公卿士大夫与百姓庶人都尊敬他。孔彦缙高尚的德行、好学的精神与母亲的教育有很大关系。六十一代衍圣公孔弘绪的侧室江氏也重视教育子女，要求子女严格自律，以求无愧于祖先、无愧于国家。在她的教育下，诸子知礼好学，常赋诗言志，有较好的文学修养与品行修为。

再如，清代孔昭杰夫人孙会祥，能诗善画。孔昭杰在外为官，孙会祥在家竭尽全力教育子女，"亲教幼子三千字，善抚螟蛉二十年"，亲自教儿子们读书写字，教育孩子二十多年。在她的辛勤教导下，三子都出仕为官，并且能诗善文，都有个人著作留世，被后人誉为"一母三才子"。次子孔宪彝考中举人，著有《韩斋文稿》四卷、《绣山诗草》、《对岳楼诗稿》等多部诗文集。三子孔宪庚拔贡出身，著有《十三经阁诗录》二卷、《经之文抄》一卷等。

民国时期，政局混乱，孔氏家族面临重重挑战。七十六代衍圣公孔令贻因病去世，继配陶氏主持府内事务。陶氏关心子女的教育，聘请多位名师来教授孔德成姐弟，并协助创办明德中学，以教育孔、颜、曾、孟四氏子弟等。陶氏于危乱时局中，仍然不忘教育子弟，教诲他们继承家学、牢记先祖遗德。

女性良好的文化素养、重教的态度，对丈夫也是重要的支持和鼓励。如明代孔闻诗曾耽于享乐、荒于学习，妻子鲍

---

① 孔继汾：《阙里文献考》卷九，山东友谊书社，1989 年，第 180 页。

氏便吟《诗经·鸡鸣》，劝诫丈夫要勤勉上进。孔闻诗受感动，发愤向学，终于有所成就。

相夫教子，是古代对女性职责的普遍定义。女性以其德行涵养、学识修为，不仅可以营造良好的家庭气氛与家族风气，而且是孩子成长的最好教师和引路人。"教子"一词，突出了女性在家教中的重要作用。可以说，孔氏家族的女性在教育子孙的过程中也起到了重要的合力作用。

（二）"家教"性质的学校教育

孔氏家学并不是封闭的，而是开放的。除了子承父教、兄弟共学，孔氏族人也在向他人学习、向社会学习。除了家庭内的教育，也有家族、朝廷、社会主导的教育机构，主要包括庙学、三氏学、四氏学等。这让孔氏家学在传承中不断吸收、融合不同的思想文化，产生新的活力与生机，提高了家学水平。

"三人行，必有我师焉"，这是孔子的治学态度，也是孔氏学者的为学态度。孔安国能够精通古今经学、学识渊博，很大一部分原因在于他善于向他人学习，"少学《诗》于申公，受《尚书》于伏生，长则博览经传，问无常师"（《孔子家语·后序》）。学无常师，融汇多位名师的思想精华，从而成就了孔安国。孔颖达能够融合南北经学，很大一部分原因在求学于当时的"通儒"刘焯、刘炫等人，为其学术打开了视野，提升了境界。孔广森能够学问广泛，在经学上有深入研究，跻身于乾嘉之学，在很大程度上得益于戴震的教诲与提携。可以说，孔氏家学每一次巨大的发展都离不开向其他大师、学派学习与交流。

孔氏家学的发展不是封闭的、保守的，还表现在建有专门教育孔氏后裔的学校。这些学校有时受到官府的资助与照顾，又具有孔氏"家教"的性质，所教内容与方式等与家教有很多相同之处。这些学校教育主要包括庙学、三氏学、四氏学，对孔氏后裔的知识传授、品德修养起到了重要作用。学校教育的"家教"性质促进了家教的发展，也有利于良好家风发展弘扬。

1. 庙学

孔子卒后，他的故居被改为庙，藏有孔子衣冠、琴、车、书等遗物，后世子弟及门人们在此读书习礼，形成最初的"庙学"。二百余年后，西汉司马迁适鲁时，"观仲尼庙堂车服礼器，诸生以时习礼其家"（《史记·孔子世家》），仍然可见庙内孔子的遗物，看到孔子后人及儒者在庙内习礼、研习儒学。庙堂与学堂合一，既是祭祀孔子的地方，也是孔氏子孙及儒者读书习礼的场所。

黄初二年（221），魏文帝见孔子庙破损严重，于是令鲁郡重修孔子庙，并且"复于庙外广建屋宇，以居学者"①，另建屋舍供学者居住学习。这是官府帮助孔氏建修学之所的开始，推动了阙里庙学的进一步发展，为儒学教育提供了良好的条件。此时的庙学是开放的，孔子后裔与其他人皆可来此学习。

西晋之乱后文化教育萧条，庙学也渐趋荒废，"数百年中

---

① 孔继汾：《阙里文献考》卷二十七，山东友谊书社，1989年，第617页。

无复讲诵"①。在此期间虽有试图振兴者，如南朝宋文帝曾下诏鲁郡复学舍，招生徒讲习儒家经典，但是未能改变庙学衰落的状况。隋唐时期，庙学仍不兴。此时，孔氏家学的传授多是在家庭内进行。

北宋大力推行尊孔崇儒的政策，优待孔子后裔。大中祥符三年（1010），孔子四十四代孙孔勖上奏朝廷，"请于家学旧址重建讲堂，延师教授"②。奏请得到批准。"帝曰：'讲学道义，贵近庙廷，当许于斋厅内说书。'庙学之名始起。"③再次因庙建学，"庙学"正式得名，日益兴盛起来。在庙学重建后，孔氏家族出资聘请大儒来专门教授孔氏子孙，教育内容更为广泛，补充了孔氏家教"自为师友"的方式，使孔氏家学进一步发展。

"讲学道义，贵近庙廷"，皇帝这一言，道出了庙学的重要意义。庙作为祭祀先祖的地方，本来就有缅怀先祖、教化子孙的作用，在这里读先祖之书，思先祖所思，更加重了继承、发扬先祖精神的使命感和荣耀感。这种教育的氛围既有利于学业的进步，也有利于增强家族文化意识，有利于良好家风的发展。

2. 三氏学与四氏学

北宋哲宗元祐元年（1086）十月，庙学再次重修，建在

---

① 孔继汾：《阙里文献考》卷二十七，山东友谊书社，1989年，第617页。
② 孔继汾：《阙里文献考》卷二十七，山东友谊书社，1989年，第617页。
③ 《乾隆新修曲阜县志》卷二十四，山东友谊出版社，1998年，第165页。

孔庙的东南，并"置教授一员令教谕本家子弟"①，设置德高望重的教授来教育孔氏子孙，乡邻愿入学者也可以旁听。后来，颜子后裔、孟子后裔也来此读书学习，三氏学由此开端。后来，朝廷又拨近尼山田二十顷为学田，为庙学生员提供物质上的支持和保障。这为家庭贫困的孔氏生员提供了就学的机会，培养了更多优秀人才，也有利于孔氏家族整体素养的提升。

金元朝廷也多给庙学扶持政策。如给予准备应试者钱财、推举部分优异者免试入学、拨学田等。中统三年（1262），元世祖下诏："今以进士杨庸教授孔氏、颜、孟子弟，务严加训诲，精通经术，以继圣贤之业。"②精选儒师来教授三氏子孙，设学正、学录各一名以辅助教授，并提出了要求和期望，足见朝廷对圣人后裔教育的关注与厚望。

对三氏学的扶持和优遇促进了孔氏家学的发展，对孔氏子孙素质的普遍提升、家学的传承等起到了一定的激励作用。以儒学作为重要内容的三氏学得到快速发展，同时，它也逐渐走向官学化。

明洪武年间，庙学改名为"三氏子孙教授司"③，立孔、颜、孟三氏子孙教授司，设教授、学正、学录各一人。庙学由此正式改为"三氏学"，并设教育专职人员多名，使学校

---

① 孔继汾：《阙里文献考》卷二十七，山东友谊书社，1989年，第617页。
② 孔继汾：《阙里文献考》卷二十七，山东友谊书社，1989年，第618页。
③ 孔继汾：《阙里文献考》卷二十七，山东友谊书社，1989年，第618页。

体制更为完善。洪武七年（1374），裁去学正。成化元年（1465）颁给三氏学官印，三氏学正式官学化。

后因三氏学就读人员多，"子孙在学读书者不下二三百名"，特设岁贡部，"议令三岁贡一人，以曾经科举及考试、通习经书、素有行止者充选"①，选拔优异者为岁贡生。之后标准不断提高，改为三年贡二人、一年贡一人。生员在入学、科贡、享受廪膳等方面不断得到改善。岁贡规格与待遇的提升为圣人后裔提供了更加便利的选拔入仕机会，有利于提高三氏子孙学习家学、传承经典的积极性。

明万历十五年（1587），在巡按御史毛在的请奏下，三氏学又吸收曾子后裔，改名为"四氏学"。四氏学延续到清末，所受优遇比以前又有加强。与当时的府学、州学等学校教育不同，"独四氏学之佐则特设学录"②。学录作为教授的辅佐，本为京师国子监才有的职员，而在三氏学、四氏学中就设学录，是要给予"国学之制也"，显示朝廷对圣人后裔的优待，也给予四氏学更好的教育。三氏学建立前期，教授、学录可都为异姓。后来，学官的选拔采用"教授用异姓，学录必以宗人"的制度，用意在于"异姓则师严而道尊，宗人则情亲而爱笃，严者激励以成其材，而亲者用以拾遗而补阙"③。用异姓教授教学，在教学中可以更加严格要求，有利于四氏生

① 孔继汾：《阙里文献考》卷二十七，山东友谊书社，1989年，第619页。
② 孔继汾：《阙里文献考》卷七十六，山东友谊书社，1989年，第1601页。
③ 孔继汾：《阙里文献考》卷七十六，山东友谊书社，1989年，第1601页。

员认真学习，成德成才。用孔姓人员为学录，负责各种教学之外的事务，管理本族人更加方便，也可增进本族恩情，见其用意良深。

由此可知，三氏学、四氏学中，从就学的生员，到教学的内容，再到管理者，都带有明显的孔氏家学性质。这正如孔继汾所说："今孔、颜、曾、孟四氏学，官为置师，比于郡国，其实孔氏之家塾也。"① 四氏学渐趋官办学校，又具有明显的孔氏家塾性质，与家教相互配合。

经过孔希学、孔彦缙、孔弘复、孔贞业等人多次主持重修，三氏学、四氏学堂的规模与建制不断得到改善。其中，六十三代孙、世职知县孔贞业迁四氏学堂于孔庙西观德门外，扩建重修，建有"明伦堂三间，左右厢各五间，东曰启蒙斋，西曰养正斋，后为尊经阁，左为教授署，右为学录署，外辟重门，门外为泮池，跨以桥，桥前为状元坊"②。从校舍的建筑来看，此时的四氏学建制更为完备、齐全。开设的课程主要是官府规定的科举考试内容，如"十三经""四书"等科目。四氏学要求学员"精通经术，以继圣贤之业"③，注重德性养成，加强对儒学经典《诗经》《孝经》等的研读。

明末清初，朝廷给予更多优遇，除了学田、廪膳等物质资助，还给予孔氏后裔更多走上仕途的机会，主要表现在：

---

① 孔继汾：《阙里文献考》卷二十七，山东友谊书社，1989 年，第 617 页。
② 孔继汾：《阙里文献考》卷二十七，山东友谊书社，1989 年，第 621 页。
③ 孔继汾：《阙里文献考》卷二十七，山东友谊书社，1989 年，第 618 页。

岁贡生增多、设"耳字号"额外加举、世袭翰林院五经博士、幸学恩贡、考选曲阜知县、选为圣庙执事官等。所谓"耳字号",是指"孔氏后裔另编耳字号,于填榜时,总查各经房,如孔氏无中式者,通取孔氏试卷,当堂公阅,取中一名加于东省原额之外,但不必拘定一人"[①]。这是在山东省乡试中,专为四氏学特设的中试名额,确保四氏后裔不空榜。这一制度沿袭到清末,形成了"无孔不开榜"的惯例,使孔氏子孙有较多机会进入仕途,得以施展才华。1925 年,衍圣公府在"四氏学"旧址上改建为"阙里孔氏私立明德中学",几百年的四氏学退出了历史舞台。

总起来看,朝廷采取的这一系列对孔氏后裔的教育政策,特别是庙学、三氏学、四氏学的设立及管理等,既具有官学的性质,又具有孔氏家教的性质,对家教是非常有益的帮助与扶持,促进了孔氏家学的发展,提升了孔氏子孙的才识素养,也有利于良好家风的发展与提升。较易获得的功名利禄,也对孔氏学人产生了部分消极影响。如,少数孔氏子弟因容易获得各种官职与功名,而生安享富贵、好逸恶劳的惰性,失去了勤奋进取的动力和积极性。但是,利大于弊,有了官方的支持,孔氏家教有了更坚强的后盾和更全面的发展。

（三）"衍圣公"的教育

衍圣公是官方给予孔子嫡长子孙的世袭封号,从宋代开始,历经金、元、明、清,直到民国时期才停用,沿用了八

---

① 孔继汾:《阙里文献考》卷二十七,山东友谊书社,1989 年,第 621 页。

百多年。衍圣公的主要职责：主管孔子祭祀；管理孔庙、孔府、孔林；管理孔氏族人；保举曲阜知县等众多事务。

衍圣公的品德学识彰显着圣人之德，关系孔氏家族的声望。如果衍圣公不能够尽到责任，品行不端，即使袭封，也有可能被罢免。如，六十一代衍圣公孔弘绪因为私自扩建房舍，违反规定，被夺取爵位。所以上至帝王、下至孔氏族人对于衍圣公都有特别的期待和关注，对其教育也自然格外用心、严格。

君王设置衍圣公的主要目的，是彰显崇儒重教的政策，并希望通过衍圣公的光辉形象起到模范带头作用，所以，帝王对衍圣公常亲加教诲。如，明朝初期，太祖朱元璋便对衍圣公孔希学和孔克坚谆谆以教，说"尔若不读书，辜朕意矣"，"朕今婉曲教尔，尔其自择，还家法以此教子孙可也。勉之哉！勉之哉！"① 期待衍圣公好学明理，引领教育子孙。衍圣公孔弘绪，幼年丧父，受族人欺侮，帝召见他后，赐他金章，又命专门教师教授，帮助孔弘绪更好地成长。

清代皇帝对衍圣公的教育也格外关注。乾隆皇帝多次来曲阜祭祀孔子，并以赐诗等方式劝勉衍圣公。如，作"文宣世泽垂千古，克继家声慎勖旃"勉励七十一代衍圣公孔昭焕，希望他继承家学，发扬家声；作"修己无过守礼乐，睦宗守世率端方""学诗适合趋庭训，读礼因迟望阙朝"等，赞赏七十二代衍圣公孔宪培，勉励他继承诗礼庭训的教诲。帝王

---

① 杨朝明：《曲阜儒家碑刻文献辑录》，齐鲁书社，2015 年，第 184 ~ 185 页。

对衍圣公的特别教诲与关注，激励着衍圣公更为勤奋刻苦地传承先祖思想与美德，使他们在家学方面也能略胜一筹，在家族的建设发展中起到积极的领导和管理作用。

衍圣公及夫人对将要继位的长子更是用心教育，要求更严格。如，六十一代衍圣公孔弘绪的继配袁氏对子女要求很严格，训诫他们不要依仗祖先荣耀贪享安逸，而应该勤奋进取，光耀祖先，报答国家恩典。六十二代衍圣公孔闻韶在严格教育下，德才兼备，尤其擅长诗歌。再如，六十七代衍圣公孔毓圻擅长诗文，常常与夫人、子女唱和，对他们进行教诲指导。其子六十八代衍圣公孔传铎在这种教育背景下长大，德行才华优异，在文学、经学等方面有所成就。

延师教授，以训胄子。为了加强对衍圣公胄子的格外教育，学校、衍圣公府常常例外聘请知名教师开展专门教育。宋元祐四年（1089），三氏学"添置学正、录各一员，教奉圣公胄子"[①]，设专门人员对衍圣公胄子进行教育。六十二代衍圣公孔闻韶继室卫氏陈请皇帝，择贤师教诲衍圣公胄子，并且建议胄子先到国子监学习，使胄子具有良好的品德学识再袭承爵位。奏请得到许可，衍圣公府聘请家庭教师专门教授胄子。如七十三代衍圣公孔庆镕的家庭教师有沈古村、黄秋平等。黄秋平对孔庆镕的要求非常严格，并要求父母不得干预教学。为教育末代衍圣公孔德成，孔令贻继室陶氏聘请了王毓华、庄陔兰、吕金山等教师，除了开设"四书""五

---

① 孔继汾：《阙里文献考》卷二十七，山东友谊书社，1989 年，第 618 页。

经"等古典课程，还有数学、英语等新课程，内容安排甚是丰富，要求也更严格。

在严格而又充满期待的教育形势下，衍圣公本人也多能认识到自己的使命，刻苦学习，用心研习家学，自觉传承先祖事业。如，七十三代衍圣公孔庆镕在忠恕堂刻"天眷龙光匪懈精勤惟就学，祖谟燕翼大成似续在横经"，在厢房悬挂对联"礼门义路家规矩，智水仁山古画图"，勉励自己要勤学守礼，也训诫后人与族人要继承家风。再如，孔德成幼时学习也很用功，他在日记中写道："早受《穀梁传》二小时，写小字六行，大字二张，作文题：宋公与楚人战于泓，诗为冬日即景，得冬字，下午受《穀梁传》二小时，温唐诗文选二小时，晚宋君来访，十时就寝。"① 从孔德成一日紧张的安排中，可知他学习内容丰富，并以家学为主，相比同龄人要勤奋很多。可以说，衍圣公虽然具有得天独厚的礼遇优待，但也需通过自身的努力，富有学行修养才能担负起重任。

孔子作为中国历史上首位伟大的先师，在教育世人的同时，也奠定了孔氏家族重视家教的良好基础。家教在孔氏家族中具有非常重要的意义，是家学得以传承的主要途径，是培养德才兼备人才的主要方式，也是孔氏家族两千多年家风不坠的重要保障。家教直接传达了家族的思维模式和行为习惯，在家族中形成共同的信念追求、生活方式和人生态度等，进而养成了家族的整体氛围和风气，也就是家风。家教是家

---

① 孔德懋：《孔府内宅轶事》，天津人民出版社，1983 年，第 91 页。

风形成和发展的直接途径和重要保障。从另一个角度来说，重视家教也早已成为孔氏家族世代相传的家风之一。

二、礼教规范

孔子告诫孔鲤："不学礼，无以立。"礼是孔子思想的重要内容，也是孔氏家学、家教中重要的组成部分。在对礼深入研究和发展的同时，孔氏家族也保存了许多特有的家族礼乐制度，制定了自己的礼仪规范，并汇编成书，流传于世。明清时期孔氏礼乐文化达到了高峰。如，清代，孔尚任纂《圣门乐志》，孔尚忻编《圣门礼志》，孔传铎撰《圣门礼乐志》《祀孔典礼》，孔继汾著《孔氏家仪》《家仪答问》《文庙乐舞全谱》等，孔令贻、孔祥霖辑《圣门礼志》附《乐志》等。这些典籍是孔氏家族礼乐文化的系统总结，也是家庭礼教实践的重要依据。

正如孔府门楹所写"礼门义路家规矩"，礼教作为孔氏家教的重要内容，是要求孔氏子孙自觉遵循的礼教规矩和礼仪规范。其实，在诗礼家风的长期浸润下，礼也早已经渗透到孔氏族人的言行举止中，呈现为多种多样的礼仪形式。这些礼仪可以分为家庭礼仪、丧祭之礼、公府礼典等。

（一）家庭礼仪

"经礼三百，曲礼三千"，古代礼仪繁多，体现在生活的诸多方面。儒家追求知书达礼，讲求待人接物之礼，孔子后裔自觉实践先祖遗训，注重礼仪规范。可至清代，好多礼仪已经缺失。如孔继汾所言："父母庆洗腆用酒之事，《礼经》

亦并阙焉。"① 即便是生活中侍奉双亲、亲友相见等礼仪，在典籍中也多有阙失。孔继汾等孔氏族人恐更多礼乐文化缺失，便对多年来孔氏家族的礼乐文化加以总结，汇成多部孔氏家族礼乐典籍。其中，记载礼仪最为完备的是《孔氏家仪》，对教化孔氏族人起到重要的作用。下面主要以《孔氏家仪》为参照，来考察孔氏家族的礼教规范。

家庭礼仪作为礼仪中的主要部分，指家庭生活中的各种日常礼仪。虽然家庭礼仪显得有些繁琐，而正是这些具体的礼仪在家庭中起到重要作用，通过礼仪可以表达对他人的敬意、关爱、尊重等感情，进而建立和谐、友好的家庭关系，拥有温馨和睦的家庭氛围。家庭礼仪大体可以分为夫妻相处之礼、侍奉父母之礼、宾友相交之礼等。

"夫妇正则父子亲，父子亲则君臣敬"，夫妇之道是人伦之始，夫妻关系是家庭关系的核心，夫妻以礼相待是家庭和谐的基本要求。夫妻之礼始于婚礼。"昏礼者，礼之本也。"（《礼记·昏义》）婚礼是礼之根本，是因为婚礼是两个家庭之间的好合，对上传宗接代，以事奉宗庙，对下则养儿育女，以传后世，关乎多家的未来，具有特别重要的意义和作用。所以，孔氏家族特别重视婚姻，形成了一套完整的婚礼程序。据《孔氏家仪》记载，婚礼主要包括纳采、纳征、请期、送奁、送笄、醮父母、亲迎、夫妇交拜、妇见舅姑、舅姑醮妇、

---

① 孔继汾：《孔氏家仪》卷十二，《孔氏祖庭广记·孔氏家仪·家仪答问》，山东友谊书社，1989 年，第 527 页。

妇拜祠堂、新妇见亲、婿见妇党等众多礼节。

　　虽然这些礼节显得繁琐，但是每一礼节都有其内涵所在，表现了对婚姻的重视，表达夫妻相互敬重、期许与恩义。"夫妇有义，而后父子有亲；父子有亲，而后君臣有正。"（《礼记·昏义》）夫妇之间的关系是家庭中父子关系的基础，是家庭关系和睦的关键。所以说，婚礼是夫妇之义建立之始，是美好家庭的起点，应格外慎重，通过敬意建立相敬如宾的夫妇礼仪。继而，在以后的生活中，夫妻相敬如宾、齐心协力，建立良好的家庭氛围。这是良好家风的关键之处。

　　孝悌为仁的根本，也是孔氏家族特别重视的道德规范。奉养父母的礼节成为家庭礼仪中重要的组成部分。这主要包括晨省昏定、节日礼仪、祝寿、父母赐食等礼仪。如，"晨省昏定"礼节：早上儿子与媳妇洗漱完毕，给父母请安。儿子鞠躬，媳妇肃拜，问仆从：父母安吗？答：安，便等着，父母说退便退；父母身体不好，则留下侍候用药。晨省完，儿子出外办理公事，媳妇侍奉早餐。儿子做完事情，要问父母的饮食情况。晚饭也是这样。每日的"请安""鞠躬""肃拜""羞膳"等礼节，简单平常，却能让父母感到温暖与敬意，是表达孝的方式。孝不在书籍与说教中，而在具体的礼仪中、在日常的生活中。

　　孔氏家族讲究以礼待人，形成了一套系统的宾友礼仪，包括宾友初次相见礼、燕宾礼等。如，《孔氏家仪》记：

　　　　与宾友初相见，迎入门，揖让升阶，主人就右位，

宾就左位，皆北面。再拜，延宾坐于东，西面。主坐于
西，东面。主人亲正座，宾抚座辞，还为主人正座，主
人亦抚座辞，就坐。主宾各鞠躬。侍者进茶，宾主受茶，
各鞠躬。将出，宾起，鞠躬辞，主人鞠躬。送出门，对
鞠躬。①

主宾在相互的"揖让""鞠躬"等礼节中，表达恭敬、
礼让之情。虽然这些反复的"揖让""鞠躬"显得繁琐，但
是没有这些礼节，内在的恭敬之情将无法表达，无法让对方
感知，不易形成和睦友好的人际关系。家庭中的宾友礼仪，
也是走向社会与人交往所需要的礼节，是个人道德修为的显
现。可以说，家庭中待人接物的礼仪是在社会上安身立命的
重要基础，是个人及家庭风尚的呈现。

总起来说，家庭礼仪让家庭成员自觉循礼而行、相互敬
重，达致夫妇有义、父慈子孝、兄友弟恭、妯娌和睦、邻里
友好等，从而使家庭关系和谐有序，家庭氛围温馨和睦。良
好的家庭礼仪是家教的重要内容，是一个家庭优秀家风的展
现，有利于家庭成员提高内在涵养修为，是家庭成员得以成
长为谦谦君子的前提。

（二）丧祭之礼

《礼记·祭统》中记载："孝子之事亲也，有三道焉：生

---

① 孔继汾：《孔氏家仪》卷十二，《孔氏祖庭广记·孔氏家仪·家仪答问》，
山东友谊书社，1989 年，第 525 页。

则养，没则丧，丧毕则祭。"除了家庭日常的养亲，丧葬与祭祀也是孝道中非常重要的部分，是礼的主要内容。"未葬读丧礼，既葬读祭礼，非始读也，慎重也"①，葬前后有丧礼与祭礼的不同，在于表达内心不同的感情。丧礼是凶礼，主要表达的是哀戚之情。祭礼主要表达的是对先祖的哀思之情，是吉礼。曾子说："慎终追远，民德归厚矣。"重视丧祭等慎终追远的礼，可以使民德厚重，使家风醇厚。

1. 丧葬之礼

为什么古代要制丧葬之礼？《礼记·檀弓下》有经典的解释："丧礼，哀戚之至也，节哀，顺变也；君子念始之者也。"通过丧礼，表达孝子悲哀的情绪，并节制哀伤。这哀戚之情是缅怀先人、思念先人的恩情。恩重，礼就隆重。所以孔氏家族尤为重视丧礼，形成了一套系统的丧葬礼仪。《孔氏家仪》全书十四卷，其中八卷内容与丧葬有关，对丧葬之礼做了详细的记载，足见对丧葬事宜的重视。其内容主要包括丧服、初终至既殡、葬、丧祭、奔丧扶榇、改葬、吊赙会葬等方面。

孔氏家族丧礼是在传统丧礼的基础上，加以适当革新而形成的礼仪规范。正如孔继汾所说："非融会《礼经》，固未易一一辨也。然不可知而可由者，宜求诸简易。"② 丧礼在继

---

① 孔继汾：《孔氏家仪》卷五，《孔氏祖庭广记·孔氏家仪·家仪答问》，山东友谊书社，1989年，第465页。

② 孔继汾：《孔氏家仪》卷四，《孔氏祖庭广记·孔氏家仪·家仪答问》，山东友谊书社，1989年，第411页。

承《礼经》的基础上，增加了一些以前没有而后来使用的礼仪礼节。为了让人们有清晰的认识，孔继汾特以表格的形式对古今礼仪加以比较、总结。如吊礼，吊赗会葬的礼仪风俗在当时已经没有明确的记载与规定，孔氏家族保留了其礼仪，主要表达哀祸恤患之情，但是也简略了许多。

虽然孔氏家族丧葬礼仪的具体过程特别复杂繁多，但其根本还是生者表达对亡者的哀戚之情。这正是孔子回答林放"礼之本"问题时所说的"丧与其易也，宁戚"，丧葬与其繁琐奢华，不如心中有哀戚、诚敬之意更为重要。同时，这些真实的情意也需要通过礼仪的形式表现出来，节制哀情，形神兼备，哀伤适度。丧葬之礼表达的是哀戚，传达的是仁义之德，传承的是优良家风，培养的是家族成员的诚敬之心。

2. 祭祀之礼

《礼记·祭统》中言："礼有五经，莫重于祭。"祭祀是礼的众多内容中重要的部分。孔氏家族作为圣人之家尤其重视祭祀，也形成了自己的祭祀体系。这既是国家尊孔崇儒的需要，也是家族自身敬重先祖的需要。孔氏家族的祭祀以"祭孔"为中心，种类比较多，主要有释奠、释菜、行香、告祭、遣官祭告、帝王幸鲁等，大体可以分为国祭和家祭两个层面，有时两者又是重合的。

祭祀具有多个方面作用。《礼记·祭统》提出"夫祭有十伦焉"，概括出祭祀的十种价值。对孔氏家族来说，祭祀具有更加重要的意义和价值。孔继汾说："祭者，所以追养继孝也。"① 通过祭祀，来追忆先人，表达对祖先的敬与孝。"祭者，教之本也"(《礼记·祭统》)，祭祀也可以达到教化的目的。在缅怀先人时，心中升起崇敬、爱慕之情，自觉继其志、叙其意，发扬先祖优良的思想品德，从而达到教化的作用。祭祀不仅是对于祖先的缅怀与感恩，而且是对先祖思想遗训的遵循、继承与发扬，是家教的重要方式。

"祭礼，与其敬不足而礼有余也，不若礼不足而敬有余也。"(《礼记·檀弓上》)祭礼，外在的礼节固然重要，更为重要的是表达恭敬之情。"非有忠敬诚信之心，莫之举也。"②没有忠敬诚信的感情，祭祀也就没有多少价值和意义。可见祭礼也是通过礼的形式来传达对祖先的恭敬、爱慕之情，是传承遗训、传扬家风的重要形式。

另外，孔氏后裔，尤其是衍圣公家族，因和历代朝廷来往较多，形成了系统而严格的公府礼典，包括袭封礼仪、领敕礼仪、朝觐礼仪、接驾礼仪、配祀礼仪等礼制规范。这些礼仪事关朝廷及政治，需要孔氏家族格外慎重、依礼而行。

总之，礼仪规范既是孔氏家族家学的重要内容，也是家教的重要方法手段。这些礼仪规范，既培养了孔氏族人知礼循礼的人格品德，也在家族中形成懂礼守礼的氛围，使孔氏

① 孔继汾:《孔氏家仪》卷一,《孔氏祖庭广记·孔氏家仪·家仪答问》,山东友谊书社,1989年,第373页。

② 孔继汾:《孔氏家仪》卷一,《孔氏祖庭广记·孔氏家仪·家仪答问》,山东友谊书社,1989年,第373页。

家族诗礼传家的家风得以更好地传承发展。

三、族规家训

孔氏家族为了更好地管理族人，建立起完整的宗族管理系统。就曲阜孔氏家族来说，因衍圣公的身份特殊，他的管理系统与一般家族不同，逐步建立起由衍圣公、孔庭族长和户头、户举、林庙举事等组成的管理系统。衍圣公具有统辖治理孔氏全族的最高权力，通过制族训族规、修家谱、立行辈等措施，加强对孔氏族人的思想、行为、习惯等的规范和管理，使家族保有良好的秩序和风气。

（一）宗族管理

宋代以后，孔氏家族的人员不断增多。为了便于管理族人，家族内依照宗族制度设立了完善的组织系统。衍圣公依照血缘关系将孔氏家族分为支、派、户等多个单位。宋代分为二十户，明初分为六十户。衍圣公为大宗户宗子，主祀孔子，具有尊祖收族、奉祀祖先、管理族人等多项权力。衍圣公下面有族长等。各支、派、户内大都有自己的族长、户头、户举等，具体负责族内事务。

为了加强衍圣公在孔氏家族中的威望和管理力量，朝廷有时以公文的形式赋予衍圣公一些权力。如，清世祖曾赐衍圣公孔兴燮"统摄宗姓"匾，刻谕旨："统摄宗姓，督率训励，申饬教规，使各凛守礼度，无玷圣门。"赋予衍圣公在家族中至高的权力和地位，也规定了衍圣公统摄、管理族人的责任。

族长的责任在《阙里文献考》中有明确说明："孔庭族长一员，掌申明家范，表率宗族。凡子弟有不率不若者教治之。"① 也就是说，族长要率先垂范，治理家族，教化族人。这就要求族长在族内德高望重，能够带领、管理族人。如，明太祖朱元璋曾命翰林检阅官孔泾为孔氏族长，主领宗族事务，就是因他齿行俱尊。后来，孔庭族长由"衍圣公择年长行尊有德者为之"②，在族人中具有很强的威望和感染力。在各户又分别设有宗祠，既用来奉祀始祖和本支先人，又是聚族议事、教化子弟、惩戒违规者、调解纠纷、表彰杰出者的地方。

孔氏家族通过制定家训族规、修订家谱、立行辈、制礼仪等管理方式，实现对族人的引领和规范作用。宗族管理使家族内形成了良好的秩序和风气，对族人起到规范教化作用，也提升了他们的素质修养。可以说，孔子所提倡的为政以德之道，在家庭中得以具体落实，实现了"齐家以德"。这是孔氏家族得以人才兴旺、家族和睦的重要保障，也是保持诗礼家风、道德文章不坠的重要途径。

（二）族规家训

族规家训是孔氏家族内部管理的重要方法，也是家教的重要形式。族规家训是对家族成员提出的明确而具体的规范要求，表达了家族的基本信念和道德原则。孔氏族规家训涉及生活的诸多方面，起到规范孔氏族人言行举止的作用，有

---

① 孔继汾：《阙里文献考》卷十八，山东友谊书社，1989 年，第 414 页。
② 孔继汾：《阙里文献考》卷十八，山东友谊书社，1989 年，第 414 页。

利于族内形成统一的信念，具有提升全族道德素养的作用，是家风得以具体落实的重要途径和方式。

孔氏家族的族规家训成熟于明清时期。明万历年间，衍圣公孔尚贤颁布了《孔氏祖训箴规》，作为全族的箴规。《孔氏祖训箴规》可谓最具纲领、统率性质的族规，寓居外地的孔氏族人多依据它制定各自的家训族规。如《丹阳县孔氏天启族谱家规纪》《福建建宁县巧洋孔氏族规十二条》《江西临川孔氏支谱家规条规》等，都是以《孔氏祖训箴规》为底本，稍加修订而成。

各支派的家训族规在制定后要呈报衍圣公府，经过衍圣公验印之后方可实施。尽管这些孔氏家训族规有繁有简，具体的规定上也有所不同，但是其基本精神又有许多共同之处。这主要表现在：

其一，提倡孝悌之道，重视父子、夫妇、兄弟等家庭伦理关系。孝悌作为孔子思想的主要部分，也是孔氏家族家训族规的重要内容。如，《孔氏祖训箴规》规定："务宜父慈、子孝、兄友、弟恭，雍睦一堂，方不愧为圣裔。"[1] 对父、子、兄、弟都做了要求，目的在家庭和睦。《蓬州孔氏族规》中第一条便是："孝悌宜敦。人生百行，孝悌为先，庠序之申，皆为此义。"[2] 将孝悌作为家庭的首要信条。《岭南孔氏

---

[1] 《孔府档案史料选》（二），《孔子文化大全》，山东友谊书社，1988 年，第 17~18 页。

[2] 《孔府档案史料选》（二），《孔子文化大全》，山东友谊书社，1988 年，第 62 页。

　家規》规定："一曰孝敬父母。凡人之生，受形于父，成形于母。"可知，在孔氏家训族规中，多把孝悌定为家庭中的首要规条。

　　婚姻作为家庭的重要内容，在家训族规中也受到格外重视。《孔氏祖训箴规》规定："婚姻嫁娶，理伦守重，子孙间有不幸再婚再嫁，必慎必戒。"① 认为婚姻在伦理中为首要关系，婚姻中最需要慎戒的是再婚再嫁问题。《潮州孔氏族规》有类似的规定："婚姻嫁娶，所以正伦理。为子孙计，间有不幸议再婚而后嫁者，必慎必戒。"② 婚姻关系到子孙后代，所以要格外重视。《岭南孔氏家规》规定："择婚谨始。夫妇人之大伦，然必阀阅相当，彼此无议，方与缔盟。"③ 这里提出了婚姻要门当户对，具有相近的思想与生活理念。孔氏族规中大都告诫族人要慎重选择嫁娶，并注意到婚姻中再婚再嫁、阀阅相当等问题，可谓切中关键之处。

　　处理好家庭、家族中的各种人伦关系，实现父慈子孝、夫仁妇爱、兄友弟恭，家庭才能和顺，家风才能优良。没有良好的关系，家庭中充满矛盾和斗争，则不可能有好的家风。

　　其二，崇儒尚道，摒弃邪教。孔氏族人以儒学为家学，将崇儒重道作为家族的使命和责任。如，《孔氏祖训箴规》

---

　　① 《孔府档案史料选》（二），《孔子文化大全》，山东友谊书社，1988 年，第18 页。

　　② 《孔府档案史料选》（二），《孔子文化大全》，山东友谊书社，1988 年，第61 页。

　　③ 《孔府档案史料选》（二），《孔子文化大全》，山东友谊书社，1988 年，第59 页。

规定："崇儒重道，好礼尚德，孔门素为佩服。"① 《续修江西临江孔氏支谱原颁条例》规定："崇儒重道，好礼尚德，孔门预知而素行者。"②

在传承儒学时，自然要摒弃邪教，以保证家学的纯正性。如，《福建建宁县巧洋孔氏族规十二条》规定："屏绝邪教。吾族为圣人之裔，理宜崇尚正学，遵守常道，一切邪教务屏绝也。僧道巫觋祈禳、预修、荐祓之属，概不得举行。"③ 《江西临川孔氏支谱家规条例》也规定："族系圣裔，岂可令子弟入于异端。"④ 孔氏族人以圣裔为荣，自觉遵循先人的遗志，以儒学为家学，把传承与发展儒学作为责任。这一方面促使孔氏家学在两千多年中长盛不衰，保证了儒学的独立性和生命力，促进了儒学的发展，另一方面，也无形中拒绝了儒学与其他思想体系的交流与融合。总体来说，利远远大于弊。

其三，注重家教，强调读书明理。大多数孔氏家训族规关注家教，鼓励子女多读书、明礼修身。如《孔氏祖训箴规》规定："祖训宗规，朝夕教训子孙，务要读书明理，显

---

① 《孔府档案史料选》（二），《孔子文化大全》，山东友谊书社，1988 年，第 18 页。

② 《孔府档案史料选》（二），《孔子文化大全》，山东友谊书社，1988 年，第 47 页。

③ 《孔府档案史料选》（二），《孔子文化大全》，山东友谊书社，1988 年，第 27 ~ 28 页。

④ 《孔府档案史料选》（二），《孔子文化大全》，山东友谊书社，1988 年，第 52 页。

亲扬名，勿得入于流俗、甘为人下。"① 《潮州孔氏族规》规定："祖训箴规朝夕教示子孙，务欲读书显名，毋得入于流俗，甘为人下。"② 《福建建宁县巧洋孔氏族规十二条》将学置于族规的首条，规定："文举（学）为宗族首重，不可不加意作兴，故家课宜行也。"③ 足见孔氏家族对于读书学习的重视。

为鼓励读书，一些族规家训采取给予优秀者奖励的措施。如《江西临川孔氏支谱家规条例》规定："凡读书应童子试，府县案元十名内者，可为上进之阶。次年团拜举饼，以示鼓励。"④ 通过"团拜举饼"等形式，表彰读书优秀者，这对全族形成读书好学的风气、提升全族人员的素质修养具有积极意义。还有的族规给予钱财物质的鼓励。如《枝江县孔氏族规》规定："无论贫富，读书进学补廪者，奖赏花红钱拾串文。"⑤ 这些明确鼓励读书的族规家训，对全族继承发扬读书明礼的家风具有直接推动作用。

孔氏家族认为教育子女是父母的责任和义务，必须从家

① 《孔府档案史料选》（二），《孔子文化大全》，山东友谊书社，1988 年，第18 页。

② 《孔府档案史料选》（二），《孔子文化大全》，山东友谊书社，1988 年，第61 页。

③ 《孔府档案史料选》（二），《孔子文化大全》，山东友谊书社，1988 年，第23 页。

④ 《孔府档案史料选》（二），《孔子文化大全》，山东友谊书社，1988 年，第50 页。

⑤ 《孔府档案史料选》（二），《孔子文化大全》，山东友谊书社，1988 年，第38 页。

庭做起。《江西临川孔氏支谱家规条例》规定："贵教子。有子不教，父母之过。教子名扬，义方之善。"① 《岭南孔氏家规》规定："严教勤读。养子不教父之过，教而不读子之惰。"② 这些重视教育的家训族规对家族形成重教的风气具有直接的促进作用。

其四，尽职尽责，守法尽忠。在齐家之外，孔氏家族也关心国家社稷，心系天下。如，《孔氏祖训箴规》规定："皇恩深为浩大。宜各踊跃输将，照限完纳，勿误有司奏销之期。"③ 《岭南孔氏家规》规定："早完钱粮。钱粮为国赋攸关，以下奉上庶民之职也。"④

除了以上几点，孔氏家训族规中还有多项规定，如毋奢侈、毋诉讼、毋赌、毋盗等。从个人修身，到齐家睦族，再到出仕为官、崇儒重德等，孔氏家训族规都有所规定和指导，涵盖生活的诸多方面。

家训族规在家族中具有重要的作用和价值，主要表现在：家训族规使家族成员具有积极正向的价值观念，引导家族形成奋发向上的风气；家训族规作为家族的规范和准则，约束

---

① 《孔府档案史料选》（二），《孔子文化大全》，山东友谊书社，1988 年，第 51 页。

② 《孔府档案史料选》（二），《孔子文化大全》，山东友谊书社，1988 年，第 58 页。

③ 《孔府档案史料选》（二），《孔子文化大全》，山东友谊书社，1988 年，第 18 页。

④ 《孔府档案史料选》（二），《孔子文化大全》，山东友谊书社，1988 年，第 59 页。

族人的言行举止，减少违规犯法行为；家训族规是家教、族教的途径和方式，是诗礼家风得以传承发展的重要保障。

（三）家谱行辈

家谱是家族文化的一种表现形式，是记录家族历史、世系传承的百科全书。它可以传承家族文化，有利于进行伦理意识、睦族亲邻、家族秩序等的教化，也是家族精神传承的纽带。孔氏家谱历史悠久、体系庞大、记录翔实，可谓世界家谱之最。

明清时期，孔氏家族修缮族谱达到兴盛期。明天启年间，六十五代衍圣公孔胤植重修刊印《孔氏族谱》。在此后小修则书写，大修则刊印。清代修谱制度更为严格，有几次重要的重修。顺治年间衍圣公孔兴燮重修《孔子世家宗谱》二十三卷，康熙年间孔毓圻重修《孔子世家谱》二十四卷，乾隆年间孔昭焕再次增修《孔子世家谱》，孔毓佶对家谱加以摘录，汇成《孔子世家谱纂要》，孔继汾编有《孔氏大宗支谱》，等等。孔氏家族各宗各府又有支谱，也有仅在孔府档案中有修谱的记录，但是未见家谱流传的情况。如孔府档案中存有"嘉庆甲子年开馆修谱榜示执事人员名单"，道光三十年"开馆修辑孔氏谱牒通知各户族人呈送草谱公告"等，只有记录，却未见家谱。2009 年刊出的最新《孔子世家谱》更为全面、系统、现代化，堪称世界最长家谱。

修订家谱具有重要的意义。正如孔昭焕《重修家谱序》中写道："家之有谱，犹国之有史也"，"礼莫大于尊祖敬宗，典莫大于修谱"。①家谱可以"详世系，联疏亲，厚伦谊，严冒紊"②，可以将不同年代、分居各处甚至不相识的族人联结在一起，进而使族人和睦，是加强族人友谊的最好途径。"收族于谱无异收族于庙也，收族于庙而宗庙严，收族于谱而子姓秩。"家谱使家族秩序井然，使家族宗法昭明，具有教化作用。

家谱也是怀念先人的方式，是使家风得以延续的重要依托。正如孔德成在《孔子世家谱·序》中所言："览谱思训所当验于心，而体于躬者。然则斯谱也，又岂徒昭世统而已耶！昔归震川记其家谱，谓：'求其所以为谱者，归氏学圣人之道者也。'言深且旨，而况圣人之后哉！吾族人其宜有以知所勉矣。"③他以归震川家谱所言"学圣人之道"，告诫族人读家谱便要思家训，躬行先祖之道。可知，《孔子世家谱》不同于其他家谱，不仅承载着祖先的世统，而且秉承圣人之道，对孔氏后裔来说，不仅是血脉相传的证据，也是圣人思想传承的标本、圣人家风承传的参照，可谓意义深远。

家谱的修订是族中大事，有严格的程序：先要成立组织机构，开设谱馆，制定修谱条规，颁发格册，然后告庙开馆，填写格册，上报审查，编修刊印，谱成告庙，最后颁谱。除

---

① 孔昭焕：《孔子世家谱·旧序》（一），《孔子文化大全》，山东友谊书社，1990年，第26页。

② 孔兴燮：《孔子世家谱·旧序》（一），《孔子文化大全》，山东友谊书社，1990年，第22页。

③ 孔德成：《孔子世家谱·序》（一），《孔子文化大全》，山东友谊书社，1990年，第15页。

了孔氏全谱，流寓外地的支、派、户也有各自纂修的谱，需要衍圣公审查、加盖官印后方可颁行。

在修谱时，往往要制订族谱家规、家训，作为全族思想行为的规范训诫。如，《皖江增修孔子世家谱家训》中对君臣、父子、夫妇、兄弟、朋友之间的关系皆作了规约，并对冠、昏、丧、祭等礼做了规范。《建宁县三滩孔氏续修家谱条例附族规》中列了孔氏家谱续修条例八则，如不录繁文、严核事实、严锄非种等。

孔氏家谱中有明确的行辈规定。宋代孔氏族人开始采用同偏旁的字作为辈字取名，但是并不严格，也没有推行到全族。明代族人渐多，开始制定、使用统一的行辈。明洪武年间，定十字：希言公彦承，宏闻贞尚衍。清乾隆年间又定十字：兴毓传继广，昭宪庆繁祥。衍圣公孔祥珂、孔令贻又分别加以续定，为：令德维垂佑，钦绍念显扬，建道敦安定，懋修肇彝常，裕文焕景瑞，永锡世绪昌。

行辈可以使族人代次清晰，昭穆分明，长幼有序，便于对各地众多族人的管理。同时，这些行辈的续立也昭示着族人的思想信念与对子孙后代的希望寄托，是家风在名字上的呈现。所以，孔氏家族对使用行辈有严格的要求，族人应遵照行辈取名训字，有不依行辈而随意取名者，不准入谱。

总而言之，从自为师友、言传身教、礼教规范等家庭教育，到具有家教性质的多种学校教育，再到家族内宗族管理、族规家训等宗族教育，孔氏家族形成了系统的家教体系。这几种教育的方式和途径常常交织在一起，营造了家族的氛围和风气，时时刻刻对家族成员进行陶冶教化，将先祖的文化思想、理想信念等渗透到人们的头脑中，表现在言行举止中。在这些教育影响下，众多孔氏子孙的身上，或多或少留下了诗礼家风的印迹，并自觉地将这种家风传承下去。可以说，孔氏家族严明系统的家教直接促进了孔子诗礼家风在家族中的传承与发展。

本章小结：

孔子思想博大精深。他不仅是儒家思想的开创者，也是孔氏诗礼家风的奠基者。孔氏诗礼家风的传承发展离不开家学与家教。家学是家族学术传承的重要内容，是家风得以传承发展的重要保障。孔氏家学经过数千年的发展，呈现出非常繁荣的景象。如，汉代孔氏经学兴盛，多人因精通经学被列为博士，推动了经学的发展。其中，古文经学成就更为突出，贡献最大的要数孔安国及其家族。隋唐时期，实行科举制度，孔氏学者因才学中举者尤多。此时孔颖达主持编撰的《五经正义》可谓儒学史上的里程碑。清代孔氏家学全面繁荣，在经学、文学、训诂学等多个方面都取得了巨大成就。孔氏家学的繁盛，带动了诗礼家风的升华与醇厚。

孔氏家学传承发展主要依靠的是家教。孔氏家族形成了全面、科学、严明的家教系统。从家庭内父母兄长的言传身教，到家族的族规族训，再到家学性质的学校教育，孔氏家族内处处洋溢着重教的风气。通过严明的家教，孔氏诗礼家风也得到传承发展。孔氏诗礼家风，促使孔氏家族在两千多

年的历史中人才辈出、家族兴盛，也成为古代众多家风体系
的典范，是众多家风体系得以形成的根基。众多家风体系是
在孔氏家风的基础上建立起来的，特别是孔子弟子、门人等
的家风系统。

　　颜子与父亲颜路都学于孔子，颜子更为优异，是孔子最得意的弟子，被评为德行第一。颜子好学乐道的精神多次得到孔子及同门的赞赏，也成为后世称赞、学习的美德之典范。颜子深受孔子重仁重德思想的影响，着力于仁德思想的养成与实践，对后世儒家影响很大。同时，颜子仁德思想深深影响了其子孙后代，家族形成了以仁德为特色的家风。颜子最早配祀孔子，在唐代曾被封为亚圣，明代被封为复圣。颜子仁德家风便成为邹鲁地区圣人家风之一。

　　颜子后裔继承颜子思想，形成了繁盛的颜氏家学。家学成为仁德家风长盛不衰的重要载体。而且，颜氏家族尤其重视家教，两晋南北朝时颜含制"靖侯成规"，颜延之作《庭诰》，颜之推著《颜氏家训》，逐步形成系统的家教体系，将颜氏家教推向顶点，名扬古今。清朝颜光敏又著《颜氏家诫》，进一步丰富了颜氏家教。这些家教典籍对颜氏家族具有重要的教化规范作用，保障了仁德家风更好地传承发展。颜子仁德家风不仅孕育培养了众多德才兼备的英才，引领颜氏家族走向兴盛，而且成为中华优秀传统文化的重要内容，对当代文化建设仍具有启发意义。

第一节　复圣颜子仁德家风的养成

颜子的父亲颜路属于春秋时期鲁国的下层卿士，先祖颜友为小邾国君主，不知哪一代迁到鲁国，家道虽败落，但仍有重德好学的风气。颜路拜孔子为师，心服孔子的思想，把颜子也早早送到孔门学习。颜子对孔子思想领悟深刻，得孔子真传，以德行、好学著称，得到同门弟子的信服与爱戴，被称为七十二贤之首、三千弟子之冠。颜子虽早逝，没有出任高官，也无著作留世，但是仍然受到人们的尊崇，不断被朝廷追封。颜子的高尚品德和精神境界深深影响了其子孙后代，尤其是他的仁德思想成为颜氏家族的家风特色。

一、颜子家世

颜子，名回，字渊，又字子渊，春秋时期鲁国人。传说颜子的先祖出自黄帝轩辕氏。黄帝的后裔传到第七代陆终时，生六子，第五子晏安为曹姓，建邾国，在今山东邹城、济宁、滕州、费县一带。历经夏、商至周代，周武王将原邾国晏安后裔侠封为邾子国。六传至夷甫，字伯颜，《公羊传》称他为颜公。颜公因助王师讨伐有功，被周宣王封为公爵，颜公次子友被别封郳，国名小邾，与鲁国相邻。友被分封后，依照惯例，以父的字"颜"作为氏，史称颜友。

周代各诸侯国的文化有所不同，邾国作为黄帝后裔，将《易》作为教学的主要内容。小邾国国小力弱，后成为鲁国的附庸国，文化上也发生了变化。如颜景琴指出："小邾国的国学也就演化为颜氏家学。《易》也就顺理成章地被列为颜氏家学的教学内容之一。"①《易》成为颜氏家学的内容，这是可信的。但颜氏家族的文化远远跟不上时代需要，这些颜氏卿士多具有好学的品格，希望通过拜师，得到更多文化学识。在这种环境中成长起来的孔子母亲颜徵在，自然也受到影响，注重培养孔子，在孔子幼年时期便为他种下了好学、重视文化的种子，为他最终走上圣坛奠定了一定的基础。

孔子学有所成，在鲁国兴办私学，招收了大批弟子，正所谓"弟子盖三千焉，身通六艺者七十有二人"（《史记·孔子世家》）。其中，颜氏一族就有九人，包括颜路、颜回、颜幸、颜祖、颜之仆、颜哙、颜高、颜何、颜浊邹。除了颜浊邹，其余八人都是鲁国人。他们之间的辈分、亲疏虽然已无法考证，但都是小邾国的后人是无疑的。颜氏家族形成的良

---

① 颜景琴：《颜子与〈易〉》，《颜子研究论丛》，齐鲁书社，2003 年，第 66 页。

好学风在孔子这里得以进一步强化。颜氏好学的精神帮助他们在孔门中进步迅速，颜路、颜回父子就是其中的佼佼者。

颜路是颜友的十七世孙，字季路，又称颜无繇，小孔子六岁，已下降为鲁国的卿士，居住在鲁国的陋巷，以"郭外之田五十亩""郭内之田十亩"（《庄子·让王》）维持生计。就当时的情况来说，颜路这些田地收入仅够衣食所需，家境清贫。孔子开始在阙里授学时，颜路便投师门下，成为孔子早期弟子。

颜路娶齐姜氏，生子颜回。虽然没有明确资料记载颜路教子，但颜路学于孔子，常诵读诗书典籍，对颜子有垂范身教之便，必然具有潜移默化的影响。清代熊赐履所著《学统正统·颜子》中写道："颜子生而明睿潜纯，有圣人之资。十三岁从学于孔子。"[①] 颜子生来聪明睿智，有圣人天资，这是中肯的认识。更决定颜子命运的是，他13岁被父亲颜路送到孔子门下，接受教育。孔子当时收徒的标准是"自行束脩以上"，要到15岁以上才可入学。可见，颜子是被破格招收的。由此可知两点：一、颜路十分重视对颜子的教育，想让他早些接受良好的教育；二、颜路对孔子的思想和学问充分认可，毫不犹豫地选择了孔门。颜路这一思想导向和明智做法对颜子的影响是巨大的。

父子共学于孔子，所学相同，所思相近，信念志向一致，

---

① 熊赐履：《学统·正统》，《孔子文化大全》，山东友谊出版社，1990年，第164页。

家庭中的氛围自然也是和谐温馨、积极向上的。这种家庭氛围和风气，也在滋养着颜子，给予他更加坚强的后盾支持，为他"一箪食、一瓢饮，在陋巷，人不堪其忧，回也不改其乐"（《论语·雍也》）的向学志向增加了力量。

二、师事孔子

颜子一生大部分时间跟随孔子学习，由初入师门时的"不违，如愚"，到成为孔门"德行第一"，进步可谓最快。二十多年间，颜子跟着孔子学经典、习礼仪，陪同孔子仕鲁、周游列国、整理典籍等，师徒两人思想上共同成长，渐趋一致。

（一）入师孔门

颜子 13 岁入学孔门，当时是孔子弟子中年龄最小的，加上颜子本就敦厚内敛、寡言多思，起初在众多弟子中并不出色。孔子观察了他一段时间，说："吾与回言终日，不违，如愚。退而省其私，亦足以发，回也不愚！"（《论语·为政》）颜子对孔子所讲内容没有任何反对意见，好像很愚笨。孔子考察他听后的言行，发现他又能够将所学加以应用发挥。孔子不禁感叹：原来颜子不愚笨啊！这是孔子对颜子的最初印象。

颜子勤学好问，知识学问与道德修养进步非常快。渐渐地，孔子对他的态度发生了转变，说"吾见其进也，未见其止也"（《论语·子罕》），认为颜子一直在进步，从没有停止过。以至于后来，孔子不得不对颜子的智商也重新认识，问以聪明著称的子贡："你和颜回谁更聪明?"子贡答:"赐也何敢望回。回也闻一以知十,赐也闻一以知二。"(《论语·公冶长》)子贡说自己不能与颜子相提并论,颜子聪明过人,能闻一知十,自己只能闻一知二。孔子听后,很赞同子贡的观点,说"弗如也,吾与女弗如也",自叹自己也不如颜子。在孔子心中,颜子从不愚,成为极聪慧之人。可见"颜子生而明睿潜纯,有圣人之资",并非夸大之词。颜子给人愚的感觉,也许只是被他温柔敦厚、好学不已的良好德行遮盖了。

《孔子家语·贤君》记载,颜子将西游宋国。[1] 临行前,颜子向孔子请教用什么立身。孔子说:"恭、敬、忠、信而已矣。恭则远于患,敬则人爱之,忠则和于众,信则人任之。"要做到恭敬有礼、忠信诚实,来加强自身的修养。谦恭会远离患难,敬人会得到他人的敬爱,忠厚能与众人和谐相处,诚信会得到他人的信任。颜子将孔子的教诲铭记于心,身体力行。

颜子聪慧好学,能清楚认识到孔子的智慧与伟大,亦步亦趋地跟随左右。《论衡·讲瑞》记载,少正卯能言善辩,善于蛊惑人心,也在鲁国开办私学。孔门弟子多有转而投奔少正卯的,以至于"孔子之门,三盈三虚"。唯独颜子坚定不移地追随孔子,因为独有颜子知道孔子是人中之圣,所讲所行都是人间大道。

─────────────

[1] 关于西游的目的,人们有两种说法:一说是去宋国向戴氏求婚,一说是为官。求婚一说更接近事实,因他西游的这年娶妻。

孔子任鲁国中都宰、司空、大司寇期间，颜子都追随其后。一方面学习孔子为政处世之道，一方面尽其所能帮助孔子做一些事务，如堕三都等，助孔子实现理想抱负。跟随孔子学习十多年，颜子由少年成长为青年，积累了丰富的文化知识，对孔子的思想也有深入领悟。

（二）随师周游

鲁定公十四年（公元前496），孔子带领颜子等众弟子离开鲁国，开始了长达十四年的列国之行。这期间，颜子陪伴左右，共同寻求救世治国的方法和真理。尽管途中的艰辛和困难不可尽数，颜子仍是"夙兴夜寐，讽诵崇礼，行不贰过"（《孔子家语·在厄》），早起晚睡诵读经典，练习礼仪，严于律己，行为不会犯第二次错误，遇到不懂的问题，便请教于孔子。师徒间的感情日益深厚，所思所想也日益相近。

如，《论语·先进》记载："子畏于匡，颜渊后。子曰：'吾以女为死矣。'曰：'子在，回何敢死。'"这段话的大致背景是，孔子一行被匡人围困多日，而颜子因为其他事务落在了后面。孔子非常担心颜子的安危，见到颜子后，不禁说道："我以为你死了呢。"颜子安慰孔子说："老师在，我怎么敢死呢。"师生间深厚的感情溢于言表。

再如，鲁哀公六年（公元前489），孔子师徒被围困在陈、蔡两国间，绝粮多日，弟子们多因饥饿、劳顿病倒，不免意志消沉。孔子找来三个得意弟子子路、子贡、颜子谈话，问："是我主张不对吗？为什么会受困至此？"子路认为老师在思想上不够完善，所以主张不被采纳。子贡说老师的标准太高，应该降低要求。颜子却说："夫子之道至大，故天下莫能容。虽然，夫子推而行之，不容何病？不容然后见君子！夫道之不修也，是吾丑也；夫道既已大修而不用，是有国者之丑也，不容何病？不容然后见君子！"（《史记·孔子世家》）颜子认为老师的主张是极为伟大的，所以天下人不能够认识理解。即便如此，老师也要推而行之，不被容纳那是执政者的耻辱，不容才显示出君子的修养。颜子的一席话道出了孔子的心声，是对孔子思想深刻的体认，也是对孔子的理解与支持。可以说，孔子与颜子之间心灵相通、志向相同。所以，孔子也赞扬颜子说：颜氏之子，如果将来你发达了，我愿意做你的管家。

绝粮七日，子贡费尽周折，终于弄到一点儿米。颜子做饭时，有灰尘掉到饭里，他便把有灰尘的饭取出吃了。这一幕被远处的子贡见到了，他以为颜子在偷吃，便将所见告诉了孔子。孔子不相信颜子会如此做，说"吾信回之为仁久矣"（《孔子家语·在厄》），坚信颜子具有仁德，不会干出偷食这种事，其中必有缘故。然后，孔子委婉地对颜子说要用饭祭祀祖先。颜子说不可，因饭中有灰，怕扔了可惜，就把脏的饭吃了，这饭就不能祭祖了。孔子再次说："吾之信回也，非待今日也。"在长期的相处中，孔子对颜子的了解已经特别清楚，对颜子的评价也益高。

周游列国十四年，颜子跟随孔子辗转多个国家，经历了许多失败和挫折。虽历经艰辛，但孔子没有停止对弟子们的教育，颂诗习礼不断。颜子从中学到了很多知识与道理，进一步提升了人格境界。

（三）归鲁助师

鲁哀公十一年（公元前484），孔子率弟子们回到了鲁
国，以整理古书典籍、授徒教学为主。颜子没有如其他弟子
那样入仕为官，仍然跟随孔子，协助整理"六经"古籍、讲
学授课等。

颜子将周游列国时所得资料，与以前所学典籍加以参证、
整理，使其更为完整信实，特别是对于《易》的整理。《易》
作为颜氏家传之学，颜子接触较早。西汉扬雄的《法言·问
神》记载："颜渊弱冠，而与仲尼言《易》。"颜子20岁便与
孔子谈论《易》，可知他那时已经对《易》有了较深了解。
《易传·系辞下》中，孔子赞颜子道："颜氏之子，其殆庶几
乎？有不善未尝不知，知之未尝复行也。"称赞颜子有贤德，
说他不仅有知自己不善的智慧，而且有知不善迅速改过的能
力。颜子是从《易》中学到这些智慧能力的。《易传》中提
到颜子，当是因为他参与整理《易》。

除了整理典籍，颜子还讲学授徒。曾子病重，对儿子曾
华、曾元说："微乎，吾无夫颜氏之言，吾何以语女哉！"
（《大戴礼记·曾子疾病》）曾子临终感叹，没有颜氏的言语，
怎么来告知你们这些道理啊！这里的颜氏当指颜子。也就是
说，曾子所学知识有一部分来自颜子的传授，从而心服颜子，
受到颜子很大的影响。颜子与曾子的思想确有许多相近之处，
如都重仁、好反省、守礼等。这也可见颜子思想深刻、学识
广博，在弟子中具有很大的影响力，以至于孔子说"自吾得

177

回也,门人益亲"(《史记·仲尼弟子列传》),颜子使门人间关系更为亲密了。可以说,颜子作为孔门德才兼备的优秀者,完全有能力也最为适合辅助孔子讲学。

颜子死后,《论语·先进》中写道:"门人欲厚葬之。子曰:'不可!'门人厚葬之。"对门人,有多种说法,有学者认为当为孔子的再传弟子,也有人认为是颜子的弟子。弟子对颜子的死深表哀痛,不听孔子的嘱咐,厚葬了颜子,这也是极有可能的。另外,《韩非子·显学》记载,孔子死后,儒分为八,其中有颜氏之儒。学者多认为,颜氏之儒应是由颜子开创,后由他的弟子建立起来的儒学分支。

鲁哀公十四年(公元前481),颜子年仅41岁便去世了。这让一直积极乐观的孔子悲恸万分,大呼:"天丧予!天丧予!"(《论语·先进》)老天要我的命啊!老天要我的命啊!这一痛呼说明了颜子对孔子的极端重要性,也说明了颜子在孔门的重要地位。颜子虽然早逝,没有著作留世,也没有担任高官,却因为优于德行修养,思想深邃,赢得了孔子与孔门弟子的尊敬,成为孔门翘楚。

三、颜子思想

入孔门后,颜子就一直跟随孔子左右,师生答问间教学相长,颜子的学识涵养得到快速提升。颜子与同门交流论学,日益进步。所以,颜子虽没有专门著述传世,但他与孔子及同门的各种答问、他人对颜子的记述等,存在于多部古代典籍中。从这些材料典籍中,后人也可以识得颜子的人生经历与思想观点。颜子德行高尚、学识广博、思想深邃，其品德思想主要表现在以下几个方面。

（一）仁者自爱

仁是孔子思想的核心，被认为是人的最高精神境界，常人很难达到。就连孔子也自言"若圣与仁，则吾岂敢"，不敢说自己做到了仁。孔子很少以仁来称赞人，弟子中唯独颜子得到了"仁"的赞许。这便是"回也，其心三月不违仁，其余则日月至焉而已矣"（《论语·颜渊》）。此句夸颜回能做到心中多个月不违仁，其余的人只能少则一天多则一月做到而已。《淮南子·人间训》中则记载，孔子称颜子"仁人也"。也就是说，颜子具有仁德。那么，颜子如何能够做到仁？关键的一点是他对仁有深刻的认识。

孔子向颜子、子贡、子路问智者、仁者问题的典故，在《荀子·子道》与《孔子家语·三恕》中都有记载。子路认为"知者使人知己，仁者使人爱己"，子贡认为"知者知人，仁者爱人"，颜子认为"知者自知，仁者自爱"。孔子对这三种观点不是等量齐观，并对子路、子贡、颜子三人分别给予了"士""士君子""明君子"的差异化评价。显然，视颜子为"明君子"是更高一些的评价。因为在那个时代儒家的话语系统中，"明"是仅次于圣的字眼。

"仁者自爱"，不同于子路说的"仁者使人爱己"。不论如何"使人"，单就"爱己"而言，爱不能自给，希望他人施与，不是求诸己而是求诸人，显然不是孔门儒者所倡导的。

樊迟问仁、问知时，孔子给予的解答是"爱人""知人"

（《论语·颜渊》）。而此处，孔子没有给同样答案的子贡最高评价，却对颜子评价最高。孔子为何如此评价？这是因为颜子倡导"仁者自爱"，并不违背孔子"仁者爱人"的仁学主旨。1973年甘肃省金塔县肩水金关遗址出土的汉简《论语》有这样的语句："子曰：自爱，仁之至也；自敬，知之至也。"由此可知，孔子已将"自爱"视为仁的内涵，并许以"仁之至"，亦即最高的仁。颜子追随孔子亦步亦趋，有"闻一知十"的领悟力，自然会有先闻而后发的表现。

"爱人"涵盖"自爱"，"自爱"不违"爱人"。在颜子看来，"自爱"先于"爱人"，为什么？这是因为颜渊深刻领悟孔门倡导的推己及人的伦理原则，深知个体在人己关系中的重要性。孔子对颜子说"为仁由己，而由人乎哉"（《论语·颜渊》），意在告诉颜子为仁应该在人己关系中考虑讨论。孔子特别重视"修己"，要求弟子从"德"和"学"两方面加强"修己"。颜子独树"仁者自爱"的旗帜，是因为仁爱呈现于人己关系，必从己出发，以"自爱"为起点。一个人如果无暇自爱，必定也无暇爱他人；如果自爱的欲望不足，自爱的能力有限，必定爱他人的欲望也不足，爱他人的能力也有限。颜子亮出"仁者自爱"的观点，目的就在于提醒人们已知"仁者爱人"，不可不知"仁者自爱"，自爱是仁爱的起点。

自爱需由自我心中产生，涌动于自身，让自己体验到温暖、力量等爱的情感，进而涵养自身。也就是说，自爱是存养自身之美善，使自己圆满、自由，具有君子之质。如果没有自爱，便不会感觉到它的美好和伟大，不具有或匮乏爱的能力，如此便很难真正给予他人爱，做到爱人，也不容易感受到他人的爱。爱满自溢，当自身的爱足够多时，就自然会给予周围的人、事、物，由自爱而爱人。"爱人者，人恒爱之"（《孟子·离娄下》），做到自爱，爱人、被爱如水到渠成，不求而自然得以实现。这是一个由内而外的有序过程，自爱是仁的本源所在。

为仁由己，而不是靠别人。人己关系中的己，只是仁爱主体的代称，无论何人，哪怕是小人，也可以效法君子，"我欲仁，斯仁至矣"，从而成为仁爱的主体。正因为任何一个人都可以成为仁爱的主体，面向众人施与其爱，即"泛爱众"，自然他也可以反躬自爱，而且还不可或缺反躬自爱。

既然仁者自爱，如何实现仁呢？孔子告知颜子："克己复礼为仁。"（《论语·颜渊》）一旦做到了克制自己，使言行举止合于礼，就是仁了。对具体实施仁的条目，孔子提出："非礼勿视，非礼勿听，非礼勿言，非礼勿动。"即言行举止要合于礼。"礼者，理也。"合于礼，就是按照理行事，无过错，恰到好处。这是自爱的基本要求。颜子牢记孔子的教诲，终身按照老师的话去做，切实加以践行，故而能够做到"其心三月不违仁"，成为具有仁德的君子。

（二）中庸之德

中庸是儒家的最高智慧和道德境界。孔子认为："中庸之为德也，其至矣乎！民鲜久矣。"（《论语·雍也》）中庸是最高的美德，很少有人能够长久做到中庸。常常是"择乎中庸而不能期月守也"，即选择中庸之道，连一个月也坚持不到。在孔子心中，能够长久做到中庸之道的，除了舜，就是颜子了。孔子赞道："回之为人也，择乎中庸，得一善，则拳拳服膺而弗失之矣。"（《中庸》）颜子能够做到中庸之道，在于他能够得到善行善言，并将善的行为、方法、品德等牢牢铭记于心，不让它们失去，越积越多。

"得一善，则拳拳服膺而弗失之矣"，是颜子追求中庸的途径和方法。"得一善"与"弗失之"，这个过程也正是学与习的积累过程。颜子自觉追求善，"得一善""弗失之"也是主动、积极的过程。在这种内在主动的驱使下，颜子好学不倦，使德识不断进步，如孔子所言"吾见其进也，未见其止也"。当然人都会犯错，连孔子也自言"丘也幸，苟有过，人必知之"（《论语·述而》），以欣然的态度接受错误、改正错误。颜子也难免有过，但贵在"不贰过"，能够积极改正错误，不再犯错，走向善。

通过这些方式，颜子不断积累善，日渐聪慧，由最初的"不违，如愚"，到后来的"闻一知十"，达到"有不善未尝不知，知之未尝复行也"（《易·系辞下》）。这便达到了中庸之智、中庸之德。因为具有中庸之德，所以能够分清善与不善、见微知著，能够洞察事物的真相，进而作出正确的判断与选择，行为中正，达到中和的状态。故而，孔子对颜子说："用之则行，舍之则藏，惟我与尔有是夫。"（《论语·述而》）能够在用与舍之间，作出行与藏的恰当抉择，只有孔子与颜子了。中庸之德，为颜子提供了智慧的源泉，保证了他的思想与行为中正不偏。

(三)以德治国

颜子虽没有从政，但在跟随孔子的过程中，也是关心政治、参与政治的，对为政治国有深入的思考和认识，进而具有了从政的才干。他曾向孔子问为邦，孔子说："行夏之时，乘殷之辂，服周之冕。"(《论语·卫灵公》)也就是说，治国为邦要兼取夏的历法、殷商的车、周的冕服，意在要积极汲取三代的长处，综合运用。

颜子也曾有出仕的愿望。如，《孔子家语·致思》写道："回愿得明王圣主辅相之。"也就是说，颜子想辅助明王圣主。颜子聪敏好学，也有从政的能力。《史记·孔子世家》记载，楚国大臣令尹子西问楚昭王："王之辅相有如颜回者乎?"楚昭王答没有。由此可见，颜子的治国才能在当时已经传扬到了楚国，受到国君的认可。

孔子曾说颜子可以"用之则行"，也就是肯定颜子有从政治国的能力。《孔子家语·致思》记载，孔子要颜子、子路、子贡三人谈论志向。颜子说："回愿得明王圣主辅相之，敷其五教，导之以礼乐，使民城郭不修，沟池不越，铸剑戟以为农器，放牛马于原薮，室家无离旷之思，千岁无战斗之患。"颜子主张为政治国要施行父义、母慈、兄友、弟恭、子孝这五种教化，用礼乐教导众人，使国家长年无战争之祸，让百姓不用修城郭、沟池来御战，安心生活，专心于农业生产，无征战离别之苦。孔子认为颜子的做法"不伤财不害民"，也不用说太多话，最为可取，不禁赞道"美哉! 德也"。

颜子以上所言志向正符合以德治国的理念，是对孔子"为政以德"的继承。所以，孔子说："吾所愿者，颜氏之计。吾愿负衣冠而从颜氏子也。"（《说苑·指武》）孔子不但赞同颜子的想法，而且愿意跟随颜子，做他的下属。这是孔子的自谦之辞，也是对颜子为政思想的充分肯定和赞许。

德治思想是颜子思想的重要部分。《韩诗外传》对颜子为政之道作了集中阐述："教行乎百姓，德施乎四蛮……于是君绥于上，臣和于下，垂拱无为，动作中道，从容得礼。言仁义者赏，言战斗者死。"由此可知，颜子的德治思想内涵丰富，教化百姓、德行四方、无为而治、中道而行、礼义规范等众多内容，都融合在治国理念中。有国才有家，国家治理好，家庭才能得以安宁、和顺。所以，儒家提倡"学而优则仕"，颜子学而优，虽没有出仕为政，却对为政深有所思，其思想对后人也具有重要的指导意义。

"仁者自爱""中庸之德""以德治国"，可谓颜子思想的精华。这三点可以用"德"与"仁"来概括，简称"仁德"思想。在仁德思想的引领下，颜子形成了美好的德行和高尚的品格。这使他不仅得到孔子及同门的赞赏，而且得到后人的无限尊崇，配享孔子、追封谥号、诗文赞赏等从未间断。如，贞观二年（628），唐太宗尊颜子为"先师"，确立了颜子配享孔子的先师地位。开元二十七年（739），唐玄宗敕封颜子为"兖公"，称之为亚圣，并亲自撰写赞颜子文。宋儒大倡"孔颜乐处"，颜子精神更受称许。至顺元年（1330），元文宗加封颜子为"兖国复圣公"。明嘉靖年间，颜子被尊为"复圣"。"复圣"的称号一直沿用至今。颜庙外石坊上的"优入圣域""卓冠贤科"，也恰如其分地标示着颜子的地位与尊荣。

四、仁德家风的养成

颜子因仁德思想受到孔子及同门的敬重，并且名扬千古、流芳百世。颜子这些思想及行为对儿子颜歆具有重要的榜样示范作用，带动家庭形成了学习并践行仁德的风气。推延开去，颜子的仁德思想对颜氏家族家风的形成也具有奠基作用，决定了颜氏仁德家风的特色。颜氏仁德家风内涵丰富，主要呈现为尊师重教、安贫乐道、好学多识、克己复礼等多个方面。

（一）尊师重教

自 13 岁拜师于孔子，颜子对孔子就充满了敬意，对孔子的思想从来没有怀疑过，无论遇到多大的困难和挫折，一直跟随孔子左右。少正卯蛊惑人心，孔门"三盈三虚"，独颜子知孔子为圣人，毫不动摇。十四年的列国之游历经艰辛，连跟随孔子时间较长的子路、子贡都对孔子的思想有所怀疑，颜子却坚信"夫子之道至大"。

颜子越是潜心向学，越是认识到孔子思想的伟大，不禁赞叹道："仰之弥高，钻之弥坚，瞻之在前，忽焉在后。夫子循循然善诱人，博我以文，约我以礼，欲罢不能，既竭吾才，如有所立卓尔。虽欲从之，末由也已。"（《论语·子罕》）颜子觉得孔子的思想，越仰望越觉得高远，越钻研越觉得深奥，看着在前面，忽然又在后面，高深莫测。孔子在教学中循循然善诱人，教弟子博通文章，又让他们以礼来约束自己。颜子想停止学习，都停不下来，已经用尽了才力，却发现孔子的道依然立在前面，引领众人追随。由此可知，颜子对孔子理解深刻，由衷地敬慕孔子，亦步亦趋地向孔子学习。

因为倾慕和爱戴，颜子对待孔子就像对待父亲。正如《吕氏春秋·劝学》所言："颜回之于孔子也，犹曾参之事父也。古之贤者与，其尊师若此，故师尽智竭道以教。"曾参至孝，事父亲尽心竭力。颜子对孔子的尊敬达到了曾参事父的程度，是尊师的最高境界。孔子感知到颜子的敬重之情，说"回也，视予犹父也"（《论语·先进》），愿意竭尽所能教诲他。师生间感情笃厚，可谓师生关系的楷模。

颜子尊重孔子，忠心信奉孔子的思想，并对其思想理念加以积极实践。孔子思想的核心内容是仁，颜子的思想核心也是仁，并积极修养仁德。孔子的人生目标是"老者安之，朋友信之，少者怀之"，使人人安乐，人与人之间诚信友善。颜子的人生目标是"室家无离旷之思，千岁无战斗之患"，无战争离别，人人能安居乐业。两人的志向具有一致性。对孔子思想的继承和发展，是颜子践行的最高的尊重。

孔子重教，首创私学，培育弟子三千。颜子跟随孔子多年，由单纯的学，到后来助师讲学，对教育也是格外重视。《孔子家语·致思》记孔子师徒言志，颜子说"回愿得明王圣主辅相之，敷其五教，导之以礼乐"，愿意辅助明君，首要在施以教化，用礼乐来教导民众。可见，颜子已经认识到教育的重要性，积极推行教化。在家庭中，颜子自然也重视对儿子的教育，在家族中养成重家教的风气。这种重教的风气经过多年的沉淀发展，在魏晋南北朝时期达到了成熟，有了集中展现。

（二）好学多识

弟子中，孔子称赞最多的莫过于颜子，赞他最多的是好学。鲁哀公问孔子："弟子孰为好学？"孔子答："有颜回者好学，不迁怒，不贰过，不幸短命死矣，今也则无，未闻好学者也。"（《论语·雍也》）鲁国季康子问同样的问题，孔子再次回答："有颜回者好学，不幸短命死矣，今也则无。"（《论语·先进》）在孔子的心中，颜子最为好学，颜子死后再也没有如此好学的人了。

颜子好学，首先是好学不厌。追随孔子二十多年，颜子不断进步，永不停滞，让孔子不禁赞道"吾见其进也，未见其止也"（《论语·子罕》）。子贡评论颜子："夫能夙兴夜寐，讽诵崇礼，行不贰过，称言不苟，是颜回行也。"（《孔子家语·弟子行》）也就是说，长期早起晚睡、诵书习礼、行不贰过、言语谨慎，这些是颜子的德行。子贡与颜子同学多年，对他的评价自然真实可靠。

颜子好学，其次在不耻下问。颜子不仅向孔子请教问题，如问"仁"、问"成人"、问"为邦"等，而且向不如他的人求教，更显他谦虚好学。曾子曾言："以能问于不能，以多问于少。有若无，实若虚，犯而不校。昔者吾友尝从事于斯矣。"(《论语·泰伯》)这里的"吾友"指的就是颜子。在曾子眼中,颜子有才能、博学多识,却向没有才能、知识少的人请教,有学识如同没有学识,充实如同空虚,别人冒犯了他,他也不计较。这种谦虚若谷、谦卑好学的品行,让曾子钦佩不已。这种行为态度是对孔子"三人行,必有我师"的最好实践。

颜子好学,还在于他善于自省反思,做到学思结合、学用结合。对孔子所讲知识,颜子悉心听取,看似"不违""如愚",实际上能"退而省其思",仔细思考、消化,将所学内容融会贯通,达到有所体悟与发挥。这是颜子能够触类旁通、闻一知十的主要原因。所以,颜子好学,不是死学,而是反思自省,学以致用。如,颜子向孔子问仁后,说"回虽不敏,请事斯语矣",表明自己虽然不聪敏,但会遵照老师说的去做。对孔子的思想,颜子能加以体悟理解、力行实践,这是难能可贵的好学。

总起来看,颜子自身聪慧,却又好学不已,不断反思精进、不耻下问、积极实践,所以能深入体会到孔子学说的思想精髓,与孔子心思相通。这一好学的品质让颜子成为越来越优秀的人,成为继孔子之后的圣人。这种好学的风气深深影响了颜子子孙,成为颜氏家族的重要品格,让家族保持长久兴旺。

(三)安贫乐道

颜子年轻时家境清贫,家里虽有"郭外之田五十亩""郭内之田十亩",收入勉强维持衣食所用,生活并不宽裕,但是颜子自得其乐。对此，孔子赞叹道："一箪食，一瓢饮，在陋巷，人不堪其忧，回也不改其乐。"（《论语·雍也》）粗茶淡饭，身居陋室，很多人不堪这种清苦的生活，颜子却乐在其中。这与孔子"饭疏食饮水，曲肱而枕之，乐亦在其中矣"（《论语·述而》）的人生态度，有异曲同工之妙。后人将此人生境界称为"孔颜之乐"。

这个"乐"是什么？《庄子·让王》中写道："鼓琴足以自娱，所学夫子之道足以自乐也。"认为颜子之"乐"来自"夫子之道"，属于儒学思想。这种说法可谓恰如其分。颜子对"夫子之道"深信不疑，认为是世间大道，并从中体会到了思想的美好伟大，所以，即使处于贫穷的生活中，颜子内心也感到非常愉悦。这是一种忘却小我口腹之欲，寻求世间正道的高尚境界。

进一步来说，颜子所乐之道是孔子的仁道。孔子说："志士仁人，无求生以害仁，有杀身以成仁。"（《论语·卫灵公》）有志向的仁人，不会为了生存而损害仁德，宁肯牺牲自己的生命也要成就仁。颜子追求的是仁德，箪食瓢饮的穷苦生活自然不会成为他担忧的内容。"求仁而得仁，又何怨"，颜子因寻到仁德的美好，所以没有对贫困生活的怨，有的只是对生命的乐。这是一种极高层次的追求和向往，是属于更高层次的精神世界的建设，满是胸怀天下国家的情怀。

以至于孔子评价颜子道"回也其庶乎"（《论语·先进》），认为颜子的学问修养都接近道了。与颜子形成对比的是子贡。子贡虽然生意做得很好，生活富裕，但在学识修为上还差得远。两人具有不同的禀赋与喜好，从而有了不同的成就与人生。子贡获得了当世的财富与地位，而颜子得到了后世的尊崇与敬仰。长远来看，德比财具有更为重大的价值和意义。

颜子对孔子之道的向往、对仁德的不懈追求，深深影响了颜氏家族，使仁德之风在家族中长盛不衰，成为显著的家族风格。颜氏家族的志书取名《陋巷志》，便寄寓着家族安贫乐道的风气。

（四）克己复礼

颜子心之所往在孔子思想，所乐之道在孔子仁道。他自然会问孔子怎么达到仁。孔子回答："克己复礼为仁。一日克己复礼，天下归仁焉。"（《论语·颜渊》）做到"克己复礼"就能做到仁。一旦都能做到克己复礼，天下就能归仁。这一回答具有重要的意义，不仅指出了仁与礼这两个重要概念的相互联系，而且充分肯定了人的主动性。孔子曾言："人而不仁，如礼何？"人不具有仁德，称不上礼。反过来，做到"克己复礼"，约束自己，使行为合乎礼的要求，才能达到仁的境界。不合乎礼，自然也称不上仁。仁与礼是紧密结合在一起的。"克己复礼"的关键在"己"，"为仁由己"的关键也在"己"，也就是要实现"克己""为仁"，都在自己身上，依靠自己去实现。这不仅从根本上解决了仁与礼的关系问题，而且找到了实现仁与礼的根本所在。这根本便是自己的意愿和能力。

孔子这样回答颜子，是因为孔子知道颜子具有潜心向学的愿望，善于自我反思，有能力克制自己的私欲，并能够身

190

体力行，使自己的言行举止合乎礼。颜子又问"克己复礼"的具体方法，孔子告诉他要"非礼勿视，非礼勿听，非礼勿言，非礼勿动"，须在日常的视、听、言、动中自觉遵循礼。颜子铭记老师"克己复礼"的教诲，不断克己，达到了"以礼自闲"的程度，能轻松地用礼来自我约束，如此，也就做到了孔子所说的"其心三月不违仁"。颜子"克己复礼"的求仁方法在家族中流传开来，成为家族的美德和良好风气。

综观颜子尊师重教、好学多识、安贫乐道、克己复礼这些行为品格，可以将它们进一步划分，分为内外两个向度：尊师重教和好学多识，是外在的获得过程；安贫乐道和克己复礼，是内在的修养阶段。这两个向度是相辅相成、交错在一起的，由尊师、好学获得丰富知识储备，再通过自身的实践、涵养，化为个人的品行思想。最后，再将学识修养展现为良好的德行，达到至德的境界。

再来回顾颜子的家庭，父亲颜路先入学孔门，家中便有了儒学的气息，颜路把颜子送到孔子那里，家中的儒学氛围渐浓。颜子 21 岁时，生子颜歆。伴随颜歆的成长，颜子的学识不断精进、修养不断提升，家庭中仁德的风气日益浓厚。颜歆自幼耳闻目睹父亲、祖父的言行举止，自然会受到影响。尤其是颜子尊师重教、好学不已、克己复礼等德行，必然对儿子带来巨大的引领示范作用。在这样的家庭氛围中长大的颜歆，必然深受家庭的陶冶教化。虽然没有关于颜歆的更多记载，但是从以上家庭背景可以推测，他也是自幼学习儒家典籍，对儒学有所认识，有德行修养。颜歆曾任鲁大夫，也会把多年形成的仁德风气传承下去，将父亲颜子的思想传播下去，成为颜氏家学的重要部分。概而言之，颜子的德行涵养、思想理念决定了颜氏家族仁德家风的内涵和特色。

第二节　颜氏家学与家风

经过颜路、颜子、颜歆等几代人对儒学的传承，不仅在颜子家族内形成了仁德的家风，而且由颜子辅助整理或记有颜子言论的诸多儒家典籍，成为颜氏家学的重要内容。随着儒学的发展，颜氏家学也有了相应的发展变化，特别是魏晋南北朝和隋唐时期，颜氏家学发展到了鼎盛。这期间，家族中涌现了大批杰出的儒学大师，如颜延之、颜之推、颜师古、颜真卿等。他们创作出了大量优秀作品，极大地丰富和发展了颜氏家学，对儒学的发展也具有重要的推动作用。而且，由于学术水平的提高，家族中治学修德的氛围加强，颜子仁德家风也得以进一步提升和净化。宋元明清时期，颜氏家学的内容有所改变，诗词、家谱、志书等方面的内容逐渐增多，家学更加丰富。在家学的传承发展中，颜氏家族的仁德家风也在世世代代传递下去，并培养造就了无数优秀的颜氏子孙。他们好学乐道、修德养性、仁爱知礼，以儒学的研究发扬为主体，在多个领域有所成就。

一、秦汉时期家学的传承

秦朝重用法家，诸子百家多受到排斥，尤其是儒家备受打压。经过"焚书坑儒"后，儒学发展更是缓慢。颜氏家学此时也处于发展的低落期。西汉建立后，儒家学者积极向汉高祖刘邦推荐儒学。刘邦对儒学渐生崇敬之情，在公元前195年到曲阜以太牢祭祀孔子，并"以颜子配享孔子"，开启了帝王祭祀孔子、颜子的先河。汉惠帝时，封颜子十一代孙颜异为大夫，颜氏家族的地位逐渐上升。

汉武帝时，实行"罢黜百家，独尊儒术"的政策，设五经博士，专门传授儒家学说。儒学作为培养和选拔人才的重要标准，成为国家的统治思想。东汉时，统治者也是大力推崇儒家学说，尊崇孔子。汉章帝东巡过曲阜，以太牢祭祀孔子和颜子等，会孔、颜两氏子孙六十多人。汉安帝东巡时也到曲阜祭祀孔子、颜子。可见，在儒学受到尊崇的同时，颜子也备受重视，颜子家族也受到关注。但颜子家族此时人丁并不兴旺，"从颜回至二十二代孙颜亮均记为单传"，颜氏家族显得比较单薄。

由于汉末动乱，颜氏旧谱散佚，关于秦汉及以前的颜子后裔记载较少。颜氏家族志书《陋巷志》也仅记载颜子后裔的姓名及官职，对家学、家教、品行等较少提及。据《新编陋巷志》记载，颜氏自二世颜歆至七世颜岵均为鲁国大夫。①盖属世袭的较低官职。从八代颜卸至二十四代颜斐，大都居住曲阜，或高或低多有一定的官职。经过二十多代的传袭，颜子的德行思想在家族得到了沉淀、提升，涌现出颜异、颜

---

① 国伟、颜景琴主编：《新编陋巷志》，齐鲁书社，2002年，第88页。

驷、颜斐等品行高尚者。

颜异，字世仁，颜子十一代孙。《史记·平准书》记载，颜异起初为济南亭长，因为人正直、为官清廉，升为九卿。皇帝与御史大夫张汤讨论造白鹿皮币，问颜异的看法。颜异直言相告，认为王侯朝贺用的苍璧仅需数千钱，而用皮币要四十万，这是本末不相称。皇帝听后不高兴。张汤与颜异早有嫌隙，趁机奏颜异"腹诽"，即在心里诽谤，要处死颜异。颜异秉承先祖中正的仁德品格，宁死也不阿谀奉承。

颜驷，也作颜释，字季逸，颜子十四代孙。文帝时为郎，武帝时为尚书郎。武帝见他鬓眉皓白，问他为何这么老。颜驷回答："文帝好文而臣好武，景帝好老而臣尚少，陛下好少而臣已老，是以三叶不遇也。"意在告诉武帝，他为官多年，忠于职守，不谄媚事君，却不得重用。武帝被感动，提升他为会稽都尉。

《陋巷志》记载，颜子十八代孙颜龠"州举茂才"，因才学被举荐为秀才。二十代孙颜准，初出仕为从事，后来"复高尚不仕"，不求富贵权势，而重德行修为。二十一代孙颜阮因为学问道德，被任为著作郎，负责编修国史。从这几代颜子后裔来看，他们虽没有位居要职，学术上也没大贡献，但是能够继承先祖颜子的遗德，自觉研习、传承家学。正是经过这些代人不断积淀和成长，颜子家族才能逐步走向兴旺。

颜氏家族的兴旺是从二十三代颜敳开始显现的。颜敳"举茂才"，因学识修养被举荐为秀才，后升到御史大夫这一官职。颜敳有两个儿子颜斐、颜盛，在他的教育影响下都富有才华德行。此后，颜氏家族不仅人丁开始兴旺，家学也走向兴盛。

颜斐，颜子二十四代孙，字文林，东汉末期鲁人。南朝裴松之注《三国志》记有颜斐事迹：有才学，为太子洗马，黄初初年转为黄门侍郎，又升为京兆太守。他关心民生疾苦，下令各县整治田地，发展生产，注重保障民众生活。然后，他鼓励读书，创建学校，施行教化，使当地风化大行。颜斐为官正直清廉，不畏权贵，敢于为民请命，实践着颜子"无伐善，无施劳"的理想。所以，颜斐得到了百姓的拥护和爱戴，在他迁任平原太守时，吏民啼泣遮道，车不得前行，十多日才出界。颜斐去世后，京兆民众为他流涕，立碑留念，后世赞称"良二千石"。颜斐以实际行动践行着颜子仁民的德治理念。颜斐有两个儿子，都无后传。颜氏宗子地位便由其弟颜盛的后裔取代。

颜盛，字叔台，颜斐弟，初为东汉尚书郎，后为曹魏青州、徐州刺史，封关内侯。在黄初年间，举家从鲁（今曲阜）迁至琅琊（今临沂），开琅琊颜氏。颜盛以孝悌著称，其居所被称为孝悌里。"孝悌也者，其为仁之本与！"（《论语·学而》）孝悌作为实现仁的根本，也是颜子思想的重要组成部分。颜盛对孝悌的弘扬，正是对颜子仁德思想的实践。颜盛以其德行学识教化影响了后世子孙，使他们在学术与政治上有很大成就。颜氏家族也逐渐成为当地的名门望族。

秦汉时期的颜氏家族，不求显贵闻达，重在德行修养与家学传承。颜子作为儒家学派的领军人物，颜子家族传承的家学毫无疑问也属于儒学。在经学兴盛的时代背景下，此时颜子后裔中也有在经学上有成就者。如颜安乐，鲁国薛人，师承眭孟学《春秋公羊传》，是西汉春秋学的重要代表。

虽然颜子后裔在此阶段没有取得很大突破，但是能够将颜子思想代代传承，不断沉淀积累，为之后家族的振兴打下坚实的根基。同时，颜子的仁德思想也融入族人的思想行为之中，成为他们言行举止的指导，使家族传承仁德家风。

二、魏晋南北朝家学兴盛

魏晋南北朝时期，政权更替频繁，战乱不断，玄学兴起，佛学传入，儒学虽呈现出一定程度的衰落，但仍居于主要地位。一些当权者仍采取尊孔崇儒的政策，颜子也随之受到推崇。如，黄初二年（221），魏文帝以太牢祭祀孔子及颜子。北齐郡学多在坊内立孔庙、颜庙。颜子家族在社会中享有一定的地位。

经过先秦两汉数代的传承与积淀，颜氏家学在魏晋时期开始进入繁荣期，在南北朝时期取得了丰硕成果，不仅家族中优秀的学者增多，留下了丰富的著述文章，而且涉及广泛，在文学、史学、教育等多个方面都取得了很大成就。同时，颜子后裔步入政坛，有些还位居高位，功绩卓著。特别是南朝的宋齐梁时期，颜氏家族世代冠冕，拥有很高荣耀。在颜氏家族众多英才中，特别杰出者当数颜含、颜延之、颜之推和颜之仪等。

（一）颜含

颜含，字弘都，颜子二十七代孙，颜盛曾孙。颜盛东迁琅琊，因孝行美德赢得乡里的敬重，因刑罚公正清明，被赞"刑清齐右，政偃营区"。在颜盛高尚品行的影响下，颜盛四子皆有学问。长子颜钦经学造诣颇高，明《韩诗》《礼》《易》《尚书》等经典，并能将经典融会贯通，学者宗之。他曾任大中大夫、东莞广陵太守等，谥号"贞"。

颜钦生七子，都有才学，正如颜延之所赞"贞子七穆，比世称盛"。长子颜默，对经学尤有建树，任汝阴太守、护军，袭封葛绎县子。颜含是颜默的第三子，幼秉贞粹，以孝行著称于世，"以儒为行"，被封为西平靖侯。颜盛祖孙四代家学相承，孝行相习，加深了家族中好学向道、重德求仁的风气，引领着家族走向繁荣。

颜含自幼接受家学教育，善读书，对于书中内容心领神会，并与实际相切合。他对孝悌之道领悟尤深，"每读书，见孝友通灵之事，辄悽然改容"①。书中的孝友之事对他触动很深，不禁改变神态。颜含更可贵之处是能切实践行孝。长兄病重，生活不能自理，年少的颜含躬身照料，足不出户十三年之久。父母双亡。两兄去世，颜含负起家庭的重担。次嫂因病双目失明，颜含悉心照顾，"课励家人，尽心奉养，每日自尝省药馔，察问息耗"（《晋书·孝友传》），每天亲自尝药，经常询问病情，用心治疗，终使嫂子复明。颜含的孝友

---

① 李阐：《右光禄大夫西平靖侯颜府君碑》，《全晋文》卷一百三十三。

之举受到人们的赞赏。干宝《搜神记》就收录了颜含的故事，使他的孝行流传更广。琅琊郡想以孝廉举颜含出仕，颜含用事亲婉辞。这一孝悌精神是颜子仁德思想在家族中的发展，是自颜盛以来家族孝悌之风教化影响的结果。

家中安宁后，颜含出仕为幕府参军等。后随司马睿渡江南迁，在建康定居下来。颜含先后为上虞令、东阳太守等，"以儒素笃行"为太子中庶子，迁黄门侍郎、大司农等职，因讨伐叛军苏峻有功，封侯，拜侍中。后又为光禄勋、右光禄大夫等，可谓官位显赫。

颜含能够在战乱中被帝王重用，不断提升，在其才华品格，也在他能谨守儒家为官从政之道。《晋书·颜含传》记载，当时的丞相王导名位隆重，百官想通过降礼来逢迎他，独颜含按照应有的礼节对他。太常冯怀问颜含为何如此。颜含义正词严地说"王公虽重，理无偏敬"，并以年老为由拒绝大家的做法。从此可以看出颜含对于礼的坚守和不屈从于权贵的刚毅精神。后来，颜含反思道："吾闻伐国不问仁人。"自我反思，冯怀来与他讨论这一忤逆行为，难道是自身出了问题吗？颜含这一反求诸己的内省精神，让他行事谨慎，得以善终。

颜含为官清廉雅正，明而能断。他曾与人谈论少正卯、盗跖谁更恶。有人说盗跖抢人财货，更恶。颜含则说："为恶彰露，人思加戮；隐伏之奸，非圣不诛。"（《晋书·孝友传》）意为，显露的恶，人们都会想到阻止；而少正卯这种隐藏的奸，只有圣人能够诛杀。这与颜子能够识得少正卯之奸相通，同样具有敏锐的判断力，能识得事物的根本，从而做出正确的决断。

颜含还提出一系列保国养民的建议，包括打击权豪、重农固本、施行教化等。对此，《晋书·颜含传》评价道："含所历简而有恩，明而能断，然以威御下。"可知，颜含的建议切中为政要点，反映出他仁政爱民的德治思想。征北将军蔡谟采纳了颜含的这些建议，对保障时局稳定起到重要作用。

东晋时，玄学之风盛行，占卜之术兴。郭璞擅长占卜，要为颜含占卜。颜含拒绝说："年在天，位在人，修己而天不与者，命也；守道而人不知者，性也。自有性命，无劳蓍龟。"（《晋书·孝友传》）认为年寿是自然决定，权位由执政者决定，人所要做的是修己守道，根本不用占卜。可知，颜含对命与性有理性的认识，自觉坚守儒家修己的观点，以儒学作为安身立命的根基。

颜含重视对子女的教育，提出"自今仕宦不可过二千石，（阙）婚嫁不须贪世位家"①。这一忌盛讳满的家族禁忌，史称"靖侯成规"，对颜氏家族影响深远。如，颜之推在《颜氏家训》中就直接以此教诲子孙。在颜含的用心教育下，三个儿子"并有声誉"，长子颜髦历黄门郎、侍中、光禄勋，次子颜谦至安成太守，三子颜约任零陵太守。尤其是颜髦，勤于治学，有孝行，"事具《孝行传》"②，将家族的孝悌之

①　李阐：《右光禄大夫西平靖侯颜府君碑》，《全晋文》卷一百三十三。
②　颜真卿：《颜氏家庙碑》，《全唐文》卷三百四十。

风、仁爱之德加以实践，并传承下去。

颜含位列三品，为颜氏家族在建康的发展奠定了基础。他"学乃敦经"，传承发展家学，促进了颜氏家学的发展。他提出"靖侯成规"，为颜氏家教的进一步发展奠定了基础。颜含的孝悌之行推动了家族孝悌之风的盛行，其仁政爱民的德行也使家族原有的仁德之风更为浓厚。

（二）颜延之

颜延之，字延年，颜子三十代孙，颜含曾孙。祖父是零陵太守颜约，父亲是护军司马颜显。虽出于官宦之家，但父亲去世早，颜延之少孤贫，室巷很简陋。在家族读书修德的风气影响下，颜延之"好读书，无所不览，文章之美，冠绝当时"（《宋书·颜延之传》），阅读广泛，文章精美，在多个方面有杰出的成就。他的学术成就主要表现在：传承家学，深入研究儒学；文学成就突出，对佛学、道学也有涉及。

颜延之年少时便崭露才华，却不慕权势。刘穆之想要提携他，被他拒绝了。颜延之为官十多年一直处于较低职位。义熙十二年（416），他作《北使洛》和《还至梁城作》两首诗，诗名大作。后被举荐为博士，迁世子舍人、太子舍人。颜延之因富有儒学涵养，理约辞辩，得到皇帝认可，升为太子中舍人。庐陵王刘义真欣赏、厚待颜延之。在庐陵王因帝位争夺被害后，颜延之受牵连被贬谪始安（今广西桂林）。路经屈原投江的汨潭，颜延之有感写下《祭屈原文》。在始安三年中，颜延之专注治学、沉淀思想，桂林现仍存"颜公读书岩"遗迹。

刘湘之等人被杀，颜延之被升为中书侍郎等官职。但颜延之看不惯权贵刘湛等人专权，激昂地说："天下之务，当与天下公之，岂一人之智所能独了！"（《宋书·颜延之传》）常以言语得罪权要人物。刘湛贬他为永嘉太守，颜延之心有怨愤，作《五君咏》，借咏叹"竹林七贤"中的阮籍、嵇康、刘伶、阮咸、向秀，抒写情志和愁苦。颜延之耿介正直、清真高逸的品格，正是家族风气与精神的显现。

刘湛见诗大怒，想要把颜延之贬谪远方。颜延之辞官，"屏居里巷，不豫人间者七载"（《宋书·颜延之传》），隐居家中，不问政事。这七年，颜延之不是忧愁苦闷，而是沉潜内心，在学术和思想上有了很大进步，集中精力创作了许多优秀文章，最具代表性的是《庭诰》。《庭诰》多处引用儒家典籍，从齐家、修身、立命等方面来教育子弟，是家族教育的重要著作。刘湛被诛，颜延之再次被任用，为御史中丞等。他监察百官，恪尽职守，敢于直言以对。

纵观颜延之起落的一生，经历多次升迁、免官、启用，这是社会动荡等因素造成的，也是他秉直刚正、不畏权势、依道而行的儒者品格所致。他终身俭约，布衣粗食，不营财利。长子颜竣曾权倾一朝，给予他资供，他一律不受，"器服不改，宅宇如旧，常乘羸牛笨车"，有颜子安贫乐道之风。

性格与际遇造就了颜延之的文学与学术风格。在文学上，颜延之与谢灵运齐名，世称"颜谢"，又与谢灵运、鲍照并称为"元嘉三大家"。他涉猎广泛，在诗歌、散文、辞赋、文论等方面皆有大量佳作，著有文集三十卷（佚失），后人辑为《颜光禄集》。其诗作华丽优美，注重声律，南朝钟嵘《诗品》评价道："谢诗如芙蓉出水，颜如错彩镂金。"散文庄重典雅，形式整齐，具有诗歌化的趋势。"颜延论文，精而难晓"①，钟嵘此说点明了颜延之文论的总体特色。

在学术上，颜延之博通多种典籍，不仅对儒学有深入研究，对佛学、玄学亦有一定的涉猎，有多部著作留世。清代马国翰《玉函山房辑佚书》收录有颜延之的《庭诰》《论语颜氏说》《逆降义》《纂要》《诂幼》；清人黄奭《黄氏逸书考》辑有他的《幼诰》《纂要》。其中《庭诰》《幼诰》都是以儒学为旨归，教育子弟的著述，既有儒学的学术性，又具有很强的教育性，对家族子弟的教育起到了重要的作用。颜延之有多篇褒赞佛学的论文，保存在《弘明集》中。他还对易学进行玄学改造，对儒学玄学化有一定推动。这就形成了他以儒学为根本，杂有佛学、玄学思想的特色，对家学的发展起到积极的推动作用。

颜延之的才华涵养对四子有很大影响。南朝皇帝曾问颜延之，四子中谁有他的风范。他回答："竣得臣笔，测得臣文，㚟得臣义，跃得臣酒。"（《宋书·颜竣传》）每子各习得颜延之的一些特性，颜竣勤奋好学，文笔好，善作应用文类，初为太学博士、太子舍人，有文集、诗集等传世。二子颜测

---

① 钟嵘著，曹旭集注：《诗品集注》，上海古籍出版社，1994年，第186页。

以文章见知,在抒情达意上见长。三子颜复为中书侍郎、兵部尚书等,有仁义之德。颜延之还对自己的外孙加以教诲。《南史·范岫传》记载,范岫幼而好学,得外祖父颜延之教导,因而文采与德行突出。

颜延之注意传承家学,重视对子孙的教育,具有强烈的家族意识。他所作《颜府君家传铭》用典雅的词语描述了颜氏家族的历史,可称为简要的家族志书。《颜府君家传铭》首先追溯先祖颜子及先秦两汉人才济济;接着,写颜盛带领族人迁居琅琊,颜钦、颜默等人渐有成就;最后写颜含的修为功绩,其三子能继承家学、秉承家教,对后人有重要的榜样作用。从中既可得知颜氏家族的血缘发展,也可看出文化与精神的相承。《颜府君家传铭》字里行间洋溢着对先祖的崇敬之情和家族自豪感,寄寓着承接先祖精神的志向,对家族文化的发展、家族精神的凝聚与传承具有重要作用。

颜延之命运多舛,最终凭借卓越的才学、智慧和品德化险为夷,带领家族走到了政治、文化的新高点,对颜氏家学、家教的发展起到重要的推动作用。颜延之的思想行为、功绩成就是对颜子仁德家风的最好诠释,也是对仁德家风的极大发扬。

(三)颜之推

颜之推,字介,颜子三十五代孙,颜含九世孙。这一支脉的传承较为清晰,颜含生颜髦,颜髦生颜绲,颜绲生颜靖之,颜靖之生颜腾之,颜腾之生颜炳之,颜炳之生颜见远,颜见远生颜协，颜协生颜之推。祖父颜见远"博学、有志行"，曾任南齐录事参军、治书侍御史兼中丞等，正色立于朝。建康（今南京）沦陷时，颜见远率族人迁往江陵，促进了家族的发展转型。502 年，齐和帝萧宝融将皇位禅让给萧衍，南梁建立，南齐灭亡。颜见远见状，恸哭不已，绝食多日，终以身殉之。他的气节受到世人的尊崇，更让忠孝、仁义之风在家族中高扬。

颜协少孤，由舅父养大，"博涉群书，工于草隶"（《梁书·颜协传》）。他敬重父亲的忠义之志，不愿出仕为官。湘东王萧绎引他为参军，颜协只得应命，对工作尽职尽责。舅父去世，颜协念其养育之恩，居丧如对待叔伯之礼，极尽孝心。颜协只活到 42 岁便去世了，著有《晋仙传》五篇、文集二十卷、《日月灾异图》二卷（遇火被烧）。颜协的好学、节义、忠孝等美德对儿子们有很大影响，特别是颜之仪和颜之推。

《北齐书·颜之推传》说颜之推"早传家业"。这家业就是家族中世代相传的学业。九世祖颜含博学多识、擅长经学，八世祖颜髦"少慕家业"、研习经学。经过数代人的积累，"世善《周官》、左氏学"，到颜之推时，家学更为繁盛。尤其是世代擅长的《周官》和左氏学，对颜之推影响较大。《周官》主要记叙周代官制，强调行政法律，为颜之推的仁政德治思想提供了理论基础。《春秋》左氏学"情韵并美，文彩照耀"，使颜之推的文章更具文采。

颜之推怎么"早传"家业呢？他自幼好读书，7 岁能背诵《鲁灵光殿赋》，后随湘东王学《老子》《庄子》，感知到"虚谈非其所好"，并继续学习家学《礼》《传》等，专心于儒家典籍的学习。而且，颜之推"博览群书，无不该洽"，读书多且范围广，将多种知识融会贯通。颜之推所读书主要包括儒家原典、史书著作、诸子百家，还涉及佛学、诗歌、音韵、书法、养生、医学等多个领域。颜之推博览群书，视野开阔，使他在多个职位上得心应手，在多个领域有所成就。

当然，颜之推也不是漫无目的地读，而是有所侧重与选择。他在《古意》中说"十五好诗书"，早年志于《诗》《书》类经学典籍的学习；"作赋凌屈原，读书夸左史"，这是他后来的写照。颜之推擅长文学歌赋，文采典丽，对史书也有深入研究，精通经史。

颜之推学术上的成就、文学上的天赋、知识上的渊博，为他的仕途生涯提供了诸多条件，让他在乱世中能多次化险为夷，得到多位帝王的任用和提拔。如，他因"词情典丽"得到湘东王萧绎的赏识，年轻时就被任为国左常侍等。萧绎成为帝后，又重用其为中书舍人，掌管起草诏令，也参与校书活动等。"数从明月宴，或侍朝云祀"，颜之推悠游于南梁的学术团体和政治集团中，学术与文采都具有南方的绮丽风格。

后来，西魏军队攻陷江陵，颜之推被俘，被押送北齐。大将军李穆欣赏他的才华，举荐为阳平公书翰。这不仅使颜之推幸免于难，而且得以被引荐给皇帝。"显祖见而悦之"，文宣帝信任和重用他，把他引到内馆，侍从左右，后让他主持文林馆。因"聪颖机悟,博识有才辩",文辞优美,颜之推又受到祖珽重用,任为中书舍人。工作中,他"善于文字,监校缮写,处事勤敏"①,文学才华与学术修养得到充分发挥。在这期间,他校定图书、著述文章、培养后学,编撰了《修文殿预览》等,为北齐文化的发展做出了贡献。同时,颜之推在与同仁工作交流中,进一步扩展了学术范围,将南北学术加以融合。学术上的成就、工作上的勤勉,使他达到黄门侍郎这一较高职位。

北周攻陷北齐后,颜之推被北周任为御史上士。很快,隋朝建立,太子召颜之推为学士,因其学识,以礼相待。颜之推主要负责编撰著作,主要参与了《魏书》一百卷、韵书《切韵》、五礼、历法的编纂,对隋朝文化与制度建设具有一定的影响。

颜之推处在朝代频繁更迭的时代,仕四朝六帝,并能够不断得到信任。这依赖于他的才华,更依赖于他具有德行修养。他奉行"用之则行"的理念,做事依道而行,为文化的发展、学术的进步等做出了贡献。颜之推著述丰富、涉及广泛,主要有:文集三十卷,《急就章注》一卷、《冤魂志》(又名《还冤志》《还冤记》)三卷、《集灵记》十卷、《颜氏家训》七卷、《证俗音字》四卷、《稽圣赋》一卷、《训俗文字略》一卷、《笔墨法》一卷等。颜之推的文章多词情典丽、内涵丰富,后期作品兼有南方文风绮丽与北方内容质朴的特

① 王利器:《颜氏家训集解》,中华书局,2013年,第784页。

色，具有很高的价值。

颜之推在学术文化上的巨大成就，也标志着颜氏家学达到了新高度。颜之推极大地推动了颜氏家学的发展，不仅使家学内容进一步丰富，为家族中经学、书法、训诂学等多方面知识打下了基础，而且使家学风格发生了变化，将南北方学术文化相融合。

颜之推在繁忙的工作之余，特别重视家庭教育，亲自教育儿子们读书学习。在他的教诲下，三个儿子颜思鲁、颜愍楚、颜游秦在学术上取得了很大成就。颜之推还把几十年的教育、学术、生活、工作等心得体会汇集成《颜氏家训》一书，以"整齐门内，提撕子孙"。《颜氏家训》对颜氏家族的教育起到重要的指导规范作用，对家族风气的改善有积极的推动作用。

在颜之推的影响带动下，颜氏家族好学、养德、修身等风气更为浓重，颜子仁德家风再次得以深化和提升。在家学、家教、家风的协力推进下，颜氏家族涌现出了众多德才兼备的杰出人才，如颜思鲁、颜师古、颜真卿等，将颜氏家族带向了文化的高峰。

（四）颜之仪

颜之仪，字子升，颜之推的兄长。他自幼颖悟，3岁便能读《孝经》。在父亲颜协的教育影响下，颜之仪"博涉群书，好为词赋"，擅长作词赋。他曾作《神州颂》，辞致雅赡，得到梁元帝的赏识。梁元帝把颜之仪父子俩比作汉代"枚乘二叶"、魏时"应贞两世"。父亲去世时，颜之仪仅17

岁，自觉担负起照顾家庭、教育弟弟的重任。9 岁的颜之推就是在慈兄颜之仪的抚养下长大，并受到颜之仪的一些影响，也擅长文章词赋。

颜之仪与颜之推的仕途经历不同，逐渐形成了不同的学术走向。江陵被侵占后，颜之仪到了北周长安，受到北周的重用，任麟趾殿学士，主要负责刊校经史、整理和编辑国家书籍等。因出色的文学才华与高尚的道德修养，颜之仪被任为太子侍读。他恪尽职守，对太子的不良行为积极劝谏，不畏惧邪恶势力，得到封赏。太子即位，是为宣帝，颜之仪被升为御正中大夫，进爵为公，具有起草诏书、参与决策、监察劝谏等职责。颜之仪对宣帝的残暴行为多次犯颜骤谏，即使不被采纳，也是不断劝谏。宣帝大怒，曾想要除掉颜之仪，但念他"谅直无私"、德高望重，又得到众人的拥护，也就作罢。在南北混战的时代背景下，颜之仪倡导用儒家德治思想来为政治国，对北周的稳定起到了重要作用。

宣帝死后，刘昉等权臣改了宣帝的遗诏，要立杨坚为丞相。颜之仪知道这不是帝王的旨意，拒绝在诏书上签名，并厉声说"之仪有死而已，不能诬罔先帝"（《周书·颜之仪传》）。杨坚索要符玺，颜之仪拒不给。杨坚想杀了他，可迫于颜之仪的威望，只得把他远派西疆。后来，颜之仪尽忠报国的高尚品格和渊博的学识修为感动了隋文帝杨坚，他不仅召颜之仪回京师，还将其升官晋爵，赞说："见危授命，临大节而不可夺，古人所难，何以加卿。"（《周书·颜之仪传》）给予他很高的褒奖。颜之仪这种坚守正义、忠心报国的气节，正是颜氏家族仁德之风的展现。

颜之仪在处理政事的闲暇之余，也创作文章，有文集十卷流行于世。颜之仪凭借忠贞、仁德和才学，不仅赢得了帝王与众人的信任与敬重，而且成为家族忠义人物的典范，对后世子孙具有示范引领作用，促进了家族仁德风气的传承发展。

概而言之，魏晋南北朝时期征战不断、道德衰退，颜氏家族却能在几百年内逆流而上，连续十多代昌盛不衰，不仅在学术上有重大突破，有优秀作品面世，而且在仕途上有多人居于高位。颜氏家族能够如此兴盛，原因是多方面的，主要是颜氏族人爱好读书、重视修身养德、注重家族教育、有家学传承等。这些积极因素又推动了颜子仁德家风的发展，使它得到发扬与提升。进而，颜氏家族培养出了众多品德高尚、学识广博的人才。

三、隋唐时期家学繁荣

隋唐时期，当政者大力倡导和扶持儒学。隋文帝建朝初始，便采取一系列兴儒措施，下令各地"思弘德教，延集学徒，崇建庠序，开进仕之路，伫贤隽之人"（《隋书·高祖纪》），广建学校教授儒学，开创了以儒学作为考试内容的科举取士制度。这些措施大大促进了民众对儒学的重视，促进了儒学的发展。可隋朝很快灭亡了。唐朝仍采取尊崇儒学的政策，儒学、道教、佛教中，儒学地位上升，处于主导位置。据《旧唐书·儒学上》，唐太宗时四方儒士抱典籍，集聚京师，"儒学之盛，古昔未之有也"。

在尊孔崇儒的同时，颜子及其后裔也受到尊崇。隋朝以每年的四月上丁，在国子寺释奠孔子、颜子。贞观二年（628），唐太宗尊孔子为先圣，颜子为先师。总章元年（668），唐高宗赠颜子为太子少师。太极元年（712），睿宗加赠颜子太子太师。开元八年（720），玄宗追封颜子为亚圣，列十哲之首。开元二十七年（739），诏封颜子为"兖国公"。后周广顺二年（952），下令修葺颜子庙，并禁止在颜子墓侧伐树拾柴。颜子后裔也得到优渥。如，开元十三年（725），颜子后裔被免除赋役。颜子四十六代孙颜涉被下诏特授曲阜主簿。

在崇儒尊孔的时代潮流中，儒学蓬勃发展，颜子地位明显提升，这些为颜氏后裔的成长发展提供了有利的外部条件。从颜氏家族自身来说，经过魏晋南北朝长期的积累发展，学术水平得到了极大的提升。故而，隋唐时期颜氏家族在学术与仕途上都达到繁荣也是必然的趋势。

（一）颜氏家学概况

隋朝建立初期，颜之仪被贬为西疆郡守，但隋文帝欣赏他的品格修为，把颜之仪召回京师，并进爵为新野郡公，拜集州刺史，又召颜之推为学士，给予其丰厚待遇。颜之推的三子都在朝廷任有官职，长子颜思鲁曾为司经局校书、东宫学士、长宁王侍读、秘书省校书郎；次子颜愍楚任通事舍人、直内史省；三子颜游秦任典校秘阁。《旧唐书·温大雅传》中记载："少时学业，颜氏为优；其后职位，温氏为盛。"颜氏家族与温氏家族都是当时的名门望族，颜氏兄弟在学术上更为出色，而在仕途上比温大雅兄弟逊色一些。颜氏家族更为重视学术的传承发展，而不在职位的高低，这与先祖颜子留下的安贫乐道风气有关。

颜思鲁兄弟三人直接受教于父亲颜之推，他们的学识涵养、道德修为受父亲的影响很大。颜思鲁"博学，善属文，尤工训诂"①，以儒学显于世。他编订了颜之推的文集，整理刊行《颜氏家训》，并注重对儿孙的教育，使他们在学术思想上都有很大成就。李渊入关时，颜思鲁率子迎接，后又投入李世民营下，这些举措奠定了颜氏家族在唐朝初期的政治地位，为"历任显官，知名于世"提供了良好的条件。颜思鲁自己凭借内外的优势，在唐时再任将军、秦王府参军等。

颜愍楚精通音韵训诂学，继承了颜之推音韵方面的才华，著有《证俗音略》二卷。颜游秦有政绩，任廉州刺史，封临沂县男，任职期间，实行安民政策，抚恤灾民，使礼贤敬让之风大行。人们称赞颜游秦："廉州颜有道，性行同庄、老。爱人如赤子，不杀非时草。"（《旧唐书》）唐高祖也写玺书嘉勉他。颜游秦在学术上也有成就，撰《汉书决疑》十二卷，为学者称赞，颜师古注《汉书》时多取其义。

颜思鲁有四子，分别是颜师古、颜相时、颜勤礼、颜育德，都从事文化事业。颜师古、颜相时、颜勤礼都是学士，

① 吕兆祥：《陋巷志》，《四库全书存目丛书》（史部第七十九册），齐鲁书社，1996年，第659页。

四子颜育德为太子通事舍人，曾校定经史。颜师古的成就最高。颜相时，有才学，曾与房玄龄等为秦王府学士，贞观年间，任谏议大夫、礼部侍郎等，敢于谏诤。这种进谏的气节既与当时的风气有关，也与颜氏家族为官进谏的家风有关。东晋的颜含、刘宋的颜延之、北周的颜之仪、北齐的颜之推等都敢于进谏，有仁者情怀。颜相时身体病弱，太宗常赐医药，可见太宗对他的赏识。他性仁友，兄颜师古去世，颜相时不胜哀恸，不久也去世。

颜勤礼识量宏远，工于篆书，尤其精通训诂之学，曾任崇贤馆学士等，刊定多部史籍。中书舍人萧钧赞颜勤礼道："依仁服义，怀文守一，履道自居，下帷终日。"[1] 颜勤礼因仁义之德、文章才华、依道而行，受到人们的好评。在颜勤礼的教育下，长子颜昭甫也工于篆书、隶书、草书，对金文、籀文有造诣，明训诂之学，有硕儒之称。伯父颜师古很器重颜昭甫，对他多加教诲，有著述文章也多让他参定，对他的学识进步起到一定的推动作用。颜昭甫历任汝南郡太守、晋王侍读、华州刺史等。生子颜元孙、颜惟贞。

颜子三十九代孙颜元孙，自幼聪颖，得父亲颜昭甫之教，精于训诂，尤善书法，以草书、隶书闻名，17 岁时考中进士，后任洛阳丞、著作佐郎、太子舍人等，曾为太子李隆基掌令诰，书法才华出众。玄宗赞曰："孔门入室，鲁国称贤。

---

① 颜真卿：《秘书省著作郎夔州都督长史上护军颜公神道碑》，《全唐文》卷三百四十一。

翰墨之妙，莫之与先。"① 他的书法文章获得很高的评价。当时权臣王志愔为其子向颜元孙女儿求婚，颜元孙谨守婚嫁不须贪"世位家"的家规，拒绝了。于是，王志愔诬陷颜元孙，导致颜元孙被黜归田里。这期间，颜元孙以教诲子弟为乐，对侄子颜真卿的教诲尤多。颜元孙有文集三十卷，所著《干禄字书》对后世影响深远。

颜元孙有五子，皆擅长书法、有美德，其中颜春卿、颜杲卿尤为突出。颜杲卿，性刚正，有政治才能。在平定安史之乱时，颜杲卿带领部下英勇抵抗，至死不屈，儿子颜季明也死于战争中。唐肃宗追赠颜杲卿为太子太保，谥"忠节"。颜杲卿长子颜泉明为政清明，居官清廉，家贫无愠怒，有颜子安贫乐道的风格。

颜惟贞是颜元孙弟，颜昭甫次子，性孝悌。颜昭甫去世后，家中贫困，颜惟贞与兄用黄土扫壁，用木石练习写字，后因草书、隶书闻名。武周天授元年（690），颜惟贞以科考及第，曾任长安尉、太子文学、太子少保等。

颜惟贞有七子，都有一定成就。其中，长子颜阙疑精通《诗》与《春秋》。次子颜允南以辞藻闻名，善写五言诗，工草书、篆书，为人宽厚仁慈，累官正议大夫、上柱国，封金乡县男。三子颜乔卿有仁友之德，精通晋史。四子颜真长举明经。五子颜幼舆精通《汉书》。六子颜真卿官至光禄大夫，封鲁郡

---

① 颜真卿：《朝议大夫守华州刺史上柱国赠秘书监颜君神道碑铭》，《全唐文》卷三百四十一。

开国男，通经史，有文采，书法名扬千古。朝贺时，宰相以下登殿的人不过三十，颜允南、颜真卿兄弟二人都在其中。颜允南不禁赋诗道："谁言百人会，兄弟皆沾陪。"① 颜真卿及其家族的高尚德行与卓越学识，得到了君王的称赞："卿门传儒行，代挹公才，忠义在躬，干蛊从政。"② 颜氏家族富有忠义德行、才学品格、仁政之举，可谓儒者的杰出代表。

总起来看，隋唐时期颜氏家族沿袭魏晋南北朝时重视家学传承与家庭教育的传统，将家学推到了新的高度，不仅在经学、史学方面有明显进步，而且在训诂学、书法、文学等方面达到了繁盛。家庭中子孙多才华横溢、品行高尚，通过才学入仕者特别多。如颜师古、颜元孙、颜春卿、颜惟贞、颜允南、颜真卿、颜允臧等，不仅文采出众，而且勤政爱民、忠义廉洁，建立了不凡政绩，为隋唐时期思想文化的繁荣、政治的稳定起到重要的作用。其中，最有代表性的是颜师古和颜真卿。

（二）颜师古

颜师古，名籀，颜子三十七代孙，颜思鲁长子，颜之推之孙。他自幼研习由先祖积累下来的家学典籍，博览群书，对颜之推、颜思鲁等发展起来的训诂学特别感兴趣，精通训诂学，善于撰写文章。可以说，颜师古一开始就站在了当时

---

① 颜真卿：《正议大夫行国子司业上柱国金乡县开国男颜府君神道碑铭》，《全唐文》卷三百四十一。

② 颜真卿：《颜鲁公集》（卷二），《四库全书》（第1071册），第598页。

学术的高地上。

隋仁寿年间，颜师古被推荐为安养尉，以处理事情果断闻名。因事被免官后，他闲居长安十多年，一边以教授弟子为业，一边专心研习典籍，为以后的学术打下了坚实的根基。唐朝建立后，颜师古又走上仕途，历任朝散大夫、中书舍人、中书侍郎等，封琅琊县男。朝中众多诏令都出于颜师古之手，所拟制诰、册奏工整美观，罕有其匹。

贞观四年（630），唐太宗意识到"经籍去圣久远"，文字多有讹谬，命颜师古考定"五经"。这项工作难度很大。这是因为从汉武帝"独尊儒术"以后，经学发展研习不断，师法、家法各异，今文、古文又有不同。又经魏晋南北朝长期的分裂，南北经学也有很大不同。所以，"五经"出现纷繁复杂、错综难辨的局面，要对"五经"文字进行整理、考订，形成公允、综合的经典，需要极深的学术功底和广博的知识。面对这项艰巨的任务，颜师古"多所厘正"，从众多典籍中加以考证，完成了对《周易》《尚书》《毛诗》《礼记》《左传》的文字校对整理，终成"五经定本"。

书成后，唐太宗命诸儒重加详议，诸儒因所学不同，对"五经定本"多有异议。颜师古引经据典，一一给以翔实解答，令诸儒叹服不已。于是，"五经定本"颁行天下，成为学校所用的教科书、朝廷科举取士的教材，一直沿用到宋代。颜师古所以能够厘正"五经"，主要在于他家学深厚，从小便学习儒家典籍，具备了渊博的学识。

颜师古任职于秘书省时，因事将要被贬。太宗赞许他的学识，说"卿之学识良有可称"，仍然留颜师古为秘书少监。此后，颜师古闭门守静，反省自身，专心治学。不久，他又受命与其他博士撰定"五礼"。"五礼"即"大唐仪礼"，包括《吉礼》六十篇、《宾礼》四篇、《军礼》二十篇、《嘉礼》四十二篇、《凶礼》六篇，另有《国恤》五篇。"五礼"在一定程度上弥补了唐初礼制混乱、匮乏的状况。书成后得到好评，颜师古再次晋爵，被封为子。

此时，太子李承乾还命颜师古注班固《汉书》。《汉书》作为我国首部纪传体断代史，具有重要的历史地位，在后世流传较广，有众多注本。汉魏以来有服虔、应劭、蔡谟、晋灼等二十多家注释，因《汉书》自身文辞古奥晦涩、寓意深远，这些注释或谬解文意，或有所疏漏，错误较多。颜师古在前人注释的基础上，博采众长，进行全新注解。其注解主要表现在：考定史实、剔除芜杂之说，给人明确的解释；校勘文字，对字词句加以训释，包括注音、解词、辨析古今字等；订正讹语脱漏；阐释相关文化知识，考究典制等。可以说，颜师古《汉书注》集训诂、文字、音韵、考证、史实等为一体，广征博引，言论精当，很容易被人们理解和接受，广为流传，成为《汉书》最重要的注本之一。清人王先谦称赞说："自颜监《注》行，而班《书》义显，卓然号为功臣。"① 颜师古的注解让班固的《汉书》大义显扬于世。

---

① 王先谦：《前汉补注序例》，《清代史部序跋选》，天津古籍出版社，1992年，第49页。

至今，颜师古注本仍是人们研究《汉书》的重要参考资料。

颜师古历经四年，作出经典之作《汉书注》，是颜氏家学多年来厚积薄发的光辉案例。颜氏家族对《汉书》早有研究。《颜氏家训·勉学》记载："夫文字者，坟籍根本……学《汉书》者，悦应、苏而略《苍》《雅》。"① 颜之推对《汉书》注释早有关注，颜游秦精通《汉书》，撰有《汉书决疑》十二卷，"师古《汉书》亦多取其义耳"。可知，颜师古注《汉书》实是吸取了家族几代人研究的精华而成，是对训诂学、音韵学、史学等的综合推进，是家学发展的硕果。同时，颜师古《汉书注》对家学研究也有重要的影响。如，三子颜光庭继续史书的注解，注《后汉书》；颜子三十九代孙颜恭敏通晓《汉书》，且富有德行。

贞观十九年（645），颜师古从驾东巡，病逝于途中，谥号为"戴"。颜师古一生博览群书，涉猎广泛，著述丰富，除了上面提到的"五经定本"、《汉书注》、"五礼"，还参与合撰"五经正义"、《隋书》等，个人自撰有《急就章注》一卷、《匡谬正俗》八卷、《颜师古集》六十卷等。颜师古的许多著作可以说是家学积累的结晶。如《急就章注》一书，从颜之推就开始注，颜思鲁继续对《急就章注》加以整理，最后由颜师古完善成书，大行于世。《颜氏家训》的《书证》《音辞》对南北语音加以比较研究。颜师古在此基础上创作了《匡谬正俗》，可惜未完成便去世了，后由颜师古次子颜

① 王利器：《颜氏家训集解》，中华书局，1993 年，第 266～267 页。

扬庭整理完成。

从颜师古的这些著作可知，颜氏家族好多著述并不是一人创作而成，而是家族中数代人积累形成的家学成果。颜氏子孙在对家学的学习、传承与发展中，逐渐丰富了知识体系，培养了良好品德，成就了功绩伟业。在这种传承积累过程中，颜氏家族也延续并提升了学风、家风，使家族保持长久的兴旺。

（三）颜真卿

颜真卿，字清臣，颜子四十代孙，颜惟贞六子，开元年间中进士，历任多种职位，如校书郎、长安尉、三院御史、太子太师、尚书、侍郎右丞、刺史等。后因战功被封为鲁郡开国公，世称颜鲁公。他还是享誉古今的书法大师、文学家、经学家。颜真卿辉煌而曲折的一生，与其深厚的学识涵养、刚毅中正的性格有很大的关系。

颜真卿的学识涵养主要来自良好的家学与家教。颜氏家族作为当时闻名的文化世家，具有系统、丰富的家学资源。尤其是颜之推之后，家学日盛，高祖颜思鲁、曾祖颜勤礼都为学士，参与校订经史。祖父颜昭甫有硕儒之称，擅长书法。父亲颜惟贞性孝悌，为太子少保。家庭世有令德，形成了浓郁的好学、重教之风。故而，尽管父亲早逝，颜真卿依然受到良好家风、家教的陶冶影响。

颜真卿所受教育是多方面的。首先是母亲殷氏的精心教育。殷氏出身文化世家，虽为女性，却有着文化涵养和德行修为，对颜真卿"躬自训育"，使他"幼有老成之量"，成熟稳定。其次是兄长的教导。颜真卿兄弟们都有学识，品行高尚，对颜真卿成长起到巨大的影响。二哥颜允南对颜真卿的影响尤为显著。颜真卿在颜允南神道碑铭中写道："至若发虑学文之亲，立身复礼之道，非仁兄之规诲，曷暨所蒙？且有师训之资，岂惟孔怀之戚？"① 在颜真卿年幼时，颜允南耐心教他学问知识与立身复礼大道，不仅有兄弟之情，也有师长之训。其三是伯父颜元孙、姑母颜真定等家族亲戚的教诲。颜元孙擅长书法，在闲居期间给予颜真卿教诲特别多，对其书法方面的影响很大。姑母颜真定虽为一介女流，却懂得孝仁教让，精研国史，博通礼经，经常教幼时的颜真卿读书，让他明礼知让。

在亲人的教诲、家风的熏陶下，颜真卿自幼诵读经籍，志学向道。正如令狐峘在颜真卿墓志铭中所言："家贫屡空，布衣粝食，不改其乐。馀力务学，甘味道艺，五经微言，及百氏精理，无所不究。"② 虽家里贫穷，每日粗茶淡饭，但因有书可读，颜真卿也感到快乐。他全力治学，以体味到其中的道理为乐，读书广博，对"五经"典籍、诸子百家都有研究，而且他能将学与行相结合，融会贯通。颜真卿"不改其乐"的精神正是对颜子居贫乐道精神的继承和发扬。

凭借着卓越的才华，颜真卿科举成名，被授校书郎、监

---

① 颜真卿：《正议大夫行国子司业上柱国金乡县开国男颜府君神道碑铭》，《全唐文》卷三百四十一。

② 令狐峘：《光禄大夫太子太师上柱国鲁郡开国公颜真卿墓志铭》，《全唐文》卷三百九十四。

察御史等。为官期间，他体恤百姓，倡导孝义，严明断案，被赞为"御史雨"，受到人们的爱戴。在朝廷上，颜真卿"立朝正色，刚而有礼，非公言直道不萌于心"(《新唐书·颜真卿传》)，敢于仗义执言，正直无私，依礼而行。这得罪了杨国忠、元载等奸臣，多次被诬陷、降职，颜真卿仍毫不畏惧，矢志不渝，尽职尽责。

颜真卿文武双全，在平定安史之乱中立下赫赫战功。他任平原太守时，识破安禄山叛乱的阴谋，表面吟诗悠游，暗中却加强军备。安禄山造反时，颜真卿奋起抵抗。这令唐玄宗大为感叹：河北二十四郡，众多郡县失守，只有颜真卿一部能与敌抗争。在颜氏兄弟的号召下，十七郡举兵二十万抗敌，推举颜真卿为盟主，大败叛军。因为战功显赫，颜真卿迁刑部尚书等，被封为鲁郡开国公。

德宗年间，奸臣卢杞为报复颜真卿，说服皇帝命颜真卿前往招抚叛军李希烈。70多岁的颜真卿为了国家利益，不顾个人安危毅然前往。被扣后，颜真卿大义凛然，在贞元元年（785）遭叛军缢杀。德宗得知后，为之废朝五日，赐其谥号"文忠"，并颂曰："立德践行，当四科之首；懿德硕学，为百氏之宗。"[1] 颜真卿以忠烈气节名垂千古，为世人赞叹，也将家族忠义、刚正的气节发挥到了极致。对颜氏家族在才学与德行上的突出成就，唐玄宗赞说"卿之一门，义

---

① 《授颜真卿太子少师敕》，《全唐文》卷四十四。

冠千古"①，"忠惟奉国，孝则保家，怀不二之心，秉难夺之操"②。这是对颜氏家族很高而又恰如其分的评价。

颜真卿以登峰造极的书法艺术名扬千古。他融众家之长，创造了端庄、质朴、大气、雄奇的风格，"善正、草书，笔力遒婉，世宝传之"（《新唐书·颜真卿传》），成为书法界的一面旗帜。这一书法界高峰既是颜真卿刻苦练习的结果，也是颜氏家族累世积淀的成果。自颜延之以来，颜氏家族就以书法著称，如，颜腾之善隶、草，颜协善曹隶飞白，颜之推好书法绘画，颜勤礼工篆、籀，颜昭甫工篆、籀、草、隶，颜元孙善草、隶，等等。经过数代的传承积累，书法的经验技巧渐趋成熟，成为家学之一，为颜真卿的书法成就奠定了坚实的基础。除了家学，颜真卿还积极向他人求教学习。如，他向书法家张旭学习草书，仔细揣摩褚遂良等人的书法作品。最后，颜真卿创造出独树一帜的"颜体"。"颜体"得到人们的赞赏，成为历代人学习书法的楷模。唐肃宗赞其书法"体含飞动，韵含铿锵"，恰当地点明了他的书法特色。

同时，颜真卿在文学和学术方面也有很大成就。他爱好诗文，有诗文集《庐陵集》十卷、《临川集》十卷、《吴兴集》十卷。任校书郎时，他曾翻阅先祖颜之推等编定的《切韵》一书，"笔削旧章，遍搜群籍"，二十多年后编成《韵海

① 令狐峘：《光禄大夫太子太师上柱国鲁郡开国公颜真卿墓志铭》，《全唐文》卷三百九十四。

② 《元宗答颜真卿贺肃宗即位表》，《全唐文》卷四百十五。

镜源》三百六十卷。编有《礼仪集》十卷，内有大量的表、奏、碑铭、祭文、赞颂、题名等。此外，颜真卿富有家族意识，写有多篇家族成员的墓志铭、碑铭等，还纂修了《颜氏族谱》，族谱序文至今仍保留在《陋巷志》中。颜真卿的这些著作是颜氏家学的组成部分，是研究颜氏家族文化的重要资料。

颜真卿作为颜氏家族里程碑式的人物，文武兼备，将家族的孝悌精神发展为对国家的忠义，是颜氏家族的荣耀，又教育引领着后世子孙。颜真卿的两个儿子[①]也有所成就，长子颜颀聪明仁孝，任栎阳尉等，封沂水男。次子颜硕，任秘书正字等，封新泰男，清廉不阿。

总而言之，隋唐时期，颜氏家族涌现出一大批博学多才的优秀人物，如颜思鲁、颜愍楚、颜师古、颜元孙、颜真卿等。他们在经学、史学、音韵学、训诂学、书法等多个领域取得了丰硕成果，将家学推向鼎盛。这些硕果是家族累世传承积淀的家学成果。家学传承积淀的主要方式是子承父教和兄弟共学。如，颜思鲁兄弟三人就是学于父亲颜之推。颜真卿自幼与兄长共学，在兄长的指导下成长起来。家庭成员在共学或传授家学的过程中，形成了特别浓厚的向学求道风气，将颜子仁德家风进一步深化和提升。"学而优则仕"，颜氏家族中多人因才学德行出仕为官，有些还官居要职。如颜师古、颜真卿等。他们忠肝义胆、恪尽职守，充分展现了先祖颜子

---

① 历史上还有颜真卿生三子、四子、八子、十一子的说法。今取二子说。

的仁德精神，并在家族中将这种风气传承和发扬下去。

四、宋元时期家学发展

宋元时期，颜氏家学由隋唐时期的繁荣兴盛转向低速发展。随着颜氏大宗户迁回曲阜，家学发展的中心也转移到了曲阜。在尊孔崇儒的大潮下，颜子地位再次得到提升，颜氏宗子主奉颜子。随着儒学的新发展，颜氏家学也传承不断，并呈现新的特色。但颜氏家族仁德家风的底色没变，孕育着众多颜氏后裔，促使他们在学术与仕途上取得了新成就。

（一）颜氏家学概况

宋元时期儒学的新发展，主要表现在理学的兴起上。理学作为儒学发展的新形式，得益于一大批理学家顺应时代需要与儒学发展趋势而做出的创新努力。它的形成离不开当时崇儒重教政策的推动。这些政策主要有：重用儒生、兴修书院、整理儒学典籍、以儒学为科举内容、尊崇圣人及后裔等。理学一经形成，又为加强文化建设、巩固政权提供重要的力量。

崇儒尊孔主要表现在给予圣人及其后裔各种封谥和优遇，包括给予颜子及其后裔相应的礼遇。这主要表现为：封谥颜子及家人，以提升颜子地位；重修颜庙，祭祀颜子；优待颜子后裔等。就封谥来说，主要如下：宋真宗追封颜子为"兖国公"，封颜无繇为"曲阜侯"。元文宗封颜子为"兖国复圣公"；追封颜无繇为"杞国公"，谥号"文裕"；追封颜子母亲为"杞国夫人"，谥号"端献"；追封颜子妻宋戴氏为"兖国夫人"，谥号"贞素"。颜子、颜无繇都塑九章九旒服像。

颜子后裔也得到一系列优渥，被授以官职、免除赋役、赐予田地等。如，宋仁宗特授颜真卿后人颜惟孜为将仕郎、处州司士参军，授颜似贤为台州司士参军。金章宗曾下诏免除颜子后裔赋役，元太宗则下诏将颜氏子孙税石、军役大小差徭并行蠲免。在这些有利的条件下，颜氏家族也得到相应的发展，主要表现在：颜氏宗子回归东鲁，主事奉祀颜子；颜氏家学随着儒学的发展有了新的转变；颜氏仁德家风持续丰富，家族人丁更加兴旺。

颜氏宗子从长安回归故里曲阜从五代时期就已经开始了。《新编陋巷志》记载，后周广顺年间，颜子四十三代孙颜旻率领五子颜君则、颜君佐、颜君雅、颜君信、颜君立及近支族人，开始离开长安，东迁曲阜。① 长子颜君则无后，次子颜君佐继嗣宗子，任金乡丞，其子颜文威隐居峄山（位于今山东邹城）著书立说。颜君雅长子颜文蕴定居曲阜，生子颜涉，为乡贡进士。颜君雅次子颜文铎为节度副使，赠太常卿，其子颜衎考试及第，以政绩闻名，任北海主簿、御史中丞、工部尚书等。可见，在五代混乱动荡的形势下，颜氏子孙仍能持守家学，在多个方面有所成就。

后周太祖郭威驾幸曲阜时，追封颜子为兖国公，授颜涉为曲阜主簿。颜文威之子颜承祐作为宗子也迁居曲阜。四十七代孙颜仲昌，通经学，在淳化二年（991）讲五经之义，赐

---

① 国伟、颜景琴主编：《新编陋巷志》，齐鲁书社，2002 年，第 104 页。

及第，官至南京判官。后来，颜仲昌的曾孙颜岐任执政，又赠颜仲昌太子少保。颜仲昌有四子，长子颜太初，号凫峄处士，博学有才华。颜太初的长子颜复赐进士，拜中书舍人，兼国子监祭酒等，工于书法，生有六子，皆有一定涵养成就。

北宋末年，金军南下。颜复的儿子颜峣、颜岐等，与叔兄弟十多人南迁。这是颜氏又一次大规模迁徙。颜岐自幼聪慧，曾为中书门下侍郎、资政殿大学士、尚书左丞等。南迁后，颜岐在浙江嘉兴定居，自成村落，名为"陋巷村"。从名字可得知，他们虽迁离故乡，内心仍坚守先祖颜子美德。其他人分散在上虞、慈溪、姑苏等郡县，被称为南宗颜氏。南宗颜氏迁徙后，仍世守颜氏家族的家风和规范。

颜峣等人南迁后，北方曲阜颜氏宗子遂由颜旻三子颜君雅一支来继承。先由世居陋巷古宅的进士颜继主奉祀事，之后颜继长子颜昌为宗子，世代相承。五十五代孙颜椿曾为中书，监修祖庙，主事奉祀颜子。其子颜之美有才学，任天成县教谕、益都路学正、庐州府教授、文林郎等。在颜之美的教育与影响下，儿子颜池也有学识，任宣德府教授、三氏学教授等。

整体来看，宋元时期颜氏家族在学术与仕途上比魏晋至隋唐时期逊色了一些，没有名家大师出现，也没有经典著作问世。但是，家族中仍沿袭着重视家学与家教的传统，涌现出一些优秀人才，承续着颜子仁德家风。宗子颜太初及其子孙、南方的颜师鲁家族就是其中的佼佼者。

（二）颜太初家族

颜太初，字醇之，颜子四十八代孙，因曾隐居凫、绎两山之间，号"凫绎处士"。颜太初父亲颜仲昌对经学有较深入研究，曾因在朝廷讲"五经"，赐及第。在父亲的教导下，颜太初才智出众，博学多识，尤其喜好诗作。其诗文多关切现实、讥讽时事，蕴涵着仁德，富有慷慨之义。

据《宋史·文苑·颜太初传》记载：天圣年间，亳州卫真令黎德润被奸吏诬陷，死在狱中。颜太初听闻此事后，写诗为黎德润诉冤情。读者莫不动容。文宣公孔圣祐去世后，因无子嗣，袭封的事搁置了十多年。当时宋仁宗病了，医生许希治好了他的病，他大谢"扁鹊"。颜太初知道后，作《许希诗》，来暗指孔圣祐一事。仁宗见诗后，受到触动，便让孔圣祐弟袭封文宣公。山东的范讽、石延年等人豪放嗜饮，不循礼法，年轻人多有跟随模仿者。这让颜太初感到忧虑，作《东州逸党诗》加以讽刺，对违礼放荡的假儒士加以批判。这引起了巨大反响，得到了皇帝的赞同，对东州逸党加以惩治。由这些记载可知，颜太初怀有仁德之心，关心民风，他的诗作评论对纠正当时的文风、恶俗起到一定的作用。

宋代著名政治家、文学家司马光很欣赏颜太初的德行与才华，为他整理文集《颜太初杂文》并作序言。文中写他："读先王之书，不治章句，必求其理而已矣。既得其理，不徒诵之以夸诳于人，必也蹈而行之在其身。"① 赞颜太初读书不

---

① 司马光：《司马温公文集》卷十一，商务印书馆，1937年，第266页。

在章句的考证，而在探求文章之理，得文章之理便会身体力行，将理用于实践之中。可知，颜太初治学在于求"理"、行"理"，具有明显的理学思想。这正是他的诗文能够切中时弊的原因所在，也是他为文的初衷。

对颜太初的诗，司马光还评价道："观其后车诗，则不忘鉴戒矣；观其逸党诗，则礼义不坏矣；观其哭友人诗，则酷吏愧心矣；观其同州题名记，则守长知弊政矣；观其望仙驿记，则守长不事厨传矣。由是言之，为益岂不厚哉?"① 由此可知，颜太初诗文不仅涉及广泛，包括鉴戒、学术、友情、题记、隐逸等多个方面，而且诗作都能切中时代问题的要害，表现出儒者的仁爱情怀，具有很强的影响力和感染力，对世人有引导和规范作用。

颜太初中进士后，曾任莒县尉，因其才学，被荐为国子监直讲。国子监直讲要求精通经学，且具有良好的品德。司马光认为颜太初有这些能力，能胜任这项工作。怎奈颜太初被小人诬陷，改任临晋簿，后又为阆中主簿、南京国子监说书等。颜太初去世时仅 40 多岁，司马光叹道"天丧儒者"。然而，颜太初著述较丰富，留世有集十卷、《淳曜联英》二十卷。颜太初的学识德行、诗文著作对颜氏族人有很大影响，影响最深的莫过于他的儿子们，尤其是长子颜复。

颜复，字长道，颜子四十九代孙。宋嘉祐年间，颜复因贤名被推举为遗逸，并在参加中书考试中，被考官欧阳修推

---

① 司马光：《司马温公文集》卷十一，商务印书馆，1937 年，第 267 页。

荐为上策言第一。进而，颜复被赐进士，任校书郎，知永宁县。宋熙宁年间，颜复又因才学德行，任国子监直讲。从颜仲昌讲"五经"，到颜太初将任国子监直讲，再到颜复也任国子监直讲，祖孙三代对经学都有研究，经学作为家学传承不断。这也使家族中研习儒学的风气渐渐浓厚。

元祐初年，颜复被召为太常博士。他认为"士民礼制不立，下无矜式"，建议礼官荟萃古今典范，著"五礼书"。他还奏请朝廷考正祀典，制定祭祀礼仪，凡是"谶纬曲学、污条陋制、道流醮谢、术家厌胜之法"都要去除。简而言之，一切歪门邪道的祭祀方式都要删去，大小祭祀都要合于圣人的规范，以成后世的典范。颜复关于礼的这些建议得到了认可，因而升为礼部员外郎，对宋代礼制的建设起到了促进作用。

当时，孔子四十六代孙孔宗翰请示袭封者不再兼任其他职务，专祀孔子。颜复对此表示赞同，并提出五条建议，"欲专其祠飨，优其田禄，蠲其庙干，司其法则，训其子孙"（《宋史·颜复传》），提议袭封者专祀圣人，朝廷应给予更多田禄待遇，加强对其子孙的训诫等。朝廷采纳了颜复的多条建议，给予孔氏后裔更多的优遇。这也为颜氏后裔争取到更多的利益，更有利于家族的兴盛。

颜复后又任崇政殿说书、起居舍人兼侍讲等。在此期间，他提议选择经行之儒，来补各县教官；提出学者考其志业，要由教官举荐，否则不得参与贡举、升入太学。因教官对生员有足够的认识，如果不去旌别生员优劣，不是严师劝士的方法。这些教学方法和建议，在教育上有积极的启发意义。

颜复重视教育，也体现在对家族子弟的教育上。他教子有方，六子皆有德行学识。他们随宋室南迁，在南方任重要官职，其中颜峣、颜岐、颜嵂等都为承务郎，颜昭、颜樵则是朝奉郎。尤其是颜岐，为建炎年间门下侍郎，卓有政绩。从颜太初家族这几代人的学识德行来看，家学的传承从未中断，家族中重学重教的风气仍然特别浓厚，颜子仁德家风仍在家族中发展蔓延。

（三）颜师鲁家族

颜氏家族优良的家风和学风，不仅在宗子家族中得以传承，在其他支脉中也有传扬。南宋时期，福建龙溪的颜师鲁家族祖孙几代都学识渊博、优于德行，在南宋政坛上做出了突出贡献。

颜师鲁，字几圣，南宋贤臣，福建龙溪人。他自幼庄重如成人，孝友若天成。父亲去世后，他扶柩航海，水程几千里，经过三日才登岸，而后飓风大作，人们以为这是被他的孝心感动。虽有几分神秘色彩，也足见颜师鲁具有突出的孝行。

宋高宗绍兴十二年（1142），颜师鲁考中进士，历任莆田、福清知县。任职期间他尽职尽责，积极行政。如，兴修水利，灌溉农田；大饥荒时，开仓平粜，发粮赈灾，使百姓渡过难关。因德行政绩，颜师鲁被提升为国子监丞、江东提举、浙西常平等。他重视民事，采取一系列惠民政策。如，改革浙西役法过重的弊政，订正收入簿籍，稽查赋役的顺序，放宽期限，使百姓得到休息。对当时以政府原因造成盐贩猖獗的情况，他节省开支，偿还旧账，严禁官吏克扣私吞，改变了当地的困境。皇帝知道后，赞颜师鲁道："儒生能办事如此。"（《宋史·颜师鲁传》）从颜师鲁为政的措施中，可发现他对儒家德政思想的自觉践行。

淳熙十年（1183），颜师鲁因为人正直、老成端重、德行兼备，被任为国子祭酒。他上奏道："宜讲明理学，严禁穿凿，俾廉耻兴而风俗厚。"（《宋史·颜师鲁传》）认为应倡导理学，反对穿凿附会的浮夸之学，教育目标应在兴廉耻、厚风俗。颜师鲁身体力行，言行举止合乎规约，以律己立诚为根本，赏罚有度，对优秀者加以奖励，立下严格的规矩。这些做法对整顿学风、改变风俗起到了一定的作用。皇帝听后，高兴地说："颜师鲁到学未久，规矩甚肃。"

颜师鲁因政绩再次被提升，任礼部尚书、吏部尚书兼侍讲等，忠于职守。宋高宗死后，其丧制典礼多由颜师鲁裁定，由颜师鲁与礼官尤袤等议定庙号。后来，颜师鲁多次以老请辞归，皇帝欣赏颜师鲁的才能与品德，不想他辞归。他向皇帝奏言："愿亲贤积学，以崇圣德，节情制欲，以养清躬。"他表明自己的理想是亲近圣贤、积累学问，崇扬圣人之德，节制情欲，清静安养自身。颜师鲁因德行政绩，被赞"大节确如金石"，谥号"定肃"。颜师鲁在为政闲暇，也有大量文章著述，主要有《颜师鲁文集》四十四卷、《新渠记》、《谢除吏部尚书表》等。

颜彻，字介叔，颜师鲁之子，自幼机警灵敏，致力于学，崇尚志节。父亲颜师鲁认为他不同一般，每有奏疏，必与他讨论一番。这对颜彻是有力的教育引导，不仅让他对为政治国多有了解，而且对其思想的形成有深刻影响。颜彻以茂才举荐为南外睦宗院，后任永福县令，多在地方做官，有良好政声。丞相谢深甫等人向朝廷举荐三十五人，颜彻在其中。皇帝要进行堂审，颜彻却不幸因病去世。他官至奉议郎，后赠光禄大夫。

颜彻重视对儿子们的教育，颜耆仲、颜颐仲、颜振仲都有德行修养，在为政中有声誉。长子颜耆仲，字景英，先为承务郎，后中进士，官至中奉大夫，赐爵龙溪开国男。他关心民众疾苦，曾作诗《宽民堂》表达心中的理想。诗中写道："圣训昭垂本至仁，此堂取义立名新。通商有道能徕远，计利远心盖为民。"可知，颜耆仲以圣人的仁德训诫为人生导向，以为民利民作为从政的旨归，具有浓郁的儒家情怀。他还有多首诗表达了内心的抱负，被收录于《全宋诗》中。颜耆仲多次救济灾民，得到民众的称赞。

颜耆仲很重视教育事业，给予学院与生员多种资助。每到一处，他以崇学校、奖励优异者为先。海口镇书院资金不足，他置庄田、祭服，供养生员。在江阴修建学校，充实廪给。这让他得到士子的钦佩赞誉。颜耆仲也十分关注对家人、族人的教育引导，著有《训子篇》《谕族集》，总结了家教经验，意在训诫子孙，并将家教的智慧与经验传承下去。

颜颐仲是颜耆仲弟，因祖荫补宁化县尉，后为司农卿兼金部郎官、浙西安抚使、吏部尚书、宝章阁学士等。他关注民事，采取减少商税、废除盐赋、赡养孤老等一系列利民安民措施。百姓感念其德。端平年间，朝廷选用正直之士，颜耆仲与颜颐仲齐名，都列其中，被称"二颜"，且都以儒学政事者著称，受到朝廷重用。

颜振仲，字景玉，颜颐仲弟。他以祖荫补登仕郎，在掌管安溪时，县斋内刻"公、勤、廉、恕"四字以自警。任莆阳令时，颜振仲重视学校教育，给予田地助学，供养士子。在为政行事诸方面，颜振仲自觉秉承父兄志向，以儒家思想为规范。

由以上颜师鲁家族几代人的发展来看，他们作为颜氏后裔，特别重视家学传承和家庭教育，故而培养出的子孙优于才学德行。他们多提倡仁政德治思想，并将这些思想贯彻于为政实践中，爱民重教，采取了一系列惠民措施。这是对颜子仁德思想的继承和发展，也在家族中进一步强化和提升了为学为政的良好风气。

五、明清家学的新发展

明清时期统治者仍然采取尊孔崇儒的文化政策，儒学在新的形势下获得了新的发展。明代，理学进一步官学化，同时开始走向衰落。王阳明心学兴盛起来，有很大影响。清代学术总体上转向以实证考据为主要特征的朴学研究上，如出现了乾嘉学派。在这一时代背景下，颜氏家学呈现出新的面貌，既有与儒学整体一致的地方，也有其独特之处。颜氏家族涌现出了多名儒学大家和多个优秀的家族。颜氏家风也在新的环境中呈现勃勃生机，展现出它的强大生命力。

（一）颜氏家学发展概况

在尊孔崇儒的同时，当权者也给予颜子尊崇，给予颜子后裔多种优渥。如，洪武年间下诏颜氏大宗免差役。正统年间，诏令颜氏子孙并免差役。景泰二年（1451），下诏颜氏宗子世袭翰林院五经博士。嘉靖九年（1530），列颜子为四配之首，尊称为"复圣颜子"，颜无繇被追封为"先贤颜子"。清乾隆帝释典先师孔子时，分遣大臣祭祀颜庙，御制颜子赞。颜氏后裔赴京配祀，得到多种赏赐。重修颜庙，修建颜府等。随着颜子地位的上升，颜氏家族也呈现繁荣发展之势，成为曲阜仅次于孔氏家族的文化世家。

曲阜颜氏大宗户作为颜氏家族的主导，是颜氏家族的引领者。特别是宗子被授予袭封翰林院五经博士之后，更加明确了宗子管理本户及整个颜氏家族重要事务的职责。他们的职责主要表现在：主奉颜子祭祀；陪祀行礼；监修颜庙林墓；管理族中事务，严明族规；整理家族史料，编写家族志书，传承家学；续写家谱等。此时大宗户在家学方面的发展，主要表现在《陋巷志》和《颜氏家谱》的不断整理完善上。

《陋巷志》是全面记载颜子家族的历史发展与文化传承的家族志书，成为颜氏家学的重要内容。它以颜子所居"陋巷"命名，既表明先祖颜子安贫乐道的精神，也寄寓着颜氏子孙对颜子精神的继承。《陋巷志》由数代颜氏翰林院五经博士主持编纂，社会名士参与作序修订，经多次修撰完善而成。

明代成化年间，颜子六十一代孙、翰林院五经博士颜公鋐，在侍御史曹伯良的倡议下，开始草创家族志书。他借鉴《孔颜孟三氏志》《阙里志》的体例，搜集颜子及后裔的史料，编辑形成雏形。曹伯良题名"陋巷"，提学副使陈镐修审，编订成书。于是，四册八卷的《陋巷志》以手抄本的形式在颜氏宗子家族中传承。

嘉靖二十九年（1550），颜子六十四代孙、翰林院五经博士颜嗣慎对《陋巷志》作了第一次修订，删除冗繁，增补成化以来家族新材料。六十五代孙颜胤祚继承父亲颜嗣慎事业，再次修订《陋巷志》，增编了由御史杨光训绘制的地理图像等《像图志》。经过大学问家于慎行的修订润色，《陋巷志》首次刊行，在社会上流传开来。

明崇祯十四年（1641），颜子六十七代孙、翰林院五经博士颜光鲁与其子颜绍统再次主持修撰，海盐人吕兆祥捐资，刊印了《陋巷志》第二版，增加了退省小像、从行小像等图。清乾隆年间，颜子七十一代孙、翰林院五经博士颜怀襗主持刊行了《陋巷志》第三版。1931年至1935年，七十七代孙颜世镛主持刊印第四版《陋巷志》。

《陋巷志》虽经多次增订，但体例均用万历旧版，增补内容并不多，主要是后世宗子代系、人物事迹、墓铭赞颂等。《陋巷志》由五大部分内容组成：序言、像图志、世家志、恩典志和艺文志。它图文并茂，言辞典雅，所采集的材料主要来自正史典籍、碑刻藏书或文书档案等资料，不夸饰，不虚美，内容翔实。《陋巷志》可以使颜氏子孙进一步体会先祖思想，认识家族文化与传承发展历史，增强家族荣耀感和凝聚力，起到收族睦宗的精神纽带作用。同时，《陋巷志》也是世人研究颜子、颜氏家族与文化等的重要资料。

最早有文字记载的颜氏族谱当数唐代颜真卿修《颜氏族谱》。明代《陋巷志》中仍记载有颜真卿撰世系谱序，其中简要追述了颜氏渊源与历代闻达。宋代欧阳修在《与王深甫论世谱帖》中提及《颜氏族谱》，但此家谱早已不存。宋元祐三年（1088），颜时举修《鲁国序谱》，据《新编陋巷志》，"该谱部分内容在清顺治年间续修时得以保存"①。

曲阜颜庙现存金元时期族谱碑，是保存较早而完整的家谱资料。其碑头为"兖国公孙系"，字迹已不清晰，刻于《重修兖国公庙之记碑》的碑阴，现位于颜庙仰圣门前西碑亭内。

康熙五年（1666），颜子六十八代孙、翰林院五经博士颜绍绪主持重修《颜氏族谱》，共十卷，对前谱的缺失加以增补。乾隆二十四年（1759），颜子七十一代孙、翰林院五经博士颜怀禋主持续修《颜氏族谱》，内容较以前更加完善。1997年，由颜廷潮主编、颜廷渭鉴定重修的《颜氏家谱》，是现存最新的曲阜颜氏家谱。

随着社会历史的发展变迁，颜氏后裔为了生存、发展多次迁徙。至今，颜氏后裔已遍布全国各省市，乃至海外多个

---

① 国伟、颜景琴主编：《新编陋巷志》，齐鲁书社，2002 年，第 178 页。

圣人家风

国家。多地的颜氏后裔也纷纷修纂族谱、家谱、支谱等，记载家族的传承迁徙、文化历史等情况。家谱作为家族血脉传承的记载，体现的是一种精神上的归属和认同，是家族文化的重要组成部分。

明清时期，颜氏宗子在奉祀与家族管理等事务上用力较多，家学上的成就主要是《陋巷志》和《颜氏家谱》的修撰，而在学术与仕途上远不如汉魏隋唐时期成就显著，仅有几位较有影响力的人物。如，七十一代孙颜怀礼，少聪慧颖悟，读书一目数行，为四氏学弟子第一名，擅长写诗，《曲阜诗抄》刊载其诗作九首，著有《带月草堂诗》一卷，由弟颜怀襌编辑而成。然而，颜氏宗子注重德行修养，善守家风，能够将家族中好学、重德、仁爱等精神风气传承下去。

就整个颜氏家族来说，此时家学的发展比较兴盛，不仅培养出在儒学发展中起重要作用的人物，而且出现了数代家学兴盛的文化世家。儒学研究的突出人物主要有颜钧、颜元、颜光敏等。学术兴盛的文化世家要数"曲阜三颜"家族最为著名。今对颜钧和"曲阜三颜"家族做一简要介绍。

（二）颜钧

颜钧，字子和，号山农，明代江西吉安府人，家族"世代以儒为业"。他的曾祖颜诗博学经史，为人好义。父亲颜应时幼读诗书，是邑廪岁贡，曾任江苏常熟训导。颜钧兄弟五人，他居第四。五人从小就受到家族文化的熏陶，并在父亲的教导下，"攻读孔孟经典和《性理大全》《五经大全》《四

236

书集注》等钦定之书"①。二哥颜钥，为嘉靖年间举人，历任山东茌平教谕、新城知县等。三哥为邑廪生，弟是贡生。

然而，颜钧自幼体弱，智慧不开。13 岁至 17 岁，他随父亲在常熟学宫读书，虽然与兄弟同读儒家典籍，可是穷年不通一经。父亲死后，颜钧回到故乡，家道中落。使颜钧智慧大开、走向学术的重要引领者是二哥颜钥。嘉靖七年（1528），颜钥被举荐到白鹿洞书院，听王阳明讲"致良知"说。他对王阳明心学产生了浓厚兴趣，手抄了《传习录》，不断研读。后来颜钥将《传习录》送给颜钧习读，并对颜钧讲解引导。颜钧顷刻间痴迷上心学，闭关静坐七日后智慧洞开，思想及行为大变。他在家乡创立萃和会，向众人宣讲儒家价值观念，劝人知礼义、尽孝悌等。

颜钧自觉才识不足，便四处拜访名师，最后师从徐樾、王艮，成为泰州学派的弟子。王艮学于王阳明，是心学的重要传人，反对理学，提出了平民儒学理论——"大成学"，传授对象为下层群众，旨在道德救世。颜钧在此基础上，提出了"大中学""大成仁道"等理论。

所谓"大中学"，就是"大学中庸"之学。他重新解读《大学》《中庸》，认为两书是儒学的精神命脉，并将"大学中庸"四字作为独立的哲学范畴，加以变化组合。他认为"大学中庸"都是出于心性，以"大中"为体，以"学庸"为用，自成体系，总称"大中学"。

---

① 国伟、颜景琴主编：《新编陋巷志》，齐鲁书社，2002 年，第 413 页。

颜钧还提出"大成仁道",以仁为本,认为"中天下而立,立己立人,达己达人,易天下同仁哉"[①],以实现天下归仁的理想。这是对王艮大成仁学的发展,也是对颜子仁学的继承和发挥。为了实现这一理想,颜钧切实于"安身运世",通过乡间化俗实践和全国的讲学活动,劝导平民大众,以达到救民救世、敦厚风俗、道德劝善的目的。

平民出身的颜钧提出一系列"急急拯救"世人的方案,通过简易通俗的形式,向广大平民讲授。他反复强调儒家的基本伦理纲常,并将这些内容编成通俗的歌谣,如《劝忠歌》《劝善歌》,劝人尽忠尽孝,目的就是将儒家思想推广到民间,启发后学,弘扬仁道。

颜钧作为泰州学派的重要人物,教育影响了一批弟子,如罗汝芳、何心隐等,成为泰州学派的中坚力量。颜钧讲学,关心民众疾苦,常抨击时弊,为当局所不容。嘉靖四十五年(1566),颜钧被朝廷逮捕。后在弟子的多方救助中,他才得以脱身,回到家时已年近七旬。此后二十多年间,他主要在家中著书立说,教育子孙。子孙在他的教化影响下,也多研习心学。

颜钧的思想学说,是对王阳明心学的传承和发展创新,也有一些是对颜子思想的继承发展,如其中仁的内容。颜钧的文章言论,在家族中保存了下来,汇集成《颜山农先生遗集》,成为家学的重要内容,并在家族中传承下来,几百年不

---

① 颜钧:《颜钧集》卷二,中国社会科学出版社,1996年,第16页。

断，对子孙后代学术思想的发展具有重要的指引作用。进而，颜氏家庭中形成了更为浓厚持久的学术氛围，先祖颜子传承下来的仁德家风也得以进一步提升和发展。

（三）"曲阜三颜"及其家族

清初，曲阜颜氏家族中的颜光猷、颜光敏、颜光敦三兄弟，先后考中进士，世人赞称"曲阜三颜"。颜光敏兄弟能够取得如此成就，与家族深厚的儒家文化底蕴、厚重的家学积累有极大关系。

"曲阜三颜"的祖父颜胤绍，是明代崇祯年间进士，为官清正廉洁。清军进攻河间府，颜胤绍率家人英勇抵抗。城陷后，颜胤绍及家人自焚而死。长子颜伯璟当时正居兖州，幼子颜伯珣被仆人抱走，两人幸免于难。乡人尊称颜胤绍为"忠烈公"。颜胤绍及家人的忠烈义举和英勇精神对子孙后代影响很大，成为家族宝贵的精神财富。

清朝统一后，颜伯璟绝意仕途，主要的精力用于教育弟弟颜伯珣和六子，非常重视对他们进行诗书典籍的教授。闲暇时，颜伯璟就以诗书为乐，著有诗集两卷。在他的教育下，颜伯珣和六子都学识广博，擅长诗文，取得了很大成就。颜伯珣以恩贡生授寿州同知，爱民勤政，好诗文，著有《祇芳园集》《旧雨草堂诗集》《安丰陂志》等。颜伯璟六子皆有才华，特别是有"曲阜三颜"之称的颜光猷、颜光敏和颜光敦。

颜光猷，字秩宗，号澹园。他事母尽孝，为人坦诚，见人必劝用功读书。康熙十二年（1673），颜光猷考中进士，曾任刑部郎中、贵州安顺知府等，任职期间，敦厚爱民，重礼乐教化，有政绩。在学术上，颜光猷着意经史，爱好诗文，著有《周易说义》、《水明楼制义》、《澹园文集》、《水明楼诗》六卷等。在颜光猷的教导影响下，其子孙多有成就，普遍擅长诗文。孙子颜懋伦、颜懋价兄弟尤为突出。

颜懋伦为雍正六年（1728）拔贡生，曾为四氏学教授，后升鹿邑县令等。他笃好文学，对《诗经》有研究，著有《什一篇》《夷门游草》《秋庐吟草》《端虚吟》等。颜懋价是雍正十三年（1735）拔贡生，任肥城教谕等，对《礼经》有研究，曾整修礼器乐器，以祭祀圣贤。为纠时俗丧葬程序的繁琐，他作《正俗说》。颜懋价还著有《佳木堂稿》《颜居诗略》《烟草亭诗略》《水木山房诗》等多部著作。

颜光敏，字逊甫，又字修来，别号乐圃。他生而聪颖，自幼与兄弟们共学，常在一起交流切磋学问，进步很快，13岁便能赋诗，15岁入四氏学。康熙六年（1667），颜光敏中进士，任国史院中书舍人、礼部主事、清吏司主事、《大清一统志》纂修官等。任职期间，他关心文教事业，教授佾舞生，建筑师生宿舍，选拔优秀学员就读，促进了当地教育的发展。① 颜光敏也关注家族发展，曾和族人共同捐资修建颜庙，建造颜庙门坊及左右石坊等，并将祖父颜胤绍请入庙内配享。可见，颜光敏具有浓郁的家族情感。

颜光敏博闻多识，爱好广泛，通律历、工书法、善鼓琴，

---

① 国伟、颜景琴主编：《新编陋巷志》，齐鲁书社，2002年，第425页。

尤其擅长诗歌创作。他曾与宋牧仲、田雯、王又旦等人结成"十子诗社"，谈诗作对。特别是王士禛刊刻《十子诗略》后，"十子诗社"名声大彰。颜光敏的诗作主要收集在《乐圃诗集》中，收入三百多首诗，主要表现了他的思想感情和人生经历。颜光敏的诗歌典雅纯真，端厚正大，在十子中最有雅音特色。除了诗集，颜光敏还著有《大学订本》一卷、《未信堂近稿》二册、《未信编》一卷、《旧雨草堂诗》二卷、《西征日记》、《颜氏家诫》等，可谓著述丰富。

颜光敏重视对子弟的教育，父亲去世后，弟颜光敩便跟随他学习经史百家，卓有成就。在颜之推《颜氏家训》的启发下，颜光敏著《颜氏家诫》，以告诫子孙后代。在颜光敏的教诲下，子孙多有才学。其子颜肇维，考充教习，任临海知县等，关心民事，有政绩。他还擅长诗文，诗律清圆，著有《钟水堂诗》一卷、《太乙楼诗》一卷、《赋莎斋稿》一卷、《漫翁编年稿》一卷，另撰《颜修来先生年谱》，记录父亲颜光敏生平事迹，被其子颜懋侨收入《霞城笔记》中。

颜光敏的孙子也多擅长诗文。长孙颜懋龄著有《木雁斋诗》。次孙颜懋侨任观城教谕，诗才博雅，著有《蕉园集》《石镜斋集》《霞城笔记》《西华行卷》等多部著述。四孙颜懋企，"未尝一日屏书不观"，涉及广泛，著有家乘《颜氏史传》、诗集《西郛集》、诗论《诗格》等，共十多种。

颜光敏曾孙辈也多善诗文，尤其是颜崇椝。颜崇椝是乾隆年间举人，好读书，博雅善诗，工书法，与桂馥齐名。著有《心斋纪异》《摩墨亭诗》《诗话同席录》等，并参与修纂

《颜氏宗谱》。

颜光敩是颜光敏六弟,年少有文名,雍正五年(1727)进士,官至浙江学政,重视教育,训士子如严师慈父,使浙江文风大变,为朝廷选拔多名人才,著有《怀山遗稿》《学山近稿》等。

由上可知,以"曲阜三颜"为首的颜氏族人能承续先祖圣训,传承家学,重儒好学,重视家教,所以家族中诗礼不绝,家族成员才华横溢,纷纷著书立说,内容涉及诗文创作、经典阐释、博物考古、方志家乘等多个方面,尤其以诗文为盛,为后人留下了宝贵的精神财富。"曲阜三颜"家族,真可谓"一门风雅"。这种人才辈出、诗文繁盛的状况是家族多年来诗文风气陶冶的结果,也是颜子仁德家风的一种显现。

除了以上提到的颜氏著名人物,颜氏家族中还有众多的优秀人才。"实学家"颜元就是特别突出的一位。颜元是明末清初的教育家、思想家,"颜李学派"的创始人。他批判宋明理学空谈心性的弊端,大力提倡经世致用的实学。他认识到实践的社会意义,长期务农行医,晚年主持漳南书院,对学生进行德、智、体教育,重视"习行",志在振兴实学。颜元著述丰富,主要有《存性篇》《存学篇》《存治篇》《存人篇》《习斋记余》《习斋言行录》等,其实学思想对后世有很大影响。

从"曲阜三颜"、颜钧、颜元的学术思想来看,明清时期颜氏家学随着儒学的发展出现了新的转机,在诗文、心学、实学等多个领域都取得了一定成就。每一项成就都不是一代人所能完成的，而是数代人传承积累的结果，是家学在家族中沉淀的结果。虽然这几个家族的具体传习不同，家族中养成的风气也有所不同，有诗文之风的陶冶，有心学理论的浸润，有实学的践行，但是内在又都有仁德思想的因素，这就是颜氏家风的底色。

两千多年来，颜氏家学随儒学的发展而发展，呈现与儒学发展大致相近的特色。这既是时代对圣人家族的要求，也是颜氏家学自觉进行调整的结果。家学的内容在不断充实、演变，在家学传承之下，一直流淌不断的向学乐道、重德兴仁的风气却没有实质性改变，显示出家风的持久性和稳定性。这种风气无形而又时时存在，隐蔽而又有力，是推动家学不断前进的潜在力量。

第三节　颜氏家教与家风

颜氏家学能够不断传承发展，家族中能够优秀人才辈出，其中一个重要的决定因素是颜氏家族特别重视教育，并且很早就形成了系统的家教理论体系。魏晋南北朝时期，颜含提出"靖侯成规"，颜延之作《庭诰》，颜之推写成系统全面家教经典《颜氏家训》，家教思想走向成熟。清时，颜光敏又作《颜氏家诫》，进一步丰富了家训家诫的内容。家教家训的成熟完善对颜氏家族的发展影响巨大，小到家庭、大到家族形成了重教的风气。颜氏家族也依据这些家教典籍制定了族规族训，对族人加以规范指导。颜氏子孙以这些家教典范作为教育子弟的圭臬，培养了一代又一代的杰出人才。他们重德行修养、好学乐道，在多个方面取得了丰硕成果。同时，优良的家教也促进和保障了颜氏家风的发展与深化。

一、家族重教

颜氏家族特别重视家教。魏晋南北朝时期，就逐渐形成系统成熟的家教理论。家族中的女性也多重视相夫教子，在家庭中扮演着重要的角色。颜氏宗族为了加强对族人的管理，也制定了族规族训，以简明严格的形式对族人加以教育规范。在家族整体重教的氛围中，颜氏家族培育了众多杰出人才，也使家庭中重德行仁的家风更为浓厚。

（一）家教理论的初步形成

魏晋南北朝时期是颜氏家族的一个兴盛期，这表现在家学的兴盛、仕途的显贵，也表现在家教的繁荣上。从颜含制定"靖侯成规"，到颜延之作《庭诰》，再到颜之推著《颜氏家训》，在二百多年的时间内，家教思想相承不断，家教理论逐步走向成熟完善。因为《颜氏家训》是体大思精的家教体系，内容非常丰富，下面单独讲述。

1. 颜含制"靖侯成规"

颜子二十七代孙颜含凭着高尚品德和才学智慧得到了君王的认可，被任为光禄大夫等，成为颜氏家族振兴的关键人物。他生平注重行实，清廉能断，治家有方，重视对子孙的教育。颜含从个人生命体验和出仕为官的经验中，概括出为人处世的关键要点，规诫子孙道："尔家书生为门，世无富贵，终不为汝树祸。自今仕宦不可过二千石，（阙）婚嫁不须贪世位家。"① 也就是说，颜家历代以读书治学为业，世世代代没有大富大贵的人，不为子孙树立灾祸。今后，颜家子弟出仕为官俸禄不可超过两千石，即所任官职不可过高；婚姻嫁娶，不能贪恋对方的权势富贵。阙文部分应还有其他方面的规定，可因史料缺乏，无从考证，今只能就这两点来说。而这两条对众人来说，也确实极为关键。因为颜含谥号"靖"，后人称这两条家规为"靖侯成规"。

位居高位、嫁娶富贵，这是许多人追求的目标。颜含却一反常人的做法，从为官、婚嫁这两个方面做了明确规定：不做高官、不嫁娶富贵之家。居于高位，需要持守正道、富有才能方可善始善终。在魏晋混乱的时局中，这是很难做到的，稍有不慎就会引来祸患，殃及家人族人。官职小了，反而许多人能得平安。

桓彝、王舒都属于当时的权贵，与颜含相交多年。桓彝、王舒想与颜含结姻亲，要颜含的女儿嫁给他们的儿子。颜含拒绝了两家的求婚，他不想借婚姻攀附这些富贵之家。因为这些权倾一时的家族，极容易败落，反而会导致子女不幸，家族也跟着遭遇祸患。事实证明，颜含的决定是正确的，桓、王两家在炙手可热之后走向了衰落。颜氏家族虽然没有位居如此高位，却能够避免祸患，长久兴盛。

颜含制定"靖侯成规"，是对颜子中庸之德、安贫乐道

---

① 李阐：《右光禄大夫西平靖侯颜府君碑》，《全晋文》卷一百三十三。

等思想的继承，是对儒学知足守成之道的具体应用。颜延之的《庭诰》、颜之推的《颜氏家训》等都是在借鉴这一家规的基础上制定的。如，《颜氏家训》明确说："婚姻素对，靖侯成规。"[①]"靖侯成规"对颜氏家规家训的制定也具有重要的指导意义。

2. 颜延之作《庭诰》

颜含曾孙颜延之自幼好学，博览群书，"文章之美，冠绝当时"，在经学、文学上都有巨大成就。但因他刚正秉直、清正廉明等，在仕途上很坎坷，几经贬谪。他看透了官场与乱世的凶险，对儿孙常加教诲，希望他们传承家学，修身养德，以保持世代兴旺。在隐居里巷的七年间，颜延之写成了家教长文《庭诰》，意在告诫子孙后代为人处世的道理和规范，以提醒子孙、整齐门内，达到收族强宗、振兴家族的目的。

《庭诰》在流传中几经周转，已无全本，今流行的版本是后人辑佚而成。所以，现在的《庭诰》文义显得前后不通，内容有些零散。不过，后人通过文本仍然可以感知到颜延之对子孙立身处事的谆谆教诲、对家族生存之道的叮咛嘱托。《庭诰》内容丰富、涉及广泛，主要包括孝悌之道、仁恕爱民、读书治学、树德立义、修身齐家等。

孝悌为仁之本，是儒家首倡的基本道德。颜之推进一步提出"欲求子孝必先慈，将责弟悌务为友"，认为孝悌的实现先要从父兄的慈友做起，父兄以身作则，去关爱子女、友

---

① 王利器：《颜氏家训集解》，中华书局，2013 年，第 64 页。

善兄弟，才能使孝悌更具有实践意义。

颜延之重视修身立命，将修身分为上士、士、深士几种境界。上士，是一种很高的境界，内有德性，外有声誉，不恃才傲物，言行举止无不合于道。士是次一等的，不能做到声誉四方、禀赋天予，但能虚心好学、恭敬谦卑、小心谨慎，从而也可思虑缜密，文理精出，有所长进。深士是在特定环境中的独特处世之道，在乱世之中常反思自己，能安身立命，又不失名声。由此可见，颜延之对子孙充满期望，希望他们注重修身，在各自的范围内做到最好。

《庭诰》饱含仁恕爱人的思想，提出"以富贵之身，亲贫贱之人"的仁爱观点，并提供了具体的做法。如，赏罚分明，行为公正；宽以待人，多施少惩；损散以及人，见情为上，等等。这是颜氏仁德家风的具体展现，为子孙如何去做指明了方法。

颜延之以"博学多识"闻名，也格外重视子弟读书，并总结了读书的一些方法和技巧。如，他提出："观书贵要，观要贵博，博而知要，万流可一。"即，读书贵在抓住要点精髓，贵在博览群书，两者相结合，便可融会贯通。

《庭诰》包含的内容还有许多，如谨慎处世、持公弃私、交友之道、对待富贵等。这些内容的实质根于儒家的思想理念，源于颜子的思想观点。《庭诰》对颜氏子孙起到重要的指导和规范作用，也对《颜氏家训》具有重要的启示意义。《颜氏家训》中许多内容，如《教子》《治家》《兄弟》等篇，就出于对《庭诰》的借鉴。尽管颜延之常苦口婆心地训导，还是有对此充耳不闻者，这就是颜延之长子颜竣。

颜竣凭借才识和能力位居高位后，逐渐心高气傲。颜延之见状，严厉斥责道："平生不喜见要人，今不幸见汝。"意在要颜竣收起锋芒，不要看重高官利禄。颜竣建华丽的宅院。颜延之说："善为之，无令后人笑汝拙也。"（《宋书·颜延之传》）劝他要多做善事，而不要为了一己之私，让后人耻笑。对于颜竣送来的物品，颜延之从不接受，仍然过着节俭的生活。颜延之乘老牛笨车在路上遇到颜竣，转头而去，不愿见儿子招摇过市。颜竣曾写檄书《为世祖檄京邑》，讨伐刘劭。刘劭召见颜延之，问檄文谁写。颜延之毫不隐瞒，且说颜竣不顾父亲教诲，怎会为"陛下"着想呢。

颜延之苦苦劝说告诫，可颜竣置若罔闻，仍恃才傲物、不知收敛。最终，孝武帝刘骏大怒，不光杀了颜竣和其子颜辟疆，整个家族也受到连累。这个惨痛的例子，进一步证实了"靖侯成规"的智慧所在，让《庭诰》显得尤为必要，也提醒颜氏子孙要牢记中庸之道、忌满之规。

（二）女性重教

家庭中，不仅父亲对子女有重要的影响，母亲也会起到重要的教育作用。正如《诗经·蓼莪》中所说："父兮生我，母兮鞠我。"父亲多重视知识的传授，母亲则多关注人格的养成，父母在教育中要互相配合。颜氏家族早认识到这一点，因而在婚姻的选择中，就关注文化涵养和道德品质，选择在学术与家风方面有相近之处的文化世家，而不是看重权位高低、财富多少。

如，唐代颜氏家族多选择优于德行的文化世家联姻，主要有陈郡殷氏、河东柳氏、清河崔氏、裴氏、张氏等。其中，颜氏与陈郡殷氏联姻历史最久、最多，颜协、颜之推、颜思鲁、颜勤礼、颜昭甫、颜惟贞、颜阙疑连续七代都娶殷氏女。殷氏是当时的文化世家，以传承儒学享誉于世，故而殷氏女多具有良好的修养，如《颜真定碑》就记载颜阙疑妻殷氏"仁亲友弟"。优于涵养的女性在家庭中也是贤妻良母，重视对子女的教育，努力营造和睦的家庭，为子女的成长提供良好的环境，有利于家庭的兴盛。可以说，这个时期颜氏人才辈出，仕途与才华兼善，与殷氏有不可分的关系。这也便是《颜氏家诫》所说："妇者，家道所由盛衰也。凡择姻家须醇厚勤俭，闺门严肃者为可。若利其富厚是教子以不孝也。"①女性一定程度上决定着家族的兴衰，所以要选择品格高尚、勤俭敦厚、家规严格的女性为妻。如果一味选择富贵之家的女性，多会教子不孝。

颜氏家族中出现多位幼年丧父却成就异常卓越的大儒，如颜延之、颜之推、颜元孙、颜惟贞、颜真卿等。他们的成功除了受家族风气的熏陶、兄长的教导、亲戚的提携教诲等因素，更为重要、直接的是母亲的引领教导。

唐代著名书法家、文学家颜真卿幼年丧父，曾跟随母亲殷氏生活在舅父家。舅父以孝友著称，曾任学士。母亲殷氏

---

① 颜光敏：《颜氏家诫》，《孔子文化大全》，山东友谊书社，1989 年，第 243 页。

也是自幼诵读经典、擅长书法。颜真卿墓志铭写道："早孤，太夫人殷氏，躬自训育。公承奉慈颜，幼有老成之量。"① 颜真卿自幼受到母亲的亲自教诲，读书、识字、练习书法等都是由母亲教导。在母亲的教育下，他自小便成熟懂事。尽管家里贫穷，粗衣淡饭，他却从读书中找到了乐趣。这既为颜真卿忠正刚毅的性格打下了底色，也为其卓越的才学智慧奠定了根基。虽然颜真卿也受到舅父的指导、伯父颜元孙的教导及姑母的启发，但是对颜真卿影响最大、最直接的莫过于母亲殷氏。颜真卿兄弟的成就可以说是母亲殷氏教育的硕果。

清代"曲阜三颜"能够德行兼备，取得巨大的成就，与家族的传承、父亲的教育有极大关系，也与母亲朱氏的教导有直接的关系。朱氏是明朝宗室镇国中尉之女，自幼受到良好的教养，富有节义。清军攻入兖州，俘虏了朱氏，采取威逼利诱的方式，想降服她。朱氏大义凛然，手臂被砍伤，仍骂不绝口，昏死于道旁。四天后，她才清醒过来，可谓死里逃生。在这样的家庭环境中，有这样的父母教诲，颜光猷、颜光敏、颜光敩都富有学识修养，以文显于"大贤之裔"，也就不难理解了。这正是清人刘湄在《颜氏家诫》题跋中所赞"忠节亦何负于人哉"②，忠节之气化为家族的正气与力量。

---

① 令狐峘：《光禄大夫太子太师上柱国鲁郡开国公颜真卿墓志铭》，《全唐文》卷三百九十四。

② 颜光敏：《颜氏家诫》，《孔子文化大全》，山东友谊书社，1989年，第331页。

　　颜氏家族也重视对女性的教育，关注女性婚嫁的选择。在家庭教育之下，颜氏女儿多贤惠淑德，所选取的夫家也多是具有涵养品德的文化世家。最具代表性的是唐代颜真定。

　　颜真定是颜昭甫之女，颜真卿姑母，"聪惠明达发乎天性，孝仁敬让迥出人表"，具有良好的性情与品德。她自幼随父兄学习，"精究国史，博通《礼经》，问无不知，德无不备"①，具有广博的知识，精通《礼经》，以才学闻名。武则天听闻后，选她入宫担任女史，可见她富有学识。

　　颜真定曾对幼年的颜真卿进行启蒙教育，教他音辞文学等，为颜真卿的文学词赋奠定了基础。颜真定的叔父颜敬仲被酷吏诬陷，判以死罪。颜真定愤而率二位妹妹入朝，割去左耳，以示冤情，其豪情感动了武则天，使颜敬仲的死罪得以减免。颜真定的刚正勇义扭转了颜氏家族的一场厄运，也给颜真卿、颜杲卿留下了深刻的印象。颜真定嫁于钱塘县丞殷履直，生有三子六女，在她的教育下皆有成就，有助于殷氏家族的繁荣发展。

　　由上可知，颜氏家族能够人才辈出、长久兴盛，与婚姻家庭中的女性有很大关系。选娶的女性富有德行修为，能自觉承担起相夫教子的任务，不仅能养成子孙后代良好的人格品行，而且能够建立和谐向上的家庭氛围，有利于仁德家风在家族中的传承和发展。

---

　　①　颜真卿：《杭州钱塘县丞殷府君夫人颜君神道碣铭》，《全唐文》卷三百四十四。

（三）宗族规训

随着家族不断发展壮大及迁徙流动，颜氏家族形成了多个支派。宋代之后，颜氏众多支派中，留居曲阜一带的北宗颜氏最为兴盛。这主要表现为人丁兴旺、文化发达。北宗颜氏作为富有文化内涵、重视家教的世家大族，家族内部形成了系统的宗族管理制度、族规族训、族谱行辈等管理体系。

元朝时，为了便于家族内部事务的管理，北宗颜氏按照居住地分为十二户，包括大宗户、泗皋户、坊上户、嶧山户、店子户、龙湾户、陶乐户等。在明朝初年，北宗颜氏又按居住地划分为十六户，包括大宗户、泗皋户、坊上户、泗南户等。① 颜氏家族的管理制度与孔氏家族的相近，也是每户设有户头、户举、族长等管理人员，每户都听从大宗户宗子的领导。大宗户作为颜氏家族的主导者，世居曲阜陋巷。大宗户宗子负有主奉颜子祀事，主持修纂家谱、家族志书，制定族规族训，修缮颜子庙等重要责任。大宗户外，最为显著的当数泗皋户。

1. 泗皋户

泗皋户是指长期定居于宁阳泗皋村及其周围的颜氏族系。宁阳是曲阜的北邻，在周代属于鲁国，境内有孟孙氏的封邑，与鲁国都城曲阜的联系极为紧密。据《新编陋巷志》记载："颜子五十四代孙颜温及其子颜之昶、颜之皋、颜之裕和叔兄弟颜通第三子颜之习，颜称长子颜之兖，颜秘之子颜之恭等

---

① 国伟、颜景琴主编：《新编陋巷志》，齐鲁书社，2002年，第105～106页。

人，于宋、金之际由曲阜故里迁徙宁阳县泗皋一带定居。"①
这是最早迁入宁阳泗皋一带的颜氏族人。这之后，又不断有
颜氏族人迁于此地。如，颜子五十九代孙颜希皋、颜希宁兄
弟，颜希刚的四个儿子颜昶、颜谚、颜谏、颜谐等，陆续由
曲阜迁于宁阳。至今，泗皋颜氏在宁阳一带已经繁衍生息了
八百多年，传至八十多代，有两万多人，分布在黄家西皋村、
王家楼、颜家庄、侯家楼等二十多个村庄。这期间以战乱、
灾荒等原因，泗皋户也有迁居外地者，并分成了多个支系，
如泗皋户东平县常庄支、泗皋户齐河支等。

　　泗皋户虽然迁离了曲阜，但仍然属于北宗曲阜颜氏，对
先祖颜子心存崇敬之情，谨守先祖遗训，沿袭先祖家风。这
主要表现在：修建颜庙、颜林；入《颜氏族谱》；遵守颜氏
族规；遵照颜氏行辈等。

　　宁阳泗皋颜庙位于今宁阳县西鹤山乡泗皋村，至元十二
年（1275），由颜子五十四代孙颜伟奉敕修建而成。颜伟当时
担任泰安州太平镇巡检，对颜庙的修建极为用心。颜庙大殿
是三开间，殿顶为木结构，采用"二梁不在大梁上"的特殊
造型，这在古代建筑中是罕见的，呈现元代建筑的特色。经
过后代不断扩建，泗皋颜庙日益扩大完备，占地十余亩，由
大门、仪门和大殿等组成，1992 年被列入山东省重点文物保
护单位。

　　泗皋颜氏之所以重视对颜庙的修建，是因为颜庙具有重

---

　　① 国伟、颜景琴主编：《新编陋巷志》，齐鲁书社，2002 年，第 107 页。

要的祭祀功能。通过祭祀，缅怀先祖，颜氏族人加强了与先祖精神上的传承关系，接受精神上的涤荡和教化，也增强了家族的使命感和凝聚力。可以说，颜庙的祭祀活动是家族教育的一种方式和途径，对当地的颜氏族人具有教化和引领作用，激励着他们继承先祖思想、读书明理、修身养德。

宁阳颜氏泗皋户作为北宗曲阜颜氏十六户之一，被收入曲阜《颜氏族谱》中。清乾隆二十四年（1759），颜子七十一代孙颜怀襈主持续修的《颜氏族谱》，内容完善，卷首记有：历次修谱的序言，本次修谱的人员，凡例，姓源、远祖世系图、嫡裔及十六户相承图等。卷二至卷十分别记载了十六户由五十六代到七十二代的传承繁衍情况。泗皋户的传承发展在《颜氏族谱》中有详细记载。族谱作为颜氏族人血脉传承的记录，也展示颜氏子孙精神的传承，成为一种无形的引导力量和家教方式。

在行辈上，泗皋颜氏采用族谱规定的行辈来取名。从六十一代起，直到一百二十代，规定为：公重从嗣胤，伯光绍懋崇，怀士锡振承，景世廷秉培，克建永沛昭，启裕显兆守，德泽知好乐，惟有仰立卓，周正曾安鼎，祥云天自多，继志忠孝悌，纲常如大科。依此起名，不仅世代分明、辈分不乱，而且行辈选字无不寄托着对复圣后裔的美好愿望与期待。

泗皋户重视对家族的管理和教育，其族规族训主要沿用曲阜大宗户的族规族训。这说明泗皋户虽然迁居宁阳，但在制度管理、文化传承、族规家教等方面仍然与曲阜颜氏大宗户保持一致。他们传承着颜子的精神，延续着颜子仁德家风。

2. 族规族训

颜氏家族以重视家教闻名于世。为了进一步加强对家族成员行为的规范，颜氏家族制订了一系列族规族训，其制订的基本依据是《颜氏家训》《颜氏家诫》等颜氏家教典籍。

如，清嘉庆丁丑年（1817）刊印的《颜氏总谱》制订了二十条族规，包括：忠君上、孝父母、宜兄弟、谨祭祀、培坟茔、护祠堂、择族长、正婚姻、肃内政、慎交游、笃教训、恤孤寡、严纪纲、睦乡邻、戒兴讼、尚节俭、劝职业、敬谱牒、崇正学等。① 这些族规基本是从《颜氏家训》中提炼而来，以更为简练而严明的方式规定下来，要求族人严格遵守，也成为泗皋颜氏思想行为的规范和准则。

再如，曹县《颜氏族谱》记载了十条族规，包括：讲信修睦，忠厚诚恳，团结本族，往来要亲；勤俭节约，富国强民，助人为乐，救难济贫；戒恶戒赌，安守本分，要务正业，正直做人等。

寓居各地的颜氏支派多有自己的族规族训，对族人加以规范引导，也传承着先祖颜子的精神。可以说，颜氏族规族训虽简要凝练，却具有很强的适用性，对族人具有较强的约束力和教化作用，使族人整体道德素养保持较高的水平。进而，颜氏家族内部的氛围和风气变得更纯正、友善，颜子仁德家风在家族内得以长久地传承发展。

① 国伟、颜景琴主编：《新编陋巷志》，齐鲁书社，2002 年，第 281 页。

总而言之，颜氏家族重视家教，不仅较早形成了成熟系统的家教思想、探索出家教的方式方法，而且有多部思想丰富的家教典籍问世。这促进了颜氏家族整体教育的兴盛，带动了家庭中的女性重教，也促使家族中制订严明的族规族训等。从而，颜氏家族形成了整体的重教氛围，培养出了众多优于德行涵养的优秀人才，在多个领域取得了重大成就，如书法、训诂、文学、经学、史学、政坛等，有多部经典著作流传于世，促进了家学的繁荣。在良好的家教和繁荣的家学之下，家族中时刻充溢着讲学求道的氛围，流动着求仁修德的风气，使颜子仁德家风在家族中源远流长。

二、颜之推与《颜氏家训》

北齐颜之推所作《颜氏家训》是我国首部系统完备、体大思精的家教典籍。它吸收借鉴了"靖侯成规"和《庭诰》等包含的家教思想，是颜之推毕生教育、文化、为政、为学等思想的集中体现。《颜氏家训》一问世便成为颜氏家族家学的重要内容，也是家教的宝典，在家族中传承不断。后来，它在社会上传扬开去，渐渐成为世人家教的指导，在教子齐家中起到重要的作用。同时，《颜氏家训》也是研究颜氏家学及思想的重要资料。《颜氏家训》能够具有如此大的影响力，在于其内容丰富而深刻、系统而完备。它的成书也经历了一个漫长的过程。

（一）《颜氏家训》的成书

颜之推虽生于南北朝的乱世之中，却受到良好的家庭教育。他自言"吾家风教，素为整密"①，家族中多年来形成了严谨的家教。父亲颜协对颜之推兄弟要求更加严格。颜之推自述："每从两兄，晓夕温清，规行矩步，安辞定色，锵锵翼翼，若朝严君焉。"② 年幼的颜之推每天早晚跟随兄长给父母行礼，言行要合乎规矩，神色要安详，言辞要平和，举止要像朝见君主那样恭敬。童年的这些养成教育，形成了颜之推言行举止谨慎有礼的特色，构成了人生的底色，对他一生影响很大。这便是颜之推特别重视幼年养成教育的原因之一。

颜之推的家族特别重视儒家经典的教育、家学的传承。"士大夫子弟，数岁已上，莫不被教，多者或至《礼》《传》，少者不失《诗》《论》。"③ 子弟们从几岁开始，没有不接受教育的，学习多的要读到《礼》、《春秋》三传等，学习少的也要读《诗经》《论语》。这养成了颜之推爱好读书的习惯，为他博通经史子集打下了基础。父亲去世时，颜之推才9岁，教育的任务落在了兄长颜之仪身上。颜之仪教他读书习礼、明德修身，把颜之推培养成学识渊博、德行高尚的优秀人才。所以，颜之推说："慈兄鞠养，辛苦备至。"④ 父母兄长重视对颜之推的教育，不仅为他光辉的一生奠定了基础，而且在他心中种下重视家教的种子。

在良好的家学、家教影响下，颜之推成长为博通经史、

---

① 王利器：《颜氏家训集解》，中华书局，2013年，第5页。
② 王利器：《颜氏家训集解》，中华书局，2013年，第5页。
③ 王利器：《颜氏家训集解》，中华书局，2013年，第172页。
④ 王利器：《颜氏家训集解》，中华书局，2013年，第5页。

文采斐然、优于德行的杰出人物。这些才华涵养帮助颜之推迈过了众多坎坷，三次经历政权覆亡，仕事四朝，跨越南北两地，仍能转危为安，多次被重用。这些经历让颜之推悟到人生的许多道理、领会了更多儒学真谛。所以，颜之推特别想把自己的生命感受、人生体验、儒学思想等融入家庭教育中，以引导和教育子弟。

北齐灭亡后，颜之推一家入北周，不被任用，家里也无积财。在如此窘迫的情形下，颜之推仍然亲自教授颜思鲁兄弟读书学习。长子颜思鲁问父亲："每被课笃，勤劳经史，未知为子，可得安乎？"① 在困窘的处境下仍只顾读书，让颜思鲁有些不安，他想通过劳作来生存。颜之推说："子当以养为心，父当以学为教。"② 他认为儿子就应以修身养德为要、以学习为重，父亲也应以教子学习为第一要务。颜之推看重的是"务先王之道，绍家世之业"③，是把学习领悟儒学思想、传承家学、教育子孙作为更重要的事情。

颜之推居北齐时，就已经有意把对子孙的训诫，对人生、为学、为政、文化等的观察体悟等加以记录、汇总。隋开皇年间，颜之推把十余年间积累的这些资料加以汇编，结集成《颜氏家训》一书。可以说，《颜氏家训》是颜之推多方面知识学问的汇集，是他一生思想的精华，也是他对子孙后代的

---

① 王利器：《颜氏家训集解》，中华书局，2013 年，第 247 页。
② 王利器：《颜氏家训集解》，中华书局，2013 年，第 247 页。
③ 王利器：《颜氏家训集解》，中华书局，2013 年，第 247 页。

殷殷嘱托。

（二）《颜氏家训》的主要内容

《颜氏家训》共七卷、二十篇，内容非常丰富，主要包括立身处世、齐家教子、治学事业、社会风习、婚丧养生、自省养性、养生健体等众多内容，形成了庞大而思精的理论体系。首篇《序致》点明了作此书的宗旨为"整齐门内，提撕子孙"，末篇《终制》类似于遗嘱与寄托，与首篇相呼应。中间的十八篇为《教子》《兄弟》《后娶》《治家》《风操》《慕贤》《勉学》《文章》《名实》《涉务》《省事》《止足》《诫兵》《养生》《归心》《书证》《音辞》和《杂艺》。从篇名就可以看出颜之推每篇要讲的主要内容。这些内容进一步来分，大致可分为四方面：

1. 教子

《颜氏家训》把"教子"放在首要位置，也是把"教子"作为全书的主题。"中庸之人，不教不知也"，对绝大多数中材之人来说，只有经过教化才能成才。教育有规律可循，颜之推提出了关键的几点：

第一，教育要早。最好从胎教开始，抓住有利的教育时机。"少成若天性，习惯如自然"，年幼时养成良好的习惯，大了自然会去做。所以说，早期教育特别重要。

第二，严慈并重。"父母威严而有慈，则子女畏慎而生孝矣"，严与慈并举，子女有敬畏之心，又感到爱意，才能孝敬懂事。只爱不教、纵容娇惯，会让子女忿怒傲慢，甚至败德违法。

第三，不能偏爱。"有偏宠者，虽欲以厚之，更所以祸之"[1]，偏宠子女，想为他好，实际上是祸害他。所以，对子女一定要公平对待、一视同仁。

第四，重视学习，以"明孝仁礼义"[2]，学儒家为人处世之道。颜之推劝诫子弟不要因不学无知而碌碌终生，乃至受辱。"积财千万，不如薄伎在身"，技艺中易学又可贵的是读书、勤学。学的目的在于通过学习先人的品德智慧，让自身明德达理，"开心明目，利于行耳"。

颜之推总结了一系列读书学习的方法。如，读书要去掉傲慢之气，谦虚向他人学习；读书要把握时机，"幼而学者，如日月之光"，早学为好；读书要终身不已，老而弥笃；学习要好问切磋，取长补短，通过交流更快进步；"必须眼学，勿信耳受"，眼见为实，学问贵在求实求真，不可道听途说；学习要博闻精一，既明"六经"之旨，又涉百家之书，拓宽知识面和视野，还要博中有精，精通一门专业；学以致用，将学习落实到应用上，应世经务，起到提高自身素养、提高处理事务能力的作用。这些读书学习的方法曾经帮助颜氏子孙成才成德，现在仍有积极的借鉴意义。

2. 治家

治家的重点在处理好家庭中的各种关系。夫妇、父子、兄弟这三种关系是亲情伦理的基础，是家庭中的基本关系。

---

① 王利器：《颜氏家训集解》，中华书局，2013年，第23页。
② 王利器：《颜氏家训集解》，中华书局，2013年，第10页。

夫妇关系作为人伦根本，应首先注意婚配。在这方面，颜之推直接继承了"靖侯成规"的观点：不贪权势，不慕富贵。他还特别强调了后婚，以为后婚最难相处，应谨慎选择，宽厚相待。"兄弟者，分形连气之人也"，兄弟关系特别重要。兄友弟恭、相爱相助，是家庭和睦的重要前提。

治家的核心在于仁义。"世间名士，但务宽仁"①，宽仁待人，对家人、童仆、宾客、乡党有宽厚仁爱之心，不鄙视他人，家族就会少生事端、仁爱和睦。治家关键在风化，也就是"自上行于下"的带动影响，父慈然后子孝，夫义然后妇顺，兄友然后弟恭。这就要主导者加强对自身的要求，从自我做起，起到引领作用。治家要注意适度：宽猛相济，把握好宽严尺度；俭而不吝，不能因过度节俭而对他人吝啬。这是儒家中庸之德在家庭中的具体应用，目的是实现家庭成员友爱互助，实现家族安定团结、稳定发展。

《颜氏家训》中这些治家的方法和要点是儒学齐家思想的发展和应用，蕴含着丰富的智慧，是颜子仁德家风的集中体现之一。

3. 修身

修身是为人处世的根本，也是颜之推对子弟告诫的重要部分。他从风操、慕贤、勉学、名实、涉务、内省、知足、归心、养生等多个方面说起，意在培养子弟良好的道德人格与安身立命的能力。

---

① 王利器：《颜氏家训集解》，中华书局，2013 年，第 53 页。

圣
人
家
风

"礼为教本",礼为家教的基本内容,也是人修身的根本,是处理人际关系的重要准则。这就需要自觉遵守起居之礼、迎宾待客之礼,知道称呼及避讳等礼,懂得丧祭、风俗等礼仪规范,以礼规范自己的言行举止,以礼待人,具有士大夫风操,进而修养成有德君子。

君子应敬慕贤者,慎重交友。正所谓"与善人居,如入芝兰之室,久而自芳也;与恶人居,如入鲍鱼之肆,久而自臭也"①。周围的人及所在环境对人具有潜移默化的重大影响,所以要谨慎选择师友,追慕贤达君子,多与贤者交往。

君子修身要名实相符,不可只求虚名。"德艺周厚,则名必善焉"②,德行与技艺都笃厚,才能留下好名声。颜之推将士分为三类:上士体道和德,不求名;中士修身慎德,得名不让;下士,欺世盗名,不可取。君子应重在修身养德,让自己体认道,具有德,蓄价待时,不求爵禄,不争虚名。这正是颜子安贫乐道思想的承续。

修身在知足寡欲。人都有好利、好物之心,欲望的膨胀、权势的显贵会给人带来灾祸。保有谦虚谨慎之心,除去贪心,才可以避免灾祸临身。颜之推继承颜含"仕宦不可过两千石"的训诫,提出"仕宦称泰,不过处在中品",为官不高不低即可。修身重在仁德的提升,对外在物质要知足。

修身先要养生,身体健康有利于进德修身。养生先要考

_____

① 王利器:《颜氏家训集解》,中华书局,2013年,第154页。
② 王利器:《颜氏家训集解》,中华书局,2013年,第367页。

虑到各种可能的祸端，尽量避免，以保全性命。然而，比性命更为重要的是仁义。自身行为合乎诚孝，却遇到贼人恶事，就应"履仁义而得罪"①，履行仁义，为保全家国而奋不顾身，即便被贼害，也死而无憾。颜之推希望子孙健康，更希望他们具有仁爱之德，以仁义修身。

4. 文章知识

颜之推博学多才，擅写文章，通晓音韵，懂训诂之学，工于书法，在多个领域有所成就。他把这些知识技艺的要点聚集在《颜氏家训》中，对后世子孙及世人具有点拨引导作用。

颜之推家族世代以儒学为业，"吾家世文章，甚为典正，不从流俗"。他承袭家族文章典正的特色，反对浮艳、流俗、轻薄的文风。同时，他采取开放、接纳的态度，吸收新的观点，提出新的看法。如，"古之制裁为本，今之辞调为末，并须两存，不可偏弃也"②。他认为应将古代体度风格与当下的辞调相融合，推陈出新。他提出"文章当以理致为心肾，气调为筋骨，事义为皮肤，华丽为冠冕"③，即文章要兼顾多个方面。此外，颜之推点明文章源自"五经"，并总结出写文章的一些规律和方法。颜之推在文章创作方面的这些继承和创新，直接推动了颜氏学者在文章写作方面的进一步发展。

---

① 王利器：《颜氏家训集解》，中华书局，2013 年，第 439 页。
② 王利器：《颜氏家训集解》，中华书局，2013 年，第 325 页。
③ 王利器：《颜氏家训集解》，中华书局，2013 年，第 324 页。

颜之推对音韵学有所研究，再加上由南方迁北方的经历，让他熟知了多地方言。所以，他在《颜氏家训》专作《音辞》一篇，探索南北方言差异和成因，考证古今言语差异等。这对其子孙有重要影响，子孙中多人从事音韵学的研究。如，次子颜愍楚就在音韵学上有很大成就。

颜之推多年身处学术要津，博览群书，对训诂学也深有研究。《书证》集中考证了众多古文典籍，对难以理解的词语给出解释。在训诂中，他加入俗语方言、实物事例等，易懂又严谨。颜氏后人多人善训诂之学，佼佼者当数颜师古。此外，颜之推对于书法、绘画、琴棋等也有提及，认为这些技艺可以丰富生活、涵养性情、陶冶情操。

《颜氏家训》用六朝口语形式、第二人称方式写成，浅显易懂、亲切自然地传达了颜之推对子弟的关爱、教诲和嘱托。书中"聊举近世切要"，用大量的切近事例，或从正面教育，或从反面批判，教给子弟为人处世、安身立命的道理和方法，教育子孙后代明人伦、求知识的途径，将颜氏家教推向了顶点。

《颜氏家训》作为颜之推思想的结晶，是颜氏家学的组成部分，更是颜氏家教的积累和升华，是家教思想的集中体现。它起初只在家族内部传承，起到训诫、教化颜氏子孙的作用。在《颜氏家训》的引导下，颜氏家族培养了众多富有才华、品德高尚的杰出人才。如，颜思鲁善属文、训诂，颜师古是著名的音韵学家、训诂学家和经学家，颜真卿是著名的书法家、文学家，颜杲卿高节忠贞、优于德行。进而，《颜氏家训》促使仁德家风更好地在家族中传承发扬。

《颜氏家训》在社会上流传后，受到广泛好评。诚如清人王钺所说："北齐黄门颜之推《家训》二十篇，篇篇药石，言言龟鉴，凡为人子者，可家置一册，奉为明训。"[1] 它以丰富的内容、卓越的智慧，成为众多家族治家教子的宝典，对世人起到积极的规劝、教育作用，被赞"古今家训，以此为祖"[2]。《颜氏家训》对众多家庭制定家训、家规、家范等起到重要的引领和示范作用，有利于其他家族优良家风的形成。

三、颜光敏与《颜氏家诫》

《颜氏家诫》是颜子六十七代孙颜光敏在康熙年间完成的教子书，是颜氏家族家教的又一经典之作。全书分为四卷：敦伦、承家、谨身、辨惑。书首有阮元所作序，后有刘湄写的跋。题跋对此书有很高的评价："修来先生《家诫》四卷与北齐颜黄门《家训》一书均有光于复圣，可并传也。"[3] 将《颜氏家诫》与《颜氏家训》相提并论，不仅在于两者都是颜氏子孙上述祖德、劝勉子弟的训诫之书，而且两者内容丰富、见解深刻，对后世都具有重要的影响。相比来说，《颜氏家诫》篇幅要小些，内容更集中、具体，更具可操作性。其主要内容按照分卷简述如下。

---

① 王利器：《颜氏家训集解·叙录》，中华书局，2013 年，第 1 页。
② 王利器：《颜氏家训集解·叙录》，中华书局，2013 年，第 1 页。
③ 颜光敏：《颜氏家诫》，《孔子文化大全》，山东友谊书社，1989 年，第 331 页。

圣人家风

（一）敦伦

颜光敏认识到和睦的人际关系不仅是人安身立命的根基，也是人生之乐，"祖孙同堂，兄弟无故，人生至乐也"①。所以，他特别重视伦理关系，特别是父子、兄弟、朋友、族人间的关系。

在父子关系中，颜光敏特别提到父对子的慈爱，反复叮咛父母对子女要一视同仁，特别是对少子不可因怜悯喜爱而娇惯纵容，对壮子也不可因其年长而不关爱。偏爱少子容易导致少子"多骄惰、失学或孱弱善病"，壮子易有怨气，会使兄弟之间不和。作为子女，无论地位如何，都要对父母起敬起孝。只有做到孝，对他人才能真正做到敬，从而少犯错误。

兄弟是很重要的关系，要做到兄友弟恭，相互体贴，劝勉砥砺。对于兄弟的不当之行，应力谏，垂涕以劝。兄弟富贵，感到荣耀，而不是骄与妒。兄弟间偶有矛盾，当自身先言和，不使矛盾激化。坚守孝悌之道不易，"刻意孝弟，反致责备"，这就要不断地动心忍性，而"百忍不如一仁"，应以仁爱之心去化解各种矛盾。

颜光敏还提到宾客相待之礼、朋友相处之道、家族之间的相处等。主宾之间要做到礼尚往来，有礼有节。朋友之间重在讲善，要取其所长，去其所短。要恤宗族，家庭间须坦

① 颜光敏：《颜氏家诫》，《孔子文化大全》，山东友谊书社，1989年，第224页。

266

诚相待，相互信任、扶持。婚媾之事在于义。处理这些关系的具体做法不同，但是根本之道是"仁"。

（二）承家

承家，是指承继家业、传续家风。颜光敏通过追忆祖父、父亲等的英勇事迹，缅怀先人的美德善行，激励后人不忘先祖遗训、继承家族德风。

颜光敏祖父颜胤绍"少孤，家中落"，就月中读书，崇祯年间进士，任职后仍好书不厌，"书日充栋，曾无留牍"。他自言"吾陋巷家风敢自污乎"①，自觉践行颜子安贫乐道家风，以先祖美德自勉自诫。

颜光敏父亲颜伯璟也是好学不已，"家居，虽严寒，昧旦必兴，兴则偕仲父往东园小阁，上课诵竟日"②。天未亮，他便带领弟颜伯珣起床，上课读书，整日不停息，即便是严寒时也不例外。刻苦好学的风气，成就了颜伯璟兄弟的博学多识，也影响了颜光敏兄弟，促成他们勤学苦读的习惯，终以才华学识得以中举，享誉文坛。这种好学不已的家风也影响到颜光敏子孙，是家族中人才辈出的主要原因。

颜胤绍娶妻所看重的是对方的识鉴、德行，"一德相成，家声弥茂"③，认识到贤妻对家族兴盛至关重要。颜光敏进一

---

① 颜光敏：《颜氏家诫》，《孔子文化大全》，山东友谊书社，1989 年，第 255 页。

② 颜光敏：《颜氏家诫》，《孔子文化大全》，山东友谊书社，1989 年，第 247 页。

③ 颜光敏：《颜氏家诫》，《孔子文化大全》，山东友谊书社，1989 年，第 252 页。

步提出"妇者,家道所由盛衰也"①。主张选择敦厚勤俭、闺门严肃者,因为这关系到家道的兴旺、家庭的和谐,关乎教子等事宜。

颜光敏还记载了颜胤绍为政廉洁奉公、爱民勤政、忠于职守、抗击敌军的众多细节,特别记述了祖父顽强抗敌、英勇献身的过程,颂赞祖父的忠烈节义,以绍续颜氏门风。正如刘湄在题跋中所写:"《承家》一卷载河间公殉难事尤详,睹其阖门焚死,足令人悲,而慷慨激昂之气,又使人英英有立志。"② 颜光敏旨在激励子孙也有此气节与志向。

颜伯璟继承父亲遗志,优于德行,好学不已,忠孝有节,淡泊名利。他历经艰辛,寻得父亲遗骨,忠孝之心可见。他虽然富有才学,却不愿事清朝,高尚气节和淡泊名利的精神可见。颜伯璟重视家教,以"反求诸己""犯而不校"作为圣训家传,把宽以待人、严于律己的品德作为处世良方。他亲教颜光敏时,曾怒斥"为若但以空言贾实祸吾,不愿有此子孙也"③,教育颜光敏要诚实做人、作文,不可虚假欺人。颜光敏谨记祖父、父亲的言行事迹、美德善行,并以此告诫后人要秉承先祖仁德遗风,养德修身,光耀门楣,传扬后世。

---

① 颜光敏:《颜氏家诫》,《孔子文化大全》,山东友谊书社,1989 年,第 243 页。

② 颜光敏:《颜氏家诫》,《孔子文化大全》,山东友谊书社,1989 年,第 331 页。

③ 颜光敏:《颜氏家诫》,《孔子文化大全》,山东友谊书社,1989 年,第 277 页。

（三）谨身

谨身，是要注意修身养性，谨言慎行。谨身主要围绕两个方面来说：养身与修德。身体作为人存在的根基，保持身强体健是首要之务。德行是人立身处世的关键，要在言行举止中修德。

养身是谨身的基础。家诫中记载了一系列具体而微的养身之法。如，养生的首要态度是澄心静气、不嗜欲忧劳、不从流忘返。要注意生活的各种危险和不良习惯，如，"勿过开口，防脱颐含"，"勿过暖，勿伤饱"①，等等。从这些生活细节的叮嘱中，可见颜光敏对子弟关怀备至，希望他们养成良好的生活习惯，保持身体的健康，达到保身齐家之效果。

养德就要行君子之道，先具有德行，再来学习文章技能。德行表现在生活的众多细节中，如：博施济众、刚柔并济、为人率真、节欲保身、不慢上、不凌下、不乖僻、不赌博、不阿谀、不傲人、不玩世不恭、不淫乱、不酗酒、不自负，等等。要注意在生活中践行德，培养德行。

养德重在与人为善。与人为善的方式有多种，"与人为善以财以力，不如以言与人"②，给人财力的帮助，不如言语友善，扬人之善，爱人以德。养德应知敛。"敛，吾身之精气

---

① 颜光敏：《颜氏家诫》，《孔子文化大全》，山东友谊书社，1989 年，第 294 页。

② 颜光敏：《颜氏家诫》，《孔子文化大全》，山东友谊书社，1989 年，第 297 页。

者，身必固知。"① 敛的重点是自我约束、自省其身，是养德的根本所在。世人教子弟的弊端在急于求成、急于成名，而忽视内在德的培养，这是取不时之花。

（四）辨惑

辨惑，是辨析疑惑，旨在劝诫子弟明辨是非，辨别善恶，使行为无过。颜光敏本人崇尚理性，主要从辨别流俗与愚陋之习、辨明学术真伪等方面来说，并提出科学理智的行为方式。

首先，沉迷赌博、荒于游戏、卜筮等陋俗流习，会给人带来很坏影响。赌博为大害，不如学琴学书，怡情养性。昼夜下棋，也属于损害自身的恶习。以干支预测命运，是以不相干的历法妄测他人吉凶，听者不能自省，只是徒劳无益的流俗。卜筮也是有损儒者之行。念佛诵经非礼，应戒之。所以，应辨别一些习俗是否为流俗陋习，不盲信盲从，进而作出合乎礼的理性选择。

其次，辨明学术真假。古籍学术随着时代的发展也会有多种虚假妄论。对语言文字要先明析，不可乱用。引古人之文不可轻为更易，因古今之辞义不同，稍有不慎便可能失其本意。对一些史实记载也需加以辨析。如，孟子未受业于子思，孔门三出妻为诬言无疑。杨朱墨翟之说，崔颢《黄鹤楼》、杜甫诗之声韵等，也有多种不当之说，需加以

① 颜光敏：《颜氏家诫》，《孔子文化大全》，山东友谊出版社，1989 年，第292页。

分辨。这是对于思想学术的辨别，意在告诫子孙做学问要求真务实。

最后，《颜氏家诫》提出了一些有益的做法。如，读书要得义理、摆脱平庸浅薄，要知变通。练书法要先懂得选择字帖。要以礼自节，识别小人献谀。立言不在多少，而在于它是否立得住、不可倾、不可灭。"五经"等典籍"如日月焉，朝夕见而令人喜"，才可以称得上经典。学校应重在文德礼让，使民无骄气淫志。要重视习的养成，"知性必强为善矣"……由此可见，颜光敏关注人自身，强调人的主动性，重视德的修养。

总之，《颜氏家诫》"训辞深厚，文义朴茂"①，在提出告诫与建议时，有理有据，娓娓道来，充满关切之情，读来让人感到温暖，愿意听其建议，从而行之。这种家教方式具有很强的感染效果，容易在家族中推行。

《颜氏家诫》内容涉及生活的众多方面，把忠孝、德行、好学、行仁作为全书的主题，以教育训诫子孙为宗旨。虽然距离先祖颜子有上千年的历史，但是颜光敏《颜氏家诫》对德的重视、对仁的倡导仍然没有变，传承仁德家风的主题也没有变，在家族中再次掀起弘扬仁德家风的高潮。实践证明，《颜氏家诫》对颜光敏子孙具有重要的影响，是祖孙几代人才辈出、家族兴盛的重要原因。同时，《颜氏家诫》对世人

---

① 颜光敏：《颜氏家诫》，《孔子文化大全》，山东友谊书社，1989 年，第 215 页。

也具有积极的引导作用，是家教的经典之作。

本章小结：

颜子作为孔子最得意的弟子，以德行著称，具有尊师重教、安贫乐道、好学多识等美德。这些美德不仅使他得到了其师孔子及他的同门的敬重，名扬千古，而且影响了他的子孙后代，在家族中形成重视仁德的家风，培养了众多优秀人才。东汉末年，颜盛带领族人东迁琅琊，家族开始走向兴盛。从魏晋至隋唐的几百年间，颜氏家族在家学上得到了快速发展，涌现出众多卓越人物，如颜含、颜延之、颜之仪、颜之推、颜师古、颜真卿等。他们不仅在文学、经学、书法、史学等多个领域取得了突出成就，而且在仕途上多位居高层。颜氏家教也逐渐走向成熟，形成了家教典籍《颜氏家训》等，将家教推向了顶峰。在家学、家教兴盛的背景下，颜氏仁德家风也达到了新高度，颜氏家族达到了鼎盛。唐末，颜氏宗子回归曲阜。宋明清时期，曲阜颜氏发展迅速，颜太初、颜复等继续推动颜氏家学向前发展。清时，颜光敏家族家学繁荣，数代人在诗词、经学等方面都有突出的成就。而且其家族特别重视家教，尤其是颜光敏著《颜氏家诫》具有重要的教化引导作用。颜氏家族仁德家风可谓数千年不绝。

第三章
宗圣曾子仁孝家风

　　曾子和父亲曾点先后拜孔子为师，俱为孔门弟子中的佼佼者，而曾子尤为突出，因其得孔子真传，以"仁以为己任"相号召，对后世儒家影响甚大，明代被封为宗圣，与复圣颜子、述圣子思子、亚圣孟子一起享有孔庙配祀孔子的荣光。曾子父子师从孔子，深受孔子开创的诗礼家风的影响，着力以仁恕修身，以孝悌齐家，从而形成了曾子的仁孝家风，世代传承，为人钦慕。曾子的仁孝家风是春秋战国时期邹鲁地区四大圣人家风之一，虽然由曾子父子二人共同开创，而曾子的贡献更大一些。曾子对孔子思想有深刻的领悟，提出了一些新的见解，形成以仁孝为核心的思想体系。曾子的思想学说决定了其家族文化的内涵和特色，塑造了其家族的风格特征和精神面貌。曾氏后人尊曾子为家族始祖，原因多在于此。曾子家风不仅引领着曾氏家族走向兴盛，还对中国传统文化产生重要的影响，对现代家风的培育仍具有启示意义。

第一节　宗圣曾子仁孝家风的养成

曾子是孔子晚年的弟子，对孔子思想有深刻的理解与领悟，尤其在仁、孝道、礼义等方面，有独到而深刻的体会。学有所成后，曾子办学收徒，同时教育儿孙。在教学中，他强调仁、孝道、德等思想。儿子与孙子们恪遵曾子教诲，修身立德，传承家学，形成以曾子仁孝思想为特色的家风。

一、曾子家世

曾子，名参，字子舆，春秋时期鲁国南武城人，比孔子小46岁。据古籍资料记载，曾子的先祖是上古贤君夏禹。禹一心为民，治水有功，治民有方。孔子称赞禹是无可挑剔的人，自己饮食菲薄、衣服破旧、住房简陋，却尽心努力保民，修治沟洫水道等，得到人们的爱戴。禹五代孙少康复国后，分封族人，将次子曲烈封于"鄫"，建立鄫国。传说，曲烈聪慧过人，善于制作工具。如，用竹竿、木棒等制成方形渔网叫罾，用细绳与箭制成矰，制成蒸饭盛菜的陶器甑等。在曲烈的治理下，鄫国逐渐强大起来，历夏商两代不衰。周朝建立后，鄫国国君降为子爵，国势渐渐衰微。到春秋时期，鄫国成为鲁国附庸，最后被莒国所灭。

国亡后，鄫国世子巫被迫逃奔到鲁国，见复国无望，便将"鄫"中代表国土、食邑的"阝"去掉，以"曾"为姓。巫生夭，夭生阜，阜生点。夭、阜曾为鲁国卿大夫的家臣，属士阶层，到点时，家族已经沦为以耕种为业的庶民。点即为曾参的父亲。

曾点，字皙，又字子皙，是孔子早期弟子，少孔子 6 岁。曾点的言行在典籍中记载较少，在《论语》中仅出现一次。这便是《论语·先进》所记，曾点和子路、冉有、公西华向孔子言说志向。子路说他可以在三年内将一个内忧外患的千乘之国治理成英勇善战、管理有方的国家。冉有表示可以在三年内使方圆六七十里的国家富足。公西华说可以在朝聘盟会时做一个赞礼者。曾点表达的志向是："暮春者，春服既成，冠者五六人，童子六七人，浴乎沂，风乎舞雩，咏而归。"他的理想只是暮春时与五六个成年人、六七个少年，去沂河里沐浴，去舞雩台观礼，歌咏而归。

子路以勇著称、善于政事，冉有多才多艺、有为政才能，公西华谙熟礼乐，三人都是治国理政的良才。论才能与智谋，曾点都不能与他们相比，而孔子却唯独赞同曾点，这是什么原因呢？皇侃曾评论曾点："唯曾生超然，独对扬德者，起予风仪，其辞清而远，其指高而适，亹亹乎固圣德之所同也。"[1] 皇侃的评述可谓恰当点明了曾点所以得到赞赏的原因。这就是，曾子超然物外、品德高尚、心有远志。曾点的这一理想与孔子"天下大同"的志向是极为相近的，都是对

---

[1] 程树德：《论语集释》，中华书局，2013 年，第 811 页。

人类理想社会的向往和追求，是高尚美德的展现。

《孔子家语·七十二弟子解》中，评价曾点道："疾时礼教不行，欲修之，孔子善焉。"也就是说，曾点对礼乐教化不能推行感到十分痛心，想要重修礼乐。这与孔子重建礼乐的追求又相契合，再次得到孔子的赞扬。可知，曾点对孔子的思想有比较深刻的认识，具有远大的志向和高尚的品格。这些美好的品质必然展现在曾点的行为举止中，从而对年幼的曾子起到身教言传的启蒙作用，在他心中早早种下向儒学习的种子。可以说，曾点的思想境界和人格修养对曾子的成长具有重要的引领和导向作用。

二、曾子思想的形成

曾子由平民成为圣人，是因为曾子有伟大的思想。曾子思想的形成主要依赖于父亲曾点的家庭教育和孔子对曾子的学校教育。曾点的教育奠定了曾子人生的底色和方向，而孔子的教育则是曾子思想形成的决定性因素，对曾子思想的形成具有根本性指导作用。

（一）曾点教子

曾点胸怀大志，期望以礼乐教化结束混乱的局面，让人们过上悠闲宁静的生活。可出于诸多原因未能如愿，曾点遂把理想寄托在曾子身上，希望他能学有所成。故而，曾点对曾子的教育非常严格。《孔子家语·六本》记载："曾子耘瓜，误斩其根。曾皙怒，建大杖以击其背。"曾子除草时，因粗心误断了瓜根，曾点用大杖击打曾子，意在告诫曾子做事要谨慎。谁知这一杖过重，使曾子倒地不醒。曾子醒后，不但不怨父亲，还说"得罪于大人，大人用力教参"，认为父亲是在"教"他，故意弹琴让父亲知道他身体无碍。由此，既可知曾子自幼有孝心孝行，也可知曾点家教严格。严格的家教一定程度上养成了曾子小心谨慎的性格和严格认真的做事态度。

曾点教子严格，更关心和了解曾子。《吕氏春秋·劝学》记载，曾点派曾子去做事，过了该回的时间曾子还没回来。人们对曾点说："曾参大概是死了吧？"曾点说："彼虽畏，我存，夫安敢畏？"即，曾子敬畏我，只要我在，他怎么敢不回来呢？可见，曾点对曾子非常信任和了解，父子之间感情深厚。

相比来说，曾子的母亲对曾子则比较慈爱、宽容。《战国策·秦策二》记载，有人两次告诉曾母曾子杀人了，曾母都是淡定自如地纺织，相信"吾子不杀人"。由此可见，曾母勤劳慈爱，坚信曾子有良好的品德行为。母亲的教养有利于曾子敦厚性格的养成和仁爱之心的培养。

严父慈母的教育，养成了曾子严于律己、宽厚仁爱的品行。加上家庭贫困，曾子自幼便"弊衣而耕于鲁"，从小就穿着破旧衣服在地里耕作，体会到生活的艰辛，也养成了勤劳的习惯。这种耕读传家的家庭，一方面磨炼了曾子吃苦耐劳、不畏艰难的坚韧品格，一方面又在曾点的教育下，打开了曾子习儒向学的一扇门，为其思想的形成奠定了基础。这些成为曾子开创仁孝家风的前奏。

（二）学承孔子

曾子在十六七岁时入孔门就学，这应该出自父亲曾点的安排。此后，曾子在学问与修养上飞速进步。孔子周游列国时，曾子"从夫子游于诸侯"（《孔丛子·居卫》）。在随侍孔子周游列国期间，曾子既学习了儒家典籍，又历经世事磨炼，对当时社会的诸多问题和儒家思想有了深刻认识。

随孔子返回鲁国后，曾子边跟孔子集中学习，边赡养父母，直至孔子病重离世。这个时期，孔子不仅思想体系已经成熟，而且教学的内容与方法也都达到完善。所以，孔子晚年的弟子中卓越超群者尤多，曾子便是其中的佼佼者。

孔子曾评价曾子"鲁"，认为他性情敦厚，算不得特别聪明。可是孔门弟子三千，唯独曾子知晓孔子"一以贯之"之道，又是为何？这是因为曾子除了敦厚好学，还具有尊师重道、勤学好问、善思笃志等品格。曾子曾说："君子行于道路，其有父者可知也，其有师者可知也。"（《吕氏春秋·劝学》）从君子在道上的行走状态，便可知他的父母健在与否，也可知他的老师健在与否。父母、老师健在，他心情愉悦，走路轻盈。可知，在曾子心中老师与父母的位置是相当的。他孝敬父母，也同样尊敬老师。

亲其师，信其道。曾子从内心敬重孔子，对孔子的思想深信不疑，积极向孔子学习，经常提出一些深刻的问题。孔子喜欢好学善问的学生，总是有问必答，尽力教授。这些问答在《礼记》等典籍中有大量记载。如，《礼记·曾子问》整篇都是记录曾子向孔子请教礼制的问题，包括丧葬、朝聘、冠昏礼等多个方面。从中可以看出，曾子具有善于思考、积极探索的精神，对儒学尤其对礼有浓厚的兴趣。这使曾子在短时间内进步很快，迅速领悟孔子思想的精髓。同时，通过这些问题，孔子也清晰认识到曾子的天赋特长，"以为能通孝道，故授之业"（《史记·仲尼弟子列传》），专门教授他孝道方面的知识，使他在孝的方面有了系统的认识，终成为孝道的集大成者。

敦厚而善思的曾子不仅对孔子思想有深刻领悟，而且提出了一些新的见解与观点。于是，曾子成为孔门弟子中的后起之秀，得到孔子与同门的高度赞赏与评价。如，孔子赞道："孝，德之始也；悌，德之序也；信，德之厚也；忠，德之正也。参中夫四德者也。"（《孔子家语·弟子行》）认为曾子道德修养比较全面，"孝""悌""信""忠"这几种重要的美德皆备于身。这是颜回之外，孔子弟子得到的最高评价。再如，同门子贡赞曾子道："充满而不外溢，充实如同虚空，超过了却像未达到，这是先王都难以做到的，曾子却做到了。"这一评价也很高。曾子因谦卑好学、博学多识、貌恭德敦、忠信刚毅等美德，在孔门中享有很高的声誉。

（三）曾子的贡献

曾子作为孔子晚年弟子，虽跟随孔子时间不是特别长，却凭借好学善问、善于省思，对孔子思想有深入体悟，得孔子一以贯之之道。孔子去世后，曾子著书立说，在孔子思想的基础上深入阐释和推进儒家学说，建构起孝道体系；曾子强调内省修心，开启了儒学发展的新方向。同时，曾子聚徒授业于洙泗一带，培养了一大批优秀的儒学人才，对儒学的传承与发展做出了巨大的贡献。

据史料记载，现存《孝经》《大学》及已经散佚的《曾子》，均为曾子所著。可由于时代久远，书籍在流传中出现散佚、增改等情况，所以学者对曾子这些著述的看法存在诸多分歧。

关于《孝经》的作者，就有多种说法。如：孔子授，曾子作《孝经》；孔子因曾子而作《孝经》；曾子弟子或门人作《孝经》。无论何种说法，都有曾子与《孝经》存在密切关联的话题，其孝道思想对《孝经》的建构具有重要的影响，曾子思想在《孝经》中也有集中体现。

历史上关于《曾子》一书也有多种记载。《汉书·艺文志》中记："《曾子》十八篇，名参，孔子弟子。"这表明有《曾子》一书，是曾子作。可是自东汉之后，典籍中对《曾子》的记载缺失了。到《隋书·经籍志》又出现了，记载变为："《曾子》二卷，目一卷，鲁国曾参撰。"这说明《曾子》可能已被学者整理，《曾子》十八篇可能已有散佚。宋代《直斋书录解题》又记载《曾子》二卷，凡十篇，等等。这些书籍提到的《曾子》虽然都没有流传下来，但确有《曾子》一书是毋庸置疑的。

另外，《大戴礼记》中以曾子为名的十篇，记载了曾子及其弟子的言行，常被认为来自《曾子》一书。清代学者阮元给予《大戴礼记》"曾子十篇"很高评价，并将它们独立出来，汇成《曾子》，加以注释，称其"正诸家之得失，辨文字之异同"，成为研究曾子的重要资料。《大学》原为《礼记》中的一篇，宋代大儒程颐等将它独立出来，朱熹论定是曾子与其弟子所作，并列入"四书"之中。

尽管学者对这些著述存在异议，但不可否认，它们都与曾子有着密切的联系，体现着曾子的思想观点，并在儒学发展史上起到重要作用。它们既是儒学得以传承发展的重要载体，也是曾子家学的重要内容，是曾氏家族精神传承的纽带。

曾子得孔子思想真传，在孔门中享有很高威望，晚年便在洙泗一带收徒讲学，传授儒家学说。《孟子·离娄下》记载，曾子门下有七十多名弟子，著名的有子思、乐正子春、曾元、曾申、孟敬子、公明仪等，成为儒学传承发展的重要力量。

《韩非子》记载，孔子去世后，"儒分为八"。学界普遍认为其中的"乐正氏之儒"和"子思之儒"，便分别是由曾子的弟子乐正子春与子思开创。乐正子春主要继承发扬了曾子的孝道思想，子思则主要继承了曾子内省修身与仁德之学。子思又传孟子，形成了著名的思孟学派。可知，曾子在儒学传承发展中起到重要的承上启下作用，是孔子与子思、孟子之间的纽带。

曾子因其深邃的思想、光辉的人格和在儒学发展中的重要作用，不断受到人们的尊崇，其地位和封谥也逐渐提升。如，唐开元二十七年（739），曾子被封为郕伯。宋咸淳三年（1267），曾子被诏封为郕国公，开始与颜子、子思、孟子并为四配，配享孔子。元至顺元年（1330），曾子被封为郕国宗圣公。明代嘉靖年间，曾子被尊称为"宗圣"，沿用至今。曾子由平民升为众人仰慕的圣人。

三、曾子家风的养成

曾子授徒于洙泗一带，儿子曾元、曾申、曾华也一同接受曾子的教育。如此，曾子的家教便与教学结合在了一起。这与孔子的家教颇为相似。曾元、曾申、曾华又将曾子的思想在家族中传承发展下去，形成以曾子思想为主要内涵的家族风气，即曾子家风。曾子家风的形成经历了几代人的传承发展。

（一）曾子教子

曾点重视教曾子，曾子也特别重视教儿子们。古代典籍中有多处曾子教子的典故，从这些典故中可以得知曾子的家教思想。

《韩非子·外储说左上》记载了曾子"杀猪示信"的典故。曾子妻要去集市，儿子想去。曾子妻以答应儿子杀猪吃肉为由，没让他去。曾子妻回来，见曾子要杀猪，去阻止，说只是哄小孩。曾子说："婴儿不能被戏弄。婴儿无知，要父母教才能学会。现在欺骗孩子，是教孩子欺骗。母亲欺骗孩子，孩子就会不信任母亲，这不是教子成人的方法。"从曾子的言行中，可知曾子不仅注意到父母对孩子的教化作用，而且认识到最有力的教育方式是以身作则。父母说到做到，孩子才能信其言，成为讲诚信的人。父母是孩子最好的榜样。所以，曾子特别注重身教，谨言慎行，率先垂范。

《大戴礼记·曾子疾病》用一整篇记载了曾子病重时对儿子们的殷殷嘱托和谆谆教诲。曾子将自己一生思想的精华、为人处世的精要浓缩在最后的遗嘱中，期望儿子们成为有德性修养的君子。他的教诲归结起来主要集中为以下几点：

第一，传承孝悌之道。曾子对儿子说："亲戚不悦，不敢外交。近者不亲，不敢求远。"（《大戴礼记·曾子疾病》）也就是说，与父母、兄弟等亲人的关系处理不好，不敢去结交别的关系。因为孝悌是君子的首要之务，做到对父母的孝、对兄长的悌，才能处理好其他关系。

第二，修养仁之德。曾子提出："仁以为己任，不亦重乎？死而后已，不亦远乎？"（《论语·泰伯》）他自觉以仁为己任，希望儿子也把修仁、行仁作为自己的责任和使命，终身不已。

第三，闻道向学。曾子教诲儿子："尊其所闻，则高明矣；行其所闻，则广大矣。"（《大戴礼记·曾子疾病》）学习儒学思想，可以见解高明；按照儒学之道行为处事，可达至广大。所以，君子要志在闻道、行道，学习并践行圣人之学。

《礼记·檀弓上》记载了"临终易箦"的典故。曾子病危，曾元、曾申坐在床边。一童子说："这是大夫用的吧？"曾子听到，说："这是季孙氏以前赐给我的。元，来帮我换掉。"曾元说："您病很重，不可移动，等天亮再换吧！"曾子说："你爱我还不如那孩子，君子爱人是成全美德，小人爱人是苟且求安。我有何求？我只盼尊礼守节，死得规矩！"结果，席子还没换好，曾子就去世了。曾子所以要换席子，是因为按照当时的礼节，只有大夫才有资格铺那样的席子，而曾子当时已是平民，用那样的席是违礼的行为，所以坚持要换掉。由此既可看出曾子自觉恪守礼节，也可看出他身体力行的品格。他教儿子要守礼，自己必先守礼。

曾子作为老师和父亲，通过言传身教、以身作则，教给了儿子们丰富的儒学知识和思想，更教给了他们修身养德的途径和方法，如好学、省思、改过、慎独等。这些教诲可以说是曾子思想的精华，是曾子希望子孙后代具有的品德修为，成为曾子家族家教的主要内容。

曾子教子作为古代家教的典范，不断受到赞颂和学习。如，《说苑·杂言》赞曰："孔子家儿不知骂，曾子家儿不知怒。所以然者，生而善教也。"这里把曾子教子与孔子教子相提并论，强调曾子家教不是通过简单的责罚，而是通过身教言传，在潜移默化中实现教育。正所谓"父母正则子孙孝慈"，父母的人格修养具有重要的引领教化作用。曾子教子的这些理念和方法成为曾子家族世代相承的家教宝典，深深影响着后世子孙。

（二）子承父教

孔子曾对曾子说"不知其子，视其父"（《孔子家语·六本》），这句话在曾子父子身上得到了很好的验证。在曾子的言传身教下，三个儿子都很优秀，尤其是曾元和曾申，不仅在道德修养与学术涵养上得曾子真传，而且重视教化子孙、传承家学，为曾子家族文化的传承与发展做出了重要贡献。

曾元，字子元，曾子长子，曾任鲁国兵司马。他常年跟随曾子，接受曾子教育，继承了父亲高远的志向，能坚守仁义、践行孝道。《荀子·大略》中记载，曾元曾评价燕国国君"志不远大，不以事业为重"。从中可见，曾元具有远大志向，胸怀国家社稷，自觉继承曾子"仁以为己任"的说教。

曾元突出的美德还体现在自觉践行孝道上。《孟子·离娄上》写道："曾元养曾子，必有酒肉。"虽然做不到曾子对曾点"养志"那样高的境界，也能敬养有加。曾子病重，曾元一直陪伴身边，尽力事亲，认真听从曾子的教诲，没有丝毫懈怠，做到了敬亲。曾元因其德行，受到后人的赞颂。如，明代吕元善赞扬曾元："莱芜闻孙，宗圣冢嫡。于《孟》志养，于《礼》志箦。"①

曾申，字子西，曾子次子。他学识渊博、博通"六经"，是先秦时期儒家的重要代表人物。曾申所学知识大多来自父亲曾子。《礼记·杂记下》记载，曾申问曾子："哭父母有一定的声调吗？"曾子答："如同婴儿半路上不见父母时的啼哭，哪里有一定的声调呢？"哭父母本为礼节中的极小之事，而曾申能注意到，可见他不仅特别注重孝道，而且对礼特别关注。

《礼记·檀弓上》记载，鲁穆公因母亲去世，问曾申怎么办丧事。曾申答："我听父亲说：'用哭泣来表达悲哀，穿

---

① 吕元善：《宗圣志》，《四库全书存目丛书》（史部第七十九册），齐鲁书社，1996年，第502页。此处"莱芜"是指莱芜侯曾点。

齐衰、斩衰等丧服来报答恩情，服丧期间只吃稀饭来尽哀思，这些从天子到百姓都是一样的。至于覆棺用的幕，卫国用布幕，鲁国用缥幕，这些细节不必相同。'"从这里可以知道，曾申关于礼的知识是曾子亲授。

曾申好学不已，不仅跟父亲学习，又师从子夏进一步学习《诗经》，向左丘明学习《春秋》，成为精通"六经"的大儒。后来，曾申也授徒教学，培养了侄子曾西、魏人李克、卫人吴起等一批优秀人才。① 可见，曾申也是将家教与教学相结合。并且，因曾申又学于子夏、左丘明等，曾子家学得到进一步丰富与发展。

曾西，字子照，曾元之子。除了接受父亲教导，曾西主要跟随叔父曾申学习，尤其是《诗经》得曾申要义，特别重视德行仁政。《孟子·公孙丑上》记有曾西的思想言论。有人问曾西："你与子路谁贤？"曾西恭敬地说："子路是我祖父曾子敬畏的人。"又问："那你和管仲谁贤？"曾西面露怒色，说："怎能把我和管仲相比呢？管仲是有幸得遇齐桓公，他如此专权，执掌国政如此长久，功绩又是如此之小。你怎么能拿我和他相比呢？"

子路为孔子的得意弟子，勇猛精进，有治国之才。孔子将他列为四友之一，称自从有了子路，"恶言不至于门"。子路的明察果断、直爽豪迈、仁者情怀让曾子充满敬畏之情。

---

① 在《礼记·曲礼》中有时也称曾申为曾子，可知曾申当时也是知识渊博、富有威望之人。

曾西继承曾子的遗志，也非常崇敬子路，故不敢与子路相比。管仲虽有治世之才，辅佐齐桓公成就霸业，但是他所采取的是称霸之术，而不是行仁政王道，所以曾西说他"功烈，如彼其卑也"，不屑与他相提并论。从此可知，曾西所看重的不是功业的大小，而是道德的高低，所称道的不是专权霸道，而是王道仁政。这正是对曾子"仁以为己任"的传承。

吕纯良作《曾西赞》称赞曾西："克承祖训，圣门之徒。推尊子路，羞比夷吾。"① 这一评价可谓恰如其分。曾西能继承祖训，发扬曾子的思想品格，气节高昂，胸怀宽广。他的这些思想行为是在父辈的教育影响下形成的，是对家学的传承。

由以上可知，曾点教曾子，曾子教曾元、曾申、曾华，曾申又教曾西，祖孙四代亲授不断，达到思想上相承、学术上相习。曾子与曾点又都师从孔子，所以说，曾子四代传承和发展的主要是孔子儒家思想，且都取得了较大的成就。这诚如清人郑晓如在《阙里述闻》所言："孔门弟子四世著闻者，推鲁曾氏。"② 因为曾子有自己的著述，所以其家族在家教中不仅教授儒家"六经"典籍，还应传授曾子著作，这些组成了曾子家族家学的主要内容。经过四代人、近百年的时间，曾子家族内家学传承不断，形成了传习儒学、进德修身

---

① 吕元善：《宗圣志》，《四库全书存目丛书》（史部第七十九册），齐鲁书社，1996年，第503页。

② 郑晓如：《阙里述闻》，《孔子文化大全》，山东友谊书社，1989年，第387页。

的氛围和风气，养成了以曾子思想为主导的家族风格和特色。这就是曾子家风。

四、曾子家风的内涵

在曾子家风的形成过程中，起主导作用的是曾子。曾子的思想决定了曾子家族家风的内涵和特色。曾子得孔子思想的宗旨，思想丰富而深刻，涉及修身、齐家、治国等多个方面。曾子家族的家风也是内涵丰富，概括起来主要表现为自省循礼、孝道传家、仁以为己任三个方面。

（一）自省循礼

曾子特别重视道德境界的提升和个人品格的修养。他着重从两个方面来修身养德：一是通过内在自省、慎独等方式来自我监督、自我警醒，自觉提升道德境界；一是通过礼来约束、规范自己的行为，循礼而行，修养自身。

第一，自省修身。曾子生性敦厚，注重修身，提出了自省、慎独等一系列修身方法。最经典的莫过于《论语·学而》中所言："吾日三省吾身：为人谋而不忠乎？与朋友交而不信乎？传不习乎？"曾子每天多次反省自身：为人谋事有没有尽力而为？与朋友交往有没有做到守信？老师传授的知识有没有领悟实践？可知，曾子常常反思自我，省察自己在工作、交友、学习等方面是否合于道德，是否合乎规范。这是对孔子"见贤思齐焉，见不贤而内自省"的进一步发展。自省是发自内心的自觉反思，是通过不断体察、醒悟，查找自身不足，进而改过迁善，不断精进，使自身的道德境界、人格修养不断提升。

曾子的自省不是空想，而是与学、行相结合，将自省融入行动之中。他提出君子要做到守业，应"爱日以学，及时以行，难者弗辟，易者弗从，唯义所在"，晚上"自省思，以殁其身"（《大戴礼记·曾子立事》）。也就是说，守业需要白天勤奋学习，并及时践行，难事不逃避，易事不盲从，一切以义为标准，晚上还要内省反思，总结哪些好、哪些需要改善，直到老死不懈怠。这种思与学、行相结合的方式，使人不断改善进步，是人立业成德的重要途径。关于省思，曾子还提出："思而后动，论而后行，行必思言之，言之必思复之，思复之必思无悔言。"（《大戴礼记·曾子立事》）也就是说，君子应思考论证后再行动，行动中也要有所反思，行动中思考如何言说，再次思考仍觉得无悔，如此在行动中反复自省，不断修正，才能使行动更为正确、客观。这也叫做慎。

慎贵在慎独。《礼记·大学》说："所谓诚其意者，毋自欺也，如恶恶臭，如好好色，此之谓自谦，故君子必慎其独也。"面对自己的真实想法，不自欺，不欺人，独处时也能够谨慎自律，始终如一，坚守道德，这便是慎独。这种慎独的修养方式，使君子心胸坦荡，做到诚意，进而达致正心、修身。

曾子之所以强调自省、慎独，在于认识到"心"的功用和意义。这种从"心"出发，主观"内求"的修身方式，是对心性之学的开创，成为儒家修身养性的主要方法。这也成为曾子子孙进德修身的重要方式和途径。如，明代山东布政司照磨王思任所作《曾华赞》中曰："慎厥所与，毋为诡随。当其颠沛，受乃遗辞。"① 赞美曾华身处颠沛的困境中，仍不忘父亲遗嘱，能做到谨言慎行，内省其身。可以说，内省、慎独成为曾子家族修养自身、提升境界的重要方式方法，是其家族的一大特色，也是家族保持兴盛的一个重要因素。

第二，循礼守约。曾子不仅注重内省，也很重视礼。《礼记》《大戴礼记》等典籍中有大量曾子问礼、言礼的记载。《礼记·曾子问》一整篇都是曾子向孔子问礼的记录，包括丧葬、朝聘、冠昏等多个方面的礼。曾子认真听取孔子的讲授，不仅获得了丰富的礼乐知识，而且进一步思考，形成自己的思想见解。

曾子主张将礼落实在具体的行为之中，灵活运用。他认为："夫礼，贵者敬焉，老者孝焉，幼者慈焉，少者友焉，贱者惠焉。"（《大戴礼记·曾子制言上》）礼对于尊者重在表现出敬，对老者重在显示孝，对幼者重在表达慈，对少者重在展示友，对贫者重在给予惠。关于不同的对象要采用不同礼的表达方式，将礼显现出来。

曾子还对礼加以扩展升华，将礼与其他道德范畴相结合。他提出："君子修礼以立志，则贪欲之心不来；君子思礼以修身，则怠惰慢易之节不至；君子修礼以仁义，则忿争暴乱之辞远。"（《说苑·修文》）通过修礼来树立志向，可以扼制内

---

① 曾国荃：《宗圣志》，《孔子文化大全》，山东友谊书社，1989 年，第 790 页。

心的贪婪欲望；用礼来修身，行为就没有怠慢颓惰之节；用修礼达到仁义，就能远离各种纷扰的言辞。曾子把立志、修身、仁义与礼相关联，将礼扩大到更广的领域。于是，礼不仅是社会的行为规范，还是人安身立命的内在指导，是修养仁义道德的途径，具有全面性、自觉性和主动性。

　　曾子如此重视礼，与父亲曾点重视礼的志向有一定关系。曾子在家教中自然也把礼作为重要内容，如"临终易箦"，至死守礼，告诫子弟要守礼。儿子曾申多次向曾子问礼，曾子倾力相授。从鲁穆公多次向曾申问礼，可知曾申在当时已经以知礼闻名。明代山东兖西道参政吴邦相赞曾申道："精通变礼，审择安身。善于问对，明乎屈伸。兼得友资，不负庭训。"[①] 曾申得家学真传，精通于礼，并将礼加以灵活应用，能明审安身，能知屈伸之道。曾申又将礼的精神传给侄子曾西，没有辜负庭训。可知，曾子家族已经养成了学礼、守礼的风气，代代相传。

　　（二）孝道传家

　　曾子孝道思想主要来自孔子，后又在孔子思想的基础上将孝加以推进。这主要表现在曾子形成了系统的孝论体系，并积极践行孝，在实践中总结出系统的行孝方法。

　　第一，曾子建立了孝论体系。这个体系首先表现在，曾子扩大了孝的外延，将孝贯穿于个人修养、家庭生活、从政

---

　　① 曾国荃：《宗圣志》，《孔子文化大全》，山东友谊书社，1989 年，第 790 页。

治国和社会关系等多个领域，成为更加博大的理论体系。他提出："居处不庄，非孝也。事君不忠，非孝也。莅官不敬，非孝也。朋友不信，非孝也。临阵无勇，非孝也。"（《礼记·祭义》）也就是说，就个人而言，不庄重不是孝；在社会上，事君不忠不是孝；在为官中，不敬不是孝；与朋友交，不信不是孝；在战场上，无勇不是孝。将原本家庭中子女对父母的孝，推向修身、为官、交友、征战等多个方面，让孝具有更加广阔的空间和内涵。

其次，曾子丰富了孝的内涵。他说："夫仁者，仁此者也；义者，宜此者也；忠者，中此者也；信者，信此者也；礼者，体此者也；行者，行此者也；强者，强此者也；乐自顺此生，刑自反此作。"（《大戴礼记·曾子大孝》）这里的九个"此"都是指孝，意指仁、义、忠、信、礼、行、强、乐都应在孝上得以展现，才算是仁者、义者、忠者、信者、有礼者、践行者、强者、乐者。也就是说，孝与仁、义、忠、信、礼、行、强、乐密切相关，蕴涵在它们之中。这样，曾子就将孝的思想进一步升华，使孝具有了更为丰富而深刻的内涵。

再次，曾子还提升了孝的地位和作用。曾子提出："夫孝，置之而塞于天地，衡之而衡于四海，施诸后世而无朝夕，推而放诸东海而准，推而放诸西海而准，推而放诸南海而准，推而放诸北海而准。"（《大戴礼记·曾子大孝》）也就是说，孝是古今中外、天南海北的大道，是超越时间、空间的通行法则，成为"天之经也，地之义也，民之行也"（《孝经》）。

这样孝就具有了永恒性和超越性，是人类普遍的法则。

曾子还将孝作了多种划分和论说，使孝的内容更为清晰。如，《大戴礼记·曾子大孝》将孝分为大孝、中孝、小孝。《孝经》将孝分为天子、诸侯、卿大夫、士、庶人五种不同阶层的孝。可以说，曾子建立起了以孝为本位的思想体系，使孝的理论达到了成熟完善。

第二，曾子实践孝。曾子积极践行孝，探索总结出行孝的众多规则和方法，使孝落到了实处。行孝的方式很多，主要表现为敬亲、爱身、谏亲、养亲等。

1. 敬亲指敬爱父母、使父母获得尊荣。它既表现为"君子之孝也，忠爱以敬"（《大戴礼记·曾子立孝》），发自内心忠爱与尊敬父母，也表现为"立身行道，扬名于后世，以显父母"（《孝经》），通过德性修养获得美名，使父母获得尊荣。曾子说："养可能也，敬为难。"（《大戴礼记·曾子大孝》）敬父母比单纯供养父母要难很多。"敬可能也，安为难；安可能也，久为难；久可能也，卒为难"（《大戴礼记·曾子大孝》），一时的敬父母容易做到，难在长久做到敬、始终如一做到敬。

曾子在日常生活中悉心照料父母，"昏定晨省，调寒温、适轻重，勉之于糜粥之间，行之于衽席之上"（《新语·慎微》）。他常年对父母早晚问安、嘘寒问暖，以表达敬爱之情，在饮食与起居中精心照顾，表达对父母的关爱，这些都是细微又真切的敬亲。

2. 爱身是让父母无忧、安心的首要一步。《孝经》说：

"身体发肤，受之父母，不敢毁伤，孝之始也。"父母最为挂念的是儿女的身体安危。孝父母起码要爱护好身体，以免父母担忧。为此，曾子提出多条要求："孝子不登高，不履危，痹亦弗凭，不苟笑，不苟訾，隐不命，临不指，故不在尤之中也。"（《大戴礼记·曾子本孝》）孝子不攀登高险之处，不走危险之地，不临近低危的深渊，不让自己处在危险之中，不随便嬉笑，不诋毁他人，不在位不乱发命令，在上位也不乱指，使自己言行举止没有过失，就不会给自身带来危险和羞辱。通过爱身，不让父母担心、受辱，也是一种孝。

爱身在于修身，要自觉规范自己的言行举止。"一举足不敢忘父母，一出言不敢忘父母"，让自己的言行举止没有过失，不给自身带来危险和羞辱。即使父母已经过世，也要"慎行其身，不遗父母恶名"，不让父母身后受辱，这才算是"能终"。曾子一生谨言慎行，爱身养体，就是为了不使父母担忧、受辱。病危时，曾子见自身完好无损，做到了爱身，欣慰地说"而今而后，吾知免夫"（《论语·泰伯》），感到如释重负。这正是对孔子"父母全而生之，子全而归之，可谓孝矣"（《礼记·祭义》）的执守，是爱身不辱的典范。

3. 谏亲指当父母行为不合理时应积极劝谏。"从而不谏，非孝也"（《大戴礼记·曾子事父母》），一味地顺从父母，不是孝。"父有争子，则身不陷于不义。"积极劝谏，可以阻止父母不当的行为，避免父母陷于不义，这也是孝。

劝谏有要求和规范，主要包括谏而不争、以正致谏、微谏不倦等。"孝子之谏，达善而不敢争辩。"（《大戴礼记·曾子事父母》）劝谏父母的目的在于达到良善，但不可以强行争辩。争辩可能引起各种混乱，谏不是争。要"以正致谏"，就要以正面的意见看法来劝谏。"父母有过，谏而不逆"（《大戴礼记·曾子大孝》），"微谏不倦，听从而不怠"，对于父母的过错，劝谏时态度要温和，父母不听取就多次劝谏，直到父母改过为止，但是在父母没有改过前，要听从，不可以忤逆不从。这似乎是一种矛盾的做法，一面要劝谏，一面要听从，实际上是"巧变"的做法，是使父母安，是"不耻其亲，君子之孝也"（《大戴礼记·曾子立孝》）。可见，曾子的孝不是愚孝，而是一种理智、有分辨的孝。

4. 养亲是最基本的孝。《吕氏春秋·孝行》详细记载了曾子五种养亲之法：养体、养目、养耳、养口、养志。这五者大致可分为养体和养志两方面。养体，是满足父母的物质需要，养活父母。养志是给予父母精神上的安慰与照顾。养志与养体不是截然分开的，而是紧密相连的。

为了能亲自孝养父母，虽家里贫穷，曾子也不愿远离父母去做官。齐国曾聘请曾子做卿大夫，给予优厚俸禄。曾子没有接受，说："吾父母老，食人之禄，则忧人之事，故吾不忍远亲而为人役。"（《孔子家语·弟子解》）他不愿为了俸禄而离开父母，他乐在能奉养他们。父母不在了，他才去楚国为高官，"堂高九仞，榱题三围，转毂百乘"，待遇可谓优厚。但是曾子并不开心，常因为思念故去的父母而面向北方哭泣。这便是曾子所说的"故家贫亲老，不择官而仕；若夫信其志、约其亲者，非孝也"（《韩诗外传》卷七）。即使家里穷，也要以养亲为重，不应出仕为官，而以能养父母为乐。因追求个人志向与名利而没有尽到孝养父母的人，不算是孝。

养亲，还在养志，给予父母精神上的安慰与照顾。曾子说："孝子之养老也，乐其心，不违其志，乐其耳目，安其寝处，以其饮食忠养之。"（《礼记·内则》）孝子养亲，既要使他们起居安逸、饮食甘美，又要忠心奉养，让父母心情愉悦，不违背父母的意愿，让父母享受耳目之乐，这就是养志。养志比养体更难为。

在行孝的过程中，敬亲、爱身、谏亲、养体、养志等不同的方式常是交互并行的。这就是《大戴礼记·曾子立孝》中所说："尽力而有礼，庄敬而安之，微谏不倦，听从而不怠，欢欣忠信，咎故不生，可谓孝矣。"孝亲要有礼节，有内心的恭敬之情。对父母不当行为加以劝谏，心中有爱，使饮食居处愉悦，并能养其志，才可以称作孝。

曾子养亲就是全面的养，不仅养体，还做到养志，始终充满敬爱之情。《孟子·离娄上》记载："曾子养曾点，必有酒肉。"曾子家贫穷，却以酒肉养父亲，这是养体。"将撤，必请所与"，撤酒肉时，必问曾点剩余的酒肉给谁。这是曾子完成父亲与人分享的意愿，让父亲心满意足，养父之志。

历史上还流传着曾子孝亲的一些典故，如雪阻操琴、不食羊枣、观礼泪涌、啮指痛心、不入胜母之闾等。曾子身体力行，成为孝的典范，名扬千古，更为子孙做了榜样。曾元、曾申、曾华在父亲的教诲和影响下，能尽孝道。曾元以酒食养曾子，做到养体。曾申继承父志，授徒教学，传承儒学，做到养志。曾子病重时，曾元抱着曾子的头，曾华抱着曾子的脚，陪伴在曾子周围，给予悉心照顾。孝已成为曾子家风的重要内容。

（三）仁以为己任

曾子认识到孔子的核心思想是仁，也以此作为自己的信念和追求，发出"仁以为己任，不亦重乎？死而后已，不亦远乎"（《论语·泰伯》）的豪言壮语。对曾子此志，朱熹阐释道："仁者，人心之全德，而必欲以身体而力行之，可谓重矣。"[1] 这一阐述正点明了曾子的意愿和行为。曾子把实现"仁"的理想作为自己的使命，明知任重而道远，仍不懈追求，并且身体力行，至死不悔。这是曾子对孔子"志士仁人，无求生以害仁，有杀身以成仁"（《论语·卫灵公》）的最好诠释，是其高远志向和高度社会责任感的最好表述。

曾子之所以如此坚定"仁以为己任"，在于他对仁有深刻的体认。孔子思想博大精深，自言"吾道一以贯之"。唯有曾子心有领会。门人不知，便问曾子。曾子说："夫子之道，忠恕而已矣。"由此可知，曾子与孔子心有默契，知孔子所言的"道"，提出了著名的言论：孔子一贯之道是"忠恕之道"。这可谓道出了孔子思想的真谛。

何谓忠恕之道？子贡曾问孔子："有一句话可以终身奉行吗？"孔子回答："其恕乎！己所不欲，勿施于人。"（《论语·卫灵公》）人终身奉行的大道是恕，恕是"己所不欲，

---

① 朱熹：《四书章句集注》，中华书局，1983 年，第 104 页。

勿施于人", 是宽以待人, 是仁。"忠", 是"己欲立而立人, 己欲达而达人", 是帮助他人, 也是仁。所以, 忠恕之道就是仁道。

对于仁, 曾子也加以进一步阐发。他认为: "是故君子以仁为尊。天下之为富, 何为富? 则仁为富也。天下之为贵, 何为贵? 则仁为贵也。" (《大戴礼记·曾子制言中》) 曾子把仁视为天下之尊、天下之富、天下之贵, 人要追求的尊、富、贵都要以仁作为准则, 合乎仁的要求。舜因为其仁德, 得以拥有天下之尊贵; 伯夷、叔齐虽然饿死于首阳之下, 却因为仁, 得以名扬千古。进而, 曾子提出君子要通过不懈的努力来修养仁德, 达到"思仁义, 昼则忘食, 夜则忘寐, 日旦就业, 夕而自省, 以殁其身" (《大戴礼记·曾子制言中》)。也就是说, 君子要废寝忘食地探求"仁", 白天学习, 晚上自省, 终身如此, 从而使自身具有仁之德、仁之行。

曾子积极探索仁的思想内涵, 也在切实践行仁。《说苑·立节》记载, 曾子穿破旧的衣服在田地中耕种。鲁国国君见此, 便派使者赠送曾子一些土地, 让他用来改善衣食。曾子不接受。使者去而复返, 再次受命给他土地财物。曾子还是不接受。使者说: "先生不是求于人, 而是他人赐给你的, 为什么不接受呢?" 曾子说: "臣闻之, 受人者畏人, 予人者骄人。纵子有赐不我骄也, 我能勿畏乎?" (《说苑·立节》) 最终没有接受。曾子贫穷, 却不愿接受他人的馈赠, 是因为在他心中仁义最为尊贵, 他不愿因为物质利益而畏于他人, 从而使仁德受损。这正是践行他所说的: "晋国和楚国的财富,

我纵然比不上，但它有它的财富，我也有我的仁德；它有它的爵位，我有我的义，我有什么不满足的呢?"(《孟子·公孙丑下》)

曾子以仁自任，具有刚毅勇为的气节。曾子的刚毅因有仁为引领，所以理智而深邃，富有力量和方向。曾子对仁的担当与坚守，不仅使他具有远见卓识，也对子孙影响巨大。《曾氏族谱》记载，魏文侯知曾西是贤才，要立他为官。曾西见魏文侯所重在霸业，而不是仁政，便"克承祖训"，舍弃高官厚禄离开了。这与曾子多次不接受鲁君的赏封相近。可以说，曾西自觉传承曾子重仁精神，行事以仁为准则。

仁与孝作为曾子思想的重要组成部分，也是曾子所具有的两种重要美德。仁与孝两者本就是紧密结合的。《后汉书·延笃传》中说："先孝后仁，非仲尼序回、参之意。盖以为仁孝同质而生，纯体之者，则互以为称。"孔子称赞颜回与曾子具有仁、孝之德，这仁与孝不是先孝后仁，而是同质而生、不可分割的一体。也就是说，曾子以孝著称，其孝之中蕴涵着仁的因素，他"仁以为己任"的主张中，也含有孝的思想，仁孝思想实为一体。所以，以仁、孝为基本内容和特色的曾子家风，也可以概称为"仁孝家风"。

总起来看，曾子因尽得孔子思想精髓，成为品德高尚、学识渊博、思想深邃的圣贤，其人生也由耕读为生转为专门传授儒家思想的师者。曾子将其思想精要传授给儿子们，并以其行为习惯、人格魅力和道德涵养潜移默化地引领着子孙。其子孙也都不再耕种，或授课，或为官，成为具有学识涵养的士。经过几代人的传承发展，曾子家族内形成了以内省循礼、孝道传家、仁以为己任为主要特征的仁孝家风。

第二节　曾氏家学与家风

曾子与父亲曾点师从孔子，曾元、曾申、曾华直接接受曾子的教育，曾西接受曾申教导，曾子四世家学相承，所学皆来自孔子，是对儒家学说的继承和发展。此后，曾氏家族世代相传的便是以孔子儒家思想为基本内容，又融入曾子、曾申等曾氏思想学术的家学。曾氏家学随着时代的变化、儒学的发展而不断发展，呈现为波浪式曲线前进，主要表现为：先秦时期高峰、汉唐时期低迷、两宋时期兴盛、金元时期低谷、明清时期再次繁荣。尽管曾氏家学各个阶段的发展特色和繁盛程度不同，但是在家学内涵中始终贯彻着曾子仁孝思想的底色。所以，在家学传承和发展中，曾氏家族一直洋溢着以仁孝为基本特色的家风。

一、汉唐曾氏家学的低迷

经过先秦时期曾子祖孙几代人的传承发展，曾氏家学已经初步形成，并在家族中传承下去。西汉时期，曾子后裔研习家学、德才兼备，多人出仕任职。他们为官清廉、刚毅有为。西汉末年曾子十五代孙曾据"耻事新莽"，率族人迁徙江右。此后，曾氏族人以其学识品德，在南方渐渐崭露头角，有多人出仕为官。到隋唐时期，曾氏家族渐趋兴旺，根基渐渐牢固。虽然与先祖曾子相隔千余年，与故乡相距千余里，曾氏家族对家学的传承没有断绝，仁孝家风的本质也没有改变。

（一）汉魏时期曾氏家学

从曾子到曾西，以子承父教为主，学术思想一脉传承。家族思想来自孔子，所习也多是儒家典籍。曾子对孔子思想有所推进，也著书立说，《曾子》《孝经》等是其思想的集中体现。《汉书·艺文志》记载："《曾子》十八篇，名参，孔子弟子。"虽然只列有篇名，也可知至东汉班固时，《曾子》一书仍然有名于世。从曾子到此时，经历了战国、秦、西汉，五百多年的时间，《曾子》一书赖谁而传？《曾子》首先应是在曾子的弟子门人与曾子的子孙后代中传承。《曾子》《孝经》等应是曾氏家族家学的主要内容。

西汉戴德编撰的《大戴礼记》中仅以"曾子"命名的篇章就有十篇，是对曾子言行的整理、汇编，有些学者认为这十篇来自《曾子》一书。西汉戴圣的《礼记》中也记录了曾子大量的思想言论。可见，曾子思想，尤其是孝道思想适应了当时社会文化的需求，具有重要影响力，占有重要地位。《大戴礼记》《礼记》，特别是与曾子有关的章句也应是曾氏家学的内容。

曾子的人格境界、理想追求、思想内涵等，通过《曾子》《孝经》等家学传递于子孙，影响着他们的思想言行、理想信念等，进而培养出众多德才兼备的人才。西汉时期，曾氏子孙出仕为官者较多。据《宗圣志》记载，曾子宗子一支从五代曾导到十五代曾据，均在朝廷任官职。如，五代曾导任平阳侯、六代曾羡任徐州刺史、七代曾遐任陕郡太守、八代曾伟任汉尚书令、十四代曾玉官至汉御史大夫。可见，曾氏家族在西汉时期已经具有一定的政治地位。

西汉时曾氏子孙之所以能代代为官，有多种原因，其中主要有两点。一是，西汉时期采取崇儒重教的政策，大批儒者位居朝廷要职。汉代又尤其重视孝道，提倡"以孝治天下"，采取举孝廉等措施，对以孝著称的曾子家族来说，有先天之便。二是，曾氏子孙多具有才与德，能够担当重任，进而得到朝廷的青睐。这是根本所在。才德的培养主要依靠家学的传承、学习。

汉代的曾子后裔中才德最为显著的是曾子十五代孙曾据。曾据，字恒仁，曾任都乡侯，后因立功，又加封关内侯。西汉末年，政权渐渐被外戚掌控。初始元年（8），外戚王莽改国号为"新"，夺取西汉政权，建新朝，引起了社会的重大混乱。曾据"耻事新莽"，作《南迁记》愤然指责王莽罪行，毅然放弃爵位厚禄。他带领众多族人离开世代安居的家乡南武城，南迁渡江，隐居江西永丰庐陵郡的吉阳乡（今江西吉安）。曾据这一举措，改变了曾氏家族的命运，他也因此被称为曾氏始迁江右之祖。后人对曾据的品格和义举赞扬不断，汉明帝诏封曾据为吉阳郡公，敕封曾据妻为吉阳郡一品夫人。

曾据在乱世中仍能坚守刚毅不屈、不事权贵的精神，基于其继承、实践先祖曾子"仁以为己任""临大节而不可夺"的宝贵气节。可知，从曾子到曾据历经四五百年，家族的精

302

神风气仍传承不变。曾据南迁之后，人地两生，几乎没有可以依靠的经济基础和政治权势。在耕作之余，曾氏后裔始终没有忘记对家学的研习，他们诵读典籍、修德养性、践行孝道，没有改变仁孝的家风特色。举家南迁，曾氏家族所带去的最珍贵之物就是学识与品德。

东汉建立后，曾氏子孙凭借才学品德，出仕为官者渐多。如，《嘉祥曾氏家风》记："曾据之孙曾永官御史大夫，曾曜为福州刺史，曾常为鸿胪寺卿，曾据之曾孙曾爔官谏议大夫，后任福州刺史，曾辑任广州刺史，曾万在汉安帝时奉旨征讨南夷，开拓南康之境，后官将军，曾杼为苍梧太守，后封临辕侯。"① 可见，曾氏家族以庐陵为中心，在南方逐渐发展壮大起来。庐陵成为曾氏家族的第二发祥地。

魏晋南北朝时期，门阀制度兴盛，政权多掌握在世家大族手中。曾氏家族虽然有德才兼备者，但是以家族根基仍然薄弱等原因，难以进入政界与学术的主流。所以，这一时期卓有成就者较少，但是仍有少数人因功绩卓越而受封。如，《宗圣志》记载，二十一代孙曾珣任三国时中郎将，其弟曾珍封魏平原侯，曾珣之子曾涣受封景阳侯。虽然有成就者少，但家族内对家学的学习传承依然进行着。

总而言之，汉魏时期，曾氏家族的家学主要在传承，没有大的突破。尽管也培养出了一些德才兼备的人才，多人出仕为官，但没有出现在学术上有突出成就的大师级人物。通

---

① 周海生：《嘉祥曾氏家风》，人民出版社，2015 年，第 12～13 页。

过家学的传承，曾子的仁孝等精神得以在家族中传承不断，仁孝家风得以在家族中传扬开去，促使家族逐渐走向兴盛。

（二）隋唐时期曾氏家学

隋唐时期，朝廷实行科举制选拔人才，门阀士族制度渐趋衰亡，这为寒门学者提供了更多进仕的机会。曾氏子孙以才学德识中举者增多，在南方逐步奠定根基，家族日益兴旺，渐渐成为名门望族。曾子三十三代孙曾丞是重要的奠基者，曾任唐朝司空兼尚书令。曾丞生有三子曾珪、曾旧、曾略，被称为曾氏"老三房"。

曾珪世居吉阳乡，有五子。三传至三十七代孙曾庆，官至御史大夫，耿直清廉。其子曾骈，也任御史大夫。曾骈之子曾耀为南唐宫检司，拜真州刺史。曾耀之子曾崇范授太子洗马，迁东宫使。

四十代孙曾崇范自幼好读书，手不释卷，"家居炊薪不属，读书自若"[1]，家里贫穷，以读书为乐，家中藏书甚多，九经子史皆备，"广储一室，皆手自校定"，对于家中的藏书亲自校定。曾崇范能够有如此丰富的藏书，缘于祖上多年的累积。可知，家族中数代钟爱典籍，具有读书的传统。曾崇范学识渊博，能够"手自校定"藏书，必是家学传承达到一定程度方可。当时社会动乱、典籍残缺，南唐要兴学校，便下诏搜集典籍。南唐郡侯贾匡皓来曾家购买藏书，曾崇范说：

---

① 吕兆祥：《宗圣志》，《四库全书存目丛书》（史部第七十九册），齐鲁书社，1996年，第476页。

"坟典，天下公器，世乱藏于家，世治藏于国，其实一也，何估值以偿邪？"（《尚友录》）他认为典籍是天下所公有的财富，乱时藏在民间是为了不让它们散失，太平时就应藏于国家，利于众人，便把藏书献给了朝廷。这反映出曾崇范心怀天下、不慕钱财的高尚品格，其情怀正是先祖曾子仁于众生之风的展现。曾崇范也以道德学问扬名于世。

曾崇范的好学博识影响了子孙，子孙多有成就。儿子曾延膺荫授部驿使兼资库使，升果州兵马都监等。长孙曾硕于淳化壬辰年（992）登第，任朝奉郎、大理寺丞等。孙子曾禺、曾颜同榜中进士，分别任筠州录事参军和循州判。家族中可谓人才辈出。

曾旧，唐朝大历十一年（776）进士，官至左仆射同中书门下平章事。迁于乐安云盖乡。曾略，由吉阳迁至抚州西城，官至节度使。五传有曾游、曾洪立、曾宏立三人，被称为"南丰三祖"。曾游，任镇南节度左厢兵马使、江州刺史。曾洪立，曾任南丰县令、检校司空、金紫光禄大夫、典南门节度使等。曾宏立，任镇南节度左厢兵马使、抚州节度使，后传至宋代曾巩。

这一时期，《曾子》作为曾氏家学的主要内容，发生了一些变化。《隋书·经籍志》记载："《曾子》两卷，目一卷（鲁国曾参撰）。"《唐书·艺文志》则记载："《曾子》两卷（曾参）。"由汉代的"十八篇"到"两卷，目一卷"，再到"两卷"，《曾子》十八篇在流传过程中发生了一些改变，概是后人根据资料重新加以编订。

圣人家风

此时，曾氏家族著书立说者较少，仅有少数学者在学术上有突出成就。除了上面提到的曾崇范，曾文迪也是一位佼佼者。明代廖用贤编纂的《尚友录》记载，曾文迪"天文、谶纬、黄庭内景之书，靡所不究，而地理尤精"①。可见，他涉猎广泛，除了家学的传承，对天文、医学、地理等也有一些研究。

然而，曾氏家学在家族传承中也起到了巨大作用，培养了众多品学兼优的人才。如，从三十三代孙曾丞到四十二代孙曾硕，曾子后裔多人凭借才学在朝廷为官。他们能够在宦海沉浮中长年立于不败之地，主要是因具有良好的德行与学识。这些德行学识与曾氏家族重视家学的传承、家教的训诫有直接关系，与家族清廉、仁孝的家风陶冶也有极大关系。

在曾氏仁孝家风的影响下，家族中还涌现出了许多富有仁义道德的高尚者。五代时期的曾芳就是其中的典型代表。他担任程乡令时，百姓因瘴气蔓延，得病者众多，苦不堪言。曾芳组织人员为病者开药治病。可是因为病人太多，一一治疗，效率太低。他便将配置好的药物投放到井中，让百姓饮用，使病情得到控制。后人为了纪念曾芳的仁爱德政，把此井命名为"曾井"。

据说，宋皇祐年间，枢密使狄青奉命征伐侬智高，路经此地，军士患瘴疫，在"曾井"边祈祷，水从井中溢出，士

① 曾国荃：《宗圣志》，《孔子文化大全》，山东友谊书社，1989年，第795页。

兵喝后多痊愈，宋军终于凯旋。狄青将此事上奏朝廷，宋仁宗被曾芳的事迹感动，追封他为"曾孝公"，并赐飞白书"曾氏忠孝泉"五大字。后人对曾井、忠孝曾公祠多次加以重修，颂扬曾芳具有仁民勤政的儒臣品格。宋代知州蒲寿晟受其教化，在曾井上建石亭，并从井中取水两瓶放于公堂，以警醒自己勤政爱民。有诗赞曰"曾氏井泉千古洌，蒲侯心事一般清"，可见曾芳之仁德对后人的影响。

总起来看，隋唐时期，曾氏家族在南方渐渐具有了一定的根基，有多人出仕为官。在这期间，曾氏家学的发展，尤其是文化发展较为缓慢，家学处于发展的低迷期。但是，通过对曾氏家学的传承，家族中培养了众多富有德行的人才，良好的家风在家族中蔓延发展。在曾氏仁孝家风的传承和发扬中，曾氏子孙展现出刚毅、清廉、仁孝等品格，家族日益兴旺。

二、宋代曾氏家学的兴盛

宋代统治者尊儒重文，科举制度更为兴盛。通过读书治学，习儒中举，成为名卿重臣，进而光耀门楣，这成为宋代文人改变命运的一种重要途径。曾氏家族作为文化世家在这个时期进入了兴盛期，出现了以章贡曾氏、南丰曾氏和晋江曾氏为主要代表的文化世家大族。"江南三曾氏"培养了众多出类拔萃者，他们不仅在仕途上卓有成就，而且学识渊博、多擅长文章词赋。

曾氏家族出现这一学术繁荣的奇观，是曾氏家学长期积累的结果，正所谓厚积薄发。曾巩、曾几、曾公亮、曾孝宽等人之所以具有高尚的品德、卓越的才华，是家学传承发展到一定阶段的硕果。家学的繁荣发展也促进了家族中家风的发展提升，使家族中洋溢着浓郁的好学向道、孝悌仁爱等良好风气。这优良的家风也教化熏陶着家族成员，促使家族人才辈出，家族兴旺。

（一）晋江曾氏

唐僖宗年间，曾子三十六代孙曾延世举家迁徙到福建，定居于泉州晋江。到宋代，晋江曾氏英才辈出，科举中第不断，出仕为官者众多。其中的佼佼者当数"一门四相"，即曾公亮、曾孝宽、曾怀、曾从龙四人。他们显宦相继，富有"曾半朝"的美誉。曾氏家族大显于世，成为显赫一方的文化世家。

晋江曾氏能如此兴盛，曾会起到了重要作用。曾会，字宗元，天资聪慧，勤奋好学，乡试第一，宋太宗端拱二年（989）殿试荣登榜眼，成为晋江曾氏第一位进士。宋太宗欣赏他的才华，破例同授"光禄寺丞直史馆"，与状元同等职位。曾会为官清廉，正直无私。当时权臣丁谓不恤民情，大兴水利，激起民怨。曾会不畏权贵，上疏朝廷，得罪了权贵，所以在仕途上发展比较缓慢，多年间仅为刑部郎中。观文殿大学士张方平赞曰："惟诚与恕，不务世求，乃与时忤；往蹇来连，多踬少迁；郎潜一郡，四十五年……孝孰为大？积善重仁，勒铭丰碑。"[①] 曾会"诚与恕""不畏权势""孝""重

---

① 转引自曾阅：《宋张方平撰"曾会神道碑"考证》，《泉州文史》第六、七辑，1982年，第53页。

仁"等品质，正是曾氏家风的集中呈现，也促进了其后子孙高尚品格的形成，为他们中正处世的风格奠定了基础。

曾会在学术上有较大成就，著有《杂著》二十卷、《景德新编》十卷等。他以其勤奋好学、清正廉洁取得成就，同时，也教育引领子孙走向了仕途与学术的坦途，开启了晋江曾氏光辉的新篇章。曾会有六子，四人考中进士，二人以父恩荫出仕，六人都为官清廉，在学问上有一定的成就。其中，最为杰出的当数曾公亮。

曾公亮，字明仲，年少便好学，有远大志向。他婉拒父荫的待遇，执意参加科举考试。宋仁宗天圣二年（1024）以才学中进士甲科第五名，走上仕途。他先后为国子监直讲、翰林学士、吏部侍郎、集贤殿大学士等，辅佐宋仁宗、英宗、神宗三帝，"翊戴三朝"。曾公亮勤政爱民，关心百姓疾苦，"政事以仁民为先"，革弊兴利，谨慎断狱，被封鲁国公。由进士进至宰相，为相十五年，曾公亮以其德行功绩，深得帝王信任，被世人赞为一代贤相。他去世后，神宗辍朝三日，亲自悼念，御书题碑"两朝顾命定策亚勋之碑"，谥号"宣靖"，配享英宗庙，其尊荣可见一斑。

曾公亮是仁政爱民的有为政治家，也是才学非凡的学者，"少力学问，能文章"，对儒学典籍有深入研究。宋仁宗重视儒学，广取儒学之士讲论六艺，如果不能胜任便会罢免，曾公亮"任国子监直讲，后改作诸王府侍讲"（《武经总要》）。曾公亮能讲儒家典籍十多年，是因其熟知典籍，且有深刻体悟。他"平生善读书，至老不倦"，博学多识，擅长诗文，參与修撰了大量官方文献，包括编修《英宗实录》三十卷，监修《新唐书》二百五十卷、《太常新礼》四十卷、《庆历祀仪》六十三卷，主编《武经总要》一书，著有《曾公亮文集》三十卷、《元日唱和诗》一卷等。

曾公亮对国尽忠，对亲也能尽孝。为了尊祖敬宗，缅怀先祖，他组织纂修了族谱，"载世系，表名行，志忠孝"①，以尽孝心，并借以勉励子孙后代。曾公亮每次读家乘，敬亲孝亲之情便洋溢心间。他"资于事父以事君"，由对亲人的孝进一步移至对国家的忠。尽忠尽孝，在曾公亮都可谓盛矣。这种忠孝的精神，深深影响了子孙，提升了家族的仁孝风格。

曾公亮为政方面获得了极大成功，同时"为子孙计"，重视家教，注重家学的传承，常遣儿子曾孝宽参与自己的一些事务中，让儿子说说看法。在他的教育下，四子德才兼备，都取得了很大成就，为晋江曾氏的仕途辉煌和繁荣奠定了基础。

曾公亮长子曾孝宽，曾任枢密直学士、吏部尚书等，赠右光禄大夫。他执政吏部，入为副相时，父亲曾公亮仍在职，父子两人同为相，成为美谈。曾孝宽继承发扬了父亲尽忠尽孝的品格，在朝廷内谈论国事尽忠心，体恤民情，受百姓爱戴；在家里侍父尽孝心，重视对子孙的教育。

曾怀，字钦道，为曾孝宽之孙。受家学熏陶，曾怀自幼便熟读儒家典籍，养成谨约自持的品格。宋高宗建炎初年，

① 曾鹗荐等：《温陵曾氏族谱·宋仁宗皇帝敕题曾氏族谱序》，清咸丰五年刻本。

310

他以父荫知真州，治理有方。宋孝宗乾道二年（1166），曾怀升为户部侍郎。任职时，他善于理财，提出"量入为出，使天下之财，足天下之用"（《八闽通志》卷六十六）的观点，对各州钱粮的出入掌握清晰。因此，曾怀得到孝宗的赏识。乾道九年（1173），曾怀被赐同进士出身，后任命为右丞相，封鲁国公，成为晋江曾氏家族里的第三位相。曾怀为官尽忠效力，秉公处理，纪律严明，被赞"为相侃侃，得大臣体"。为政之余，曾怀还著有《少保文集》，流行于世。

曾从龙，原名一龙，曾公亮四世孙，是曾氏家族的第四位相。宋宁宗庆元五年（1199），曾从龙进士第一。宋宁宗很欣赏曾从龙，赞曰"有经纬之文章，乃天下之贤才"①，赐名从龙，寓意君臣相得。曾从龙恪尽职守，为国尽忠，关心民众，政绩卓著，曾上奏"修德政，蓄人材，饬边备"（《宋史·曾从龙传》），得到皇帝赞赏。后他被授资政殿大学士，追赠"少师"。他还擅长诗文，著有《曾少师诗集》。

"一门四相"作为晋江曾氏的带领者，将曾氏家族推向了政治与文化的高峰。晋江曾氏贤硕辈出，多人中进士，出仕为官，声动朝野。如曾公度、曾公奭、曾说、曾诞、曾询、曾诗、曾治凤、曾天麟等人，都为进士。晋江曾氏真可谓绵绵科第、人才济济，出现了"曾家相业，旧志列传三十一人，占四分之一"的盛况。

晋江曾氏在文化与学术上也很兴盛。除了上面提到的曾

---

① 曾鹗荐等：《温陵曾氏族谱·宁宗御笔改名敕》，清咸丰五年刻本。

会与"四相",曾氏家族中还有一些在学术上颇有建树的优秀人才。如,曾慥诗词歌赋涉及广泛,著述丰富,著有《类说》《皇宋诗选》《道枢》《至游子》《乐府雅词》《高斋漫录》等。曾恬少习存心养性之学,著有《上蔡语录》等。

晋江曾氏数代显赫,在科举、仕途、学术等方面都有很大成就。正如《温陵曾氏族谱》中所言:"奕叶相传,诗书踵武,科第联翩,或以德业蜚声,或以文学魁名,或忠孝显当时,或勋泽垂奕祀、位台鼎、职乡曹、宰郡邑,晋爵崇祀,振振鸣盛。"[①] 晋江曾氏人才辈出,在多个方面有突出表现。之所以如此,重要的原因是家族中重视家教,使家学得以很好地传承。家学世代传承,又促使家族中充盈着孝忠传家、清约自持等优良的家风。这些家风是对曾子仁孝家风的进一步发展,且随着时代的需要丰富了忠、廉等成分。

(二)南丰曾氏

曾子三十三代孙曾丞次子曾略迁至江西抚州,五传到曾洪立。曾洪立在唐昭宗时任抚州南丰县令,后升至金紫光禄大夫、典南门节度使等,为南丰曾氏始祖。曾洪立三子中的曾延铎隐居南丰,任检校右散骑常侍等,好读经典古籍,承先祖之志,以擅写文章享誉江南。

曾延铎有五子,其中曾仁旺少时便喜好读儒家典籍,天资聪慧,文章出色。他孝父母,友兄弟,对子孙慈爱,为人庄重,带领全家兴仁让之德,受到乡邻邦里的敬慕与效仿。

---

① 曾鹗荐等:《温陵曾氏族谱》,清咸丰五年刻本。

自曾仁旺之后，南丰曾氏日益兴旺，富有才学、地位显赫者渐多。

曾仁旺生四子，深受父亲的影响，都好读典籍，在文化学术上有所建树。其中，曾致尧尤为突出。曾致尧，字正臣，太平兴国八年（983）中进士，曾任光禄寺丞、秘书丞、两浙转运使等。曾致尧"性刚率，好言事"（《宋史·曾致尧传》），为人正直，敢于上书直言，体恤民心，得到宋太宗、神宗的赏识，后赠谏议大夫、太师、密国公等。

曾致尧不仅有政绩，在学术上也有很大成就。他自幼习家学，以文鸣于世，著作丰富，涉及广泛，主要有《为臣要记》十五卷、《西陲要记》十卷、《清边前要》五十卷、《仙凫羽翼》五十卷、《四声韵》五卷等。曾巩评价其文章"闳深隽美，而长于讽谕"①，恰当点明了其文章特色。曾致尧的成就主要来自优良的家教和家学传承，他也以此教育他的七个儿子，使他们都有所成就，其两子荣登进士。

曾易占，为曾致尧第五子，先因父荫入仕，宋仁宗天圣二年（1024）又中进士，为太子中允、太常丞、博士等。他有父亲遗风，始以文章有名，刚正不阿，忧心百姓，重视教育。曾易占在皋县建孔子庙，劝民众学习儒家经典。被人诬陷贬谪后，曾易占著《时议》十卷，共十多万言，议论古今存亡治乱之事，表达自己的政治理想。曾易占的精神品德得

---

① 曾巩：《先大夫集后序》，《曾巩集》卷十二，中华书局，1984年，第194页。

到王安石的欣赏。王安石赞道："《时议》者，惩已事，忧来者，不以一身之穷而遗天下之忧。"[1] 后来，宋仁宗追封曾易占为鲁国公。在曾易占的教育引领下，六子都中进士，其中曾巩、曾布、曾肇尤为杰出，后世誉称"三曾"。

曾巩，字子固，嘉祐二年（1057）进士，曾任太平州司法参军、馆阁校勘、史馆修撰、中书舍人等。他关心民众疾苦，主张以民为本。如，任越州通判时，饥荒严重，曾巩通过发放粮食、出贷种粮等形式，使百姓度过灾年。同时，他严明法纪，整顿社会秩序。在齐州时，曾巩将恶势力一举端掉，使齐州得以安定和谐。曾巩的这些举措体现出浓厚的德治思想。因为他政绩显著，朝廷追赠他"文定"。

曾巩最为人称颂的是他的文学才华。他以道德文章名天下，与欧阳修等人掀起古文革新运动，被誉为"唐宋散文八大家"之一。他著述丰富，有《元丰类稿》《续元丰类稿》《外集》等。王安石给予他很高的评价，作诗《赠曾子固》赞曰："曾子文章众无有，水之江汉星之斗。"[2] 曾巩的文章涉及广泛，结构严谨精妙，上下驰骋，瑰丽雄奇。

曾巩提倡"文以载道"，主张"明圣人之心于百世之上，明圣人之心于百世之下"，旨在"道以适用""文以致用"，以儒学思想为道，来纠正时弊、指导实践。他的散文多论古

---

① 王安石：《太常博士曾公墓志铭》，《临川先生文集》卷九十三，中华书局，1959 年，第 960 页。

② 王安石：《临川先生文集》卷十三，中华书局，1959 年，第 188 页。

今治乱，少空谈，多务实，经世致用，以古雅平正、冲和纡徐见称。代表作如《唐论》《宜黄县学记》《墨池记》《赠黎安二生序》等。《赠黎安二生序》可谓曾巩坚持儒学的宣言，体现了他笃信儒学的理念。他的诗则多关注现实问题，表达了对百姓的同情、个人志向、兴衰际遇等，表现了真实的情感。苏辙作《挽词》赞曰："儒术远追齐稷下，文词近比汉京西。"意在点明曾巩文章中具有浓重的儒者气息。曾巩的文章对后世学者影响很大。如，朱熹"爱其词严而理正，居常以为，人之为言必当如此"①，归有光、姚鼐、方苞等视其文章为榜样。

曾巩在文学思想上有如此成就，既基于个人的天赋与努力，也受益于家族内的学术积淀。正如《宋史》所说："宋之中叶，文学法理，咸精其能，若刘氏、曾氏之家学，盖有两汉之风焉。"这里的曾氏就是指南丰曾氏。经过曾延铎、曾仁旺、曾致尧、曾易占等几代人的不懈努力，家学不断丰富和发展，至曾巩时达到成熟。

曾巩也重视家学的传承，常教育弟弟们。弟曾肇言道："属则昆弟，恩犹父师。"② 在曾肇的心中，曾巩虽是兄长，却犹如父亲与老师，给予他们谆谆教诲。曾布、曾肇等能够功成名就与曾巩有着直接的关系。曾巩后来又悉心教育子侄们。如，曾巩用心指导曾布之子曾纡，向他讲授韩愈的诗文

---

① 曾巩：《南丰曾巩文三·论记》，《唐宋文醇》卷五十六。
② 曾巩：《曾巩集·附录》，中华书局，1984年，第796页。

等，使他学问大进。可以说，曾巩在家族中起到非常重要的引领作用，将家族带到了学术与仕途的顶峰。

曾布，字子宣，与哥哥曾巩同在嘉祐二年（1057）进士及第，官至宰相。他曾上书宋神宗，指明为政根本在厉风俗与择人才，并提出了八条要点，其中有浓厚的儒家思想。这得到了神宗的认可。曾布因此多次被授敕命，得到提升。他还协助王安石变法，参与了许多新法的起草策划工作，正如王安石所言"得曾布，信任之"。曾布对于新法中的弊端勇于批评，可见其刚毅之气。

曾布不仅是北宋中期政坛上的重要人物，对于学术也有建树，著有《三朝正论》二卷、《曾布集》三十卷、《丹丘使君诗词》一卷等。曾布13岁而孤，多年跟随哥哥曾巩学习，无论是学术上还是为政上都受到曾巩很大的影响。曾布儿子中曾纡最知名，才高博识，工于诗词，著有《空青集》《南游记旧》等。

曾肇，字子开，宋英宗治平四年（1067）进士，曾任郑州教授、崇文校书、国子监直讲、吏部郎中、中书舍人等。他为人正直，勇于谏净，多善政义举。如，谏官陈瓘等人因言语不当得罪宋徽宗，只有曾肇极力论解。他多次劝谏宋徽宗，尽职尽忠。如，他上奏："陛下思建皇极，以消弭朋党，须先分别君子小人，赏善罚恶，不可偏废。"（《宋史·曾肇传》）劝徽宗赏罚分明，弃恶扬善。后来，哥哥曾布作了宰相，曾肇负责起草诏书，"弟草兄制"，兄弟共议国事，为世人称颂。

当时，曾布与韩忠彦并为相，曾布整日想挤走韩忠彦。曾肇劝告兄长曾布要引用善人，翊正道，为长远考虑，有进退之法。可惜的是，曾布没有听从劝说，结果被贬谪，曾氏家族也开始走向衰落。

在家庭读书习儒的影响下，曾肇自幼力学不倦，博览经传，形成了仁厚刚毅的性格。《宋史》评价他"以儒者而有能吏之才"，可谓德才兼备。他著述丰富，有《九域志》、《曲阜集》三十卷、《两朝宝训》、《曾氏图谱》一卷、《书讲义》八卷、《元祐制集》十二卷、《曾肇集》五十卷等。正如杨时在《曾肇神道碑》中所说："其文之精也，克承其家学，有两汉之风。"① 这不仅点明了曾肇的学术思想主要来自家学，而且指出了曾肇学术上的特色。苏辙在《曾肇中书舍人》中说："具官曾肇，少知为文，久益更事，家传父兄之学，言有汉唐之风。"② 可见，曾肇的学术受兄长曾巩的影响较大，具有汉唐时期的风格。

曾肇也重视对家学的传承，用力教育子孙，子孙中杰出者不少。他生八子，其中曾统、曾缲最为知名，皆登进士。孙辈中也不乏优秀人才，"诸孙二十五人，皆克世其学"③，孙子也能继承家学，其中曾悟、曾协比较优秀。曾协擅长词赋，有婉约之风。曾悟，英勇不屈，为忠节之士。

---

① 曾肇：《曲阜集》卷四，《四库全书》（第1101册），第409页。

② 苏辙著，曾枣庄、马德富校点：《栾城集》，上海古籍出版社，2009年，第589页。

③ 曾肇：《曲阜集》卷四，《四库全书》（第1101册），第409页。

曾布等因案贬官之后，南丰曾氏也进入了下滑期。但因为曾氏家族浓厚的家学传承和高尚的道德修养，曾氏子孙并没有就此衰亡没落，仍涌现出一批优秀的人才。如，有以诗文有名的曾协、曾纡等人，有以忠义名世的曾悟和曾志等人。他们以德行学识传承着曾氏家族的优良家风、家学。

总体而言，南丰曾氏因科举起家，以文采学术扬名于世，政途与学术相互促进，两者都达到了当时的高峰。南丰曾氏的这一繁荣，与重视科举的宋朝政策有关，更重要的是家族文化的长期传承与积累。可以说，南丰曾氏家族以儒家思想、曾子之学为家学，在诗文方面取得了特别突出的成就。加上家族极为重视道德养成教育，曾子仁孝家风得以进一步发展，扩展到仁民、仁政等更为广阔的领域。家学、家教、家风的发展成熟，让南丰曾氏保持长期的兴旺态势，曾氏人才辈出，不仅以正直清廉、忠义爱民获得好的政声，而且在文学上成就非凡，学术思想中洋溢着浓重的儒家理念。

（三）章贡曾氏

曾子十五代孙曾据的次子为曾场，生三子：曾厚、曾永、曾猗。曾永在汉时举孝廉，迁至江西赣州。赣州宋时名章贡，章贡曾氏即为曾永之后。章贡曾氏因"一门四进士"名闻天下，达到了鼎盛。四进士中，曾几是佼佼者。

曾几的曾祖父曾识是泰州军事推官，祖父曾平任衢州军事判官、赠朝散大夫，父亲曾准为嘉祐二年（1057）进士。曾准自幼好学不厌，墙上题字"予欲读书，惟虑力不足耳"，以警醒自己要努力学习。任通判时，他明慎刑狱，去世后，赠少师。曾准教子有方，四子曾弼、曾懋、曾开、曾几都是进士出身，被称赞为"章贡四曾"。除了曾弼早逝，兄弟三人先后为礼部侍郎，可谓衣冠盛事。

曾几，字吉甫，号茶山居士，自幼聪慧，被誉为奇童，除了跟随父兄承习家学，还跟随舅父、宋时大儒孔武仲和孔文仲读书学习，受到他们的影响，在经学、文学上有很深的造诣。少年时，曾几随兄长到郓州，补试州学第一。入太学后，他更是勤奋好学，屡中高等，颇有声望。兄长曾弼赴任途中落水遇难，因为无后，朝廷特赐曾几将侍郎。宋大观初年，曾几在吏部特铨试五百人中名列前茅，提升为辟雍博士等。

受家庭风气影响，曾几能坚守正道，刚正不阿。宋徽宗时，道士林灵素因为方术得到皇帝宠幸。林灵素写符书后，众臣多奴颜婢膝去求书。只有曾几、宰相李纲等人称病不去。金军入侵，权臣秦桧提出与金议和，曾几与哥哥曾开毅然反对。被贬职后，他居上饶茶山寺七年。这几年间，他读书赋诗，因名茶山居士。直到秦桧死后，曾几才得以重任。在台州任职时，左丞相门下客黄岩县令中饱私囊，曾几决然将他绳之以法。由此可见，曾几具有不畏权贵、持守正道的精神和刚毅之气。

为政几十载，曾几清廉公正。他一生所取与，一断以义。任职岭南时，朝中大臣常去求沉水香，他从不假公济私，多次任职岭外，"家无南物"，任职于台州时，从没吃过当地的蚶菜。曾几能决疑案，赏罚分明。他出任应天少尹时，原尹相徐处仁赞说："开始只知你是君子儒者，也能如此精通吏道啊！"

曾几入则孝悌，出则尽忠尽职。父亲去世时，曾几才十几岁，已能按照丧礼行事，终丧不食肉。母亲去世，曾几丧礼过后仍吃素食十四年，至有病昏花才停下。每到父母生日，拜家庙，一定痛哭流涕。对于众人，曾几以礼相待，"燕居庄敬如斋"。南宋诗人陆游在曾几的墓志铭中写道："孝悌忠信，刚毅质直，笃于为义，勇于疾恶，是是非非，终身不假人以色词。"[1] 这一陈述恰如其分地概述了曾几的高尚品格。

曾几在政治上有成就，在学术上也有建树。当时朝廷限用富有批判、创造精神的"元祐学术"，而以剽剥抄袭为文，博士弟子互相授受。曾几对这种学术偏执的行为感到气愤，想要改变这一现象。他在堂上公开诵读了一篇经义绝伦的文章，在座的人都说好，反对元祐体的人也不言语。拆开后才知，文章正是陈元有所写元祐体。这一事件后，陈元有被任用，学术风气也发生了一些改变。

曾几治经学道之余，好写文章，诗尤工。他著有《经说》二十卷、《易释象》五卷、《论语义》二卷、《茶山集》八卷、文集三十卷等。曾几在儒学方面的贡献很大，诗也很有名气。正如陆游所赞："道学既为儒者宗，而诗

---

[1] 陆游：《曾文清公墓志铭》，《陆游集》第五册，中华书局，1976年，第2305页。

益高，遂擅天下。"① 曾几所以有如此高尚的德行和高深的学术涵养，主要来自家学的陶冶与良好家教。曾几自幼熟读儒家经典，能贯通"六经"，尤擅长于《易》《论语》。他每天早起，正衣冠，读《论语》一遍，到老没变。正是笃学力行，不哗众取宠，养成了曾几的品行学识。这些品行学识对子孙们有很大影响。曾几有子三，都有一定学识。曾逢，任朝散大夫、尚书左司郎中。曾逮，为朝奉大夫、充集英殿修撰、知湖州等，著有《习庵集》。曾迅，为通直郎、主管台州崇道观。孙子辈因德才出仕为官者更多。

曾开，字天游，崇宁二年（1103）进士，曾几之兄。他好学善文，曾为国子司业、中书舍人，为政期间，刚正勇为，坚守中道。曾开知道起草的诏书与当权者蔡京的观点不同，也坚守自己的观点，后被贬为太常少卿，也没有自卑之色，钦宗时复职，官至刑部侍郎。

当时，秦桧主张与金军和议。曾开反对，说："儒者所争在义，苟为非义，高爵厚禄弗顾也。"（《宋史·曾开传》）秦桧大怒。群臣再次商议，曾开上疏说："当修德立政，严于为备，以我之仁敌彼之不仁，以我之义敌彼之不义，以我之戒惧敌彼之骄泰。"（《宋史·曾开传》）明知这会得罪秦桧，影响仕途，曾开仍坚守仁义之德，以严词相对，坚持抗金。这种以国家社稷为重的气节和凛然正气，使众人动容。见不能

---

① 陆游：《曾文清公墓志铭》，《陆游集》第五册，中华书局，1976 年，第2306 页。

改变局面，曾开请求辞官，闲居十余年。

曾开孝亲厚族，对朋友有信。他自幼习家学，诵读儒家典籍，与兄弟们交流切磋。如，他读《论语》求心领神会，反求诸心，每有会意，欣然忘食。曾开后学于大儒游酢，与谏官刘安世交好，学问大进。因有如此家学与师友渊源，曾开能"临大节而不可夺"。

曾懋，字叔夏，曾准长子。他自幼聪悟，落笔成文，令众人惊叹。元符三年（1100）中进士，知兴化县。曾懋拥戴高宗即位，虔诚护佑隆祐孟太后。军民有忿怒时，他常去抚定，后官至吏部尚书。曾懋著有《内外制》十卷、《东宫日记》十卷。

曾几兄弟四人对儒家典籍都有深入的研究，推动了家学的发展进步。家学的进步也在强化家族的好学、孝悌、仁爱风气。同时，他们又都具有忠君爱国的情怀，是家学的教化使然，也是父亲的引导、兄弟间的相互启发使然，概而言之，是家风陶冶的结果。

南丰曾氏、晋江曾氏、章贡曾氏虽分居不同地域，取得成就也不同，但是他们又有一些相近之处。这主要表现在：家学兴盛，在研究儒学义理的同时，多擅长诗文，扩展丰富了家学的内容。凭借家学的优势，通过科举成名，进入仕途，为政以德，数代为官，家族得以长久兴盛。家族中人才辈出，具有忠孝之风、刚正之勇，有良好的学术涵养，家风相近，传承和发展了曾子仁孝家风，并由仁孝扩展到仁孝忠义等，具有更加丰富的内涵。

　　除了南丰曾氏、晋江曾氏、章贡曾氏这三大显赫的家族，曾氏家族的其他支派中也涌现出了许多优秀的人才。这些曾氏家族能够在学术与仕途上都取得巨大的成就，绝不是偶然的现象。自曾据南迁之后，曾氏家族虽然迁于不同的地方，但对先祖曾子奠基的家学没有荒废。经过家学长期的发展沉淀，这些家族的家学向着相近的方向发展，延续着相近的家风。家学与家风的交互影响，使家族蒸蒸日上，在宋朝合适的社会条件下，便纷纷走向繁荣。

三、明清曾氏家学的发展

　　自曾子五十九代孙曾质粹回归嘉祥、主奉祭祀曾子后，嘉祥曾氏家族逐渐得到朝廷的多种优渥。嘉祥曾氏家族在家学、家教等方面得到了快速发展，渐渐与孔、颜、孟三氏并立。家学的发展主要表现在：志书《宗圣志》不断得以完善；曾氏家谱得以修缮；曾子祭祀制度渐趋完备等。迁居异地的曾氏家族也在此时有所发展，尤其是湖南曾国藩家族发展最为迅速，在家学、家教、仕途方面都取得了巨大的成就。

　　（一）明朝曾氏重光

　　明太祖朱元璋认识到儒学修齐治平等积极作用，采取了一系列崇儒重教的措施，包括尊崇圣哲、礼遇圣裔家族等。在优渥衍圣公，加强孔、颜、孟三氏学监管的同时，朝廷也注意到对曾子、曾氏后裔的优遇，如，嘉靖十八年（1539），授曾子五十九代孙曾质粹翰林院五经博士荣誉，命其子孙承袭翰林院五经博士，主祀曾子；将三氏学改为四氏学，曾氏后裔也享有教育科试的恩遇。曾氏家族进入新的发展阶段，嘉祥宗子一脉渐趋兴旺。

1. 宗子曾质粹北归

朝廷尊孔崇儒、追封圣贤时，对曾子也不断加封。如，唐玄宗时，赠曾子为郕伯，令曾子配享孔子庙；宋咸淳三年（1267）封郕国公，成为四配之一；元代加封"宗圣公"。但因宗圣曾子后裔南迁庐陵，千余年来，曾子故里难寻曾氏嫡裔，嘉祥曾子庙、曾子墓已荒芜多年。朝廷对圣人后裔的优渥和恩遇，也独缺曾氏一族。

明朝统治者对曾子的重视与尊崇进一步加强，首先表现在修建宗圣庙与林墓上。明正统九年（1444），嘉祥教谕温良上疏请重修宗圣庙。英宗应允，命人重修。庙貌一新。后又修建莱芜侯庙，专祀曾点夫妇。成化年间，在嘉祥县南武山西南发现一具悬棺，墓碑刻"曾参之墓"。明宪宗下令修治，因即痤碑而为坟茔。弘治年间，又重修宗圣庙，使其宏敞壮丽。弘治十八年（1505），重修曾子墓，并建享堂等。正德九年（1514），朝廷命地方官员春秋祭曾子，如文庙制。嘉靖元年（1522），朝廷委派教职人员定期祭奠曾子墓。

正德年间，山东按察司金事钱宏拜谒曾子祠墓后，曾命人在附近访求曾子后人。嘉靖十二年（1533），吏部侍郎顾鼎臣有感于颜、孟子孙皆世袭博士，独曾子之后没沾一命之荣，便上疏朝廷，请访求曾子后裔，并提出给予优待："准照弘治间颜、孟二氏事例，访求曾氏子孙相应者一人，授以翰林院五经博士，世世承袭，俾守曾子祠墓，以主祀事。"① 他提出给予曾氏后裔各种待遇应参照颜氏、孟氏。奏请得到采纳。朝廷通令各地，谨慎查防曾氏嫡裔。江西永丰曾质粹经合族共推，抱谱应诏。嘉靖十四年（1535），朝廷令曾质粹回嘉祥，衣巾奉祀。嘉靖十八年（1539），照颜、孟二氏例，朝廷授曾质粹翰林院五经博士职位，令子孙世袭，主祀曾子，并在嘉祥城南建"曾翰博府"，为翰林院五经博士府邸。

据《宗圣志》记载，自曾子五十五代孙曾利宾至五十八代孙曾奋用都是邑庠生。其中，曾利宾性孝友，好施与，被乡邦称赞。曾奋用贯通经史，生性好施，有高祖遗风。曾奋用就是曾质粹父亲。在曾奋用的教育影响下，曾质粹素念远祖，读书循理。早些年，他便被曾氏族人共同推举，到山东嘉祥祭祀宗圣庙。可见，选择曾质粹袭封也是实至名归。

曾质粹重视对子孙的教育。嘉靖二十八年（1549），他奏请朝廷"要将子孙与三氏子孙均沾教化，改为四氏儒学"②，但因曾氏子孙稀少，此事搁置下来。曾质粹的孙子曾继祖性孝，母亲卒，庐墓三年，被朝廷旌表为孝子。曾质粹病故后，曾继祖以父祖之丧等原因，未能及时接受袭封。江西永丰曾衮趁机谋夺袭职。给事中刘不息、李盛春等上奏，准许曾继祖之子曾承业袭封世职，奉祀宗圣公。

---

① 曾国荃：《宗圣志》，《孔子文化大全》，山东友谊书社，1989 年，第 517 页。

② 林尧俞：《作养曾氏子孙》，《礼部志稿》卷九十四，《四库全书》（第 598 册），第 704 页。

圣人家风

2. 著写家学志书

曾承业，字振吾，曾子六十二代孙。万历二年（1574），曾承业奉敕入三氏学读书。16 岁时，袭封翰林院五经博士，开始主奉宗圣祀典等活动。曾承业主祀曾子长达五十二年之久，使祭祀的程序等日益规范、完善。他恪守孝悌传家的祖训，注重发扬孝道精神，注意家学的传承发展，使曾氏家族百废俱举，贡献甚大。

曾承业自幼习儒家典籍，后来承袭翰林院五经博士、主祀先祖，深感《曾子》一书的散佚不传是一大遗憾，认为虽有宋代汪晫辑录的《曾子》一卷十二篇，但割裂补缀较多，不是唐以来的旧本，难以尽显先祖思想的精髓与全貌。于是，曾承业在前人的基础上，编辑《曾子全书》三卷，十一篇。其篇目为：卷一，共一篇，《主言》；卷二，共七篇，包括《修身》《曾子事父母》《曾子制言上》《曾子制言中》《曾子制言下》《曾子疾病》《曾子天圆》；卷三，共三篇，包括《曾子本孝》《曾子立孝》《曾子大孝》。与《大戴礼记》中《曾子》十篇相比，此书的次序做了调整，将其中的《曾子立身》改名为《修身》，加入了《主言》一篇。《曾子全书》被收录到《四库全书·儒家类存目》中。学者对此书的编排方式和内容增加等评价不一，有肯定也有否定的观点。如，"而分合迥异，不知其何所依据，殆亦以意为之也"①。总体

---

① 永瑢等：《儒家类存目一·〈曾子全书〉三卷》，《四库全书总目提要》卷九十五，第801页。

来说，曾承业整理和编辑家学文献《曾子全书》，对家学的传承和发展起到了积极的推动作用。

嘉靖年间，孔氏、颜氏、孟氏都有了志书，分别是《阙里志》《陋巷志》《三迁志》，而曾氏独缺。曾承业认识到志书的重要意义，便广搜资料，编成《宗圣志》初稿，并请李天植加以修改润色。后来，曾承业将书稿呈送山东巡按姚思仁，述说了先祖曾子的伟大思想与重要地位，又说因长期迁徙外地，家学典籍残缺不全，现在已经归奉冢祀，所以编此书。

姚思仁重视文化，早就期望曾氏能有志书，见到书稿，给予很高的评价："以进于史，则列在朝章而非野；以降于乘，则副在司存而非家……则谓为《曾氏春秋》，其可乎?"①他把《宗圣志》看作曾氏的史书，认为可以弥补史志之缺，有益于世。经过精心的修改、刊刻，《宗圣志》最初版本终于在万历二十三年（1595）发行，得到了众多学者的认可与赞扬。

《宗圣志》作为曾氏家族首部系统的家族文献资料，主要包括图赞、谱系、曾子事迹、历代祀典、遗文往事等内容。《宗圣志》为之后曾氏家族文献的发展奠定了基础、提供了资料，为后人了解曾氏家族提供了便利，也有利于曾氏后人对家学、家风的传承与发扬，增强了曾氏族人的凝聚力和上

---

① 姚思仁:《宗圣志·序》,《四库全书存目丛书》（史部第七十九册），齐鲁书社，1996 年，第 460～461 页。

进心。崇祯二年（1629），浙江海盐吕兆祥撰修的《宗圣志》就是在此基础上进一步修改、完善而成。

曾承业还创设宗圣书院，加强对子孙的教育。可以说，曾承业为发展曾氏家学、丰富曾氏家族文献、传扬孝悌家风、完善祭祀制度等做出了重要贡献。

曾弘毅，字泰东，曾承业之子，袭封翰林院五经博士。他胸怀大志，富有胆略。父亲曾承业重视曾氏族谱的修撰，"欲续海内嫡谱"，但未完成便去世了。曾弘毅继承父亲遗志，继续重修族谱。崇祯十二年（1639），终纂成《武城曾氏重修族谱》，这在曾氏族谱纂修史上有重要意义。

在吕兆祥纂修《宗圣志》时，曾弘毅给予全力支持，不仅提供家族资料，还请衍圣公孔胤植等人写序言等，使《宗圣志》比万历年间曾承业编撰的《宗圣志》内容更为丰富。此版《宗圣志》详考"曾氏南北传源，详其端委"，内容增加到十二卷。正如项梦在《宗圣志·序》中说："仰承宗圣二千余年之道容，若在吾眼；远绍六十三代之懿脉，足畅家风，志乘之隆无余蕴矣。"① 《宗圣志》对曾氏家族家学的传承、家风的传扬具有重要的促进作用。

经过五六代人不懈努力，曾氏大宗户家族在嘉祥逐渐发展壮大起来，特别是在精神文化的建设方面日益兴盛，这主要表现在：《宗圣志》《曾子全书》《武城曾氏重修族谱》等

---

① 吕兆祥：《宗圣志》，《四库全书存目丛书》（史部第七十九册），齐鲁书社，1996年，第452页。

家族文献不断丰富；教育更加完善，曾氏子孙入四氏学中学习，还建有自己的书院等。随着曾氏家学、家教的发展，曾子祀典也蒸蒸日上，祀典、祭田等完备起来，重仁孝的风气在家族中更为浓郁。曾氏家族与孔氏、颜氏、孟氏三大圣人家族比肩而立，成为中国古代名满天下的文化世家。

在曾子大宗户家族走向辉煌的同时，曾氏其他支派中也涌现出了许多杰出人才，在科举、仕途、教育、文化等多个方面取得了一定的成就。如，曾鼎不仅以孝事亲，被收入《明史》的《孝义传》中，而且好学不已，善于诗书。曾鲁学识渊博，通经史，参与主修《元史》，修订明初礼法，被宋濂赞为"济世之学者"，有《守约斋集》《六一居士集考异》等。曾棨状元及第，参与编辑《永乐大典》《太宗实录》《仁宗实录》等，著有《西墅集》。曾鹤龄，好学孝亲，状元及第，参与修撰《太宗实录》《宣宗实录》，著有《松坡集》等。正是这些德才兼备的子孙，推动了曾氏家学的快速发展。在学习传承曾氏家学的同时，曾氏仁孝家风也自然得以提升和强化。

（二）清朝曾氏家学的兴盛

清朝统治者在思想文化上也采取尊孔崇儒的政策，不仅恢复了对圣人及其后裔的各种爵位厚禄，而且他们的待遇比明代的待遇更为优越。在这一有利的社会背景下，曾子后裔奋起直追，使曾氏家族在清代发展更为兴盛。清代曾氏家族有两个支派发展特别突出：一是嘉祥大宗户一脉持续发展，在家学、祀典等方面有了比较大的进展；一是湖南曾国藩家族，事功与道德、文章并进，带领湘乡曾氏走向辉煌。

1. 嘉祥大宗户

清军入关不久，顺治帝便下诏，命圣人后裔袭封爵位。顺治三年（1646），授曾子六十四代孙曾闻达内翰林国史院五经博士。顺治九年（1652），曾闻达奉命配祀太学。顺治十四年（1657），曾闻达又改为翰林院五经博士。曾氏后裔仍入四氏学读书学习，并享有更多的奉祀、贡生等待遇。

曾闻达之后的几代子孙在学术上有了一定发展。六十五代孙曾贞豫擅长写诗，被记入《济宁州志》。六十七代孙曾衍梀敦行积学，能诗，著有《近圣居诗集》。在曾衍梀的影响下，其子曾兴烈也工于诗，著有《墨轩吟稿》。经过几代人学识上的积累沉淀，到曾兴烈之子曾毓墫时，曾氏家族再次进入家族文化的辉煌期。

曾毓墫，字注瀛，曾子六十九代孙，乾隆二十六年（1761）袭封翰林院五经博士，主奉曾子祭奠近五十年。《宗圣志》记载，他重视修缮宗圣庙、宗圣林、宗圣书院等，"凡庙林、书院、家庙黏补最勤，纪事碑版亦多"①。

曾毓墫在曾氏家族文献的发展、家学的传承上贡献较大。两次陪祀乾隆皇帝亲临阙里释奠，曾毓墫想向皇帝敬陈数言，又因《宗圣志》多年未续修，内容匮乏，缺乏翔实记载，感到惶惶不安。同时，熟悉曾氏典故事迹的人已年老，渐少。

---

① 曾国荃：《宗圣志》，《孔子文化大全》，山东友谊书社，1989 年，第 212 页。

于是，他在吕兆祥《宗圣志》的基础上，去除繁芜，增补史料，续撰《武城家乘》十卷，更为完整地保存了曾氏家族的文化、事迹。

曾毓墫还联合南宗共同重修家谱，制定修纂新规，使得曾氏各分支的派别、世系等井然有序。这些家族志书、家谱的修撰对家学的发展、家族文化的繁荣起到积极的促进作用。家学的传承发展，也使家族中好学、孝悌等良好风气趋于浓厚。

曾纪瑈，字六华，曾毓墫之孙，四氏学廪生，嘉庆十八年（1813）拔贡生。七十一代孙曾纪琏因事革职后，曾纪瑈承袭翰林院五经博士。任职期间，他请修庙林，募修宗圣书院，与南宗曾兴槎等共同主持续修曾氏族谱。为了甄别支派真伪，他亲往南宗谱局调查相关事宜，族谱历时三年修成。后来，曾纪瑈因为劳累过度而逝，被祀于曾氏庙前崇德祠内。此外，他善写诗文，著有《萌麓诗草》《南游纪略》《家乘约编序》等。他的三子中，曾广芝为四氏学优廪生。

曾子七十四代孙曾宪祏，字奉远，承袭翰林院五经博士。他与曾传杰、曾纪纲等族人商议，在祭祀主圈之贤者的崇德祠中再加四主：曾宏毅、曾毓墫、曾纪瑈、曾广莆，以使家族中功德显著者得到尊崇。这一意见得到了众人的认可。曾氏字辈采用孔氏家族字辈，取圣贤一体之意。但是这些行辈中有与曾氏先人名字重复者，为避祖讳，曾宪祏提出用他字代替，"庆"用"倩"、"钦"用"特""亲"代替。在曾国荃、王定安编辑《宗圣志》时，曾宪祏积极辅助王定安收集曾氏家乘、碑文等资料，对《宗圣志》的编纂起到一定的推动作用。

1935 年，七十六代孙曾繁山由"翰林院五经博士"被改为"宗圣奉祀官"，曾氏家族"世袭翰林院五经博士"宣告终结。从明代曾质粹北迁嘉祥、祭祀曾子到此时近四百年间，曾氏子孙奋起直追，使曾氏家学、家教、典制等日益完善，发展成为与孔、颜、孟三氏并立的文化世家。尤其是家学方面蓬勃发展，《宗圣志》、《曾子全书》、曾氏族谱等家学志书陆续撰写完善。这使曾氏家族的文化根基更为牢固，也使曾氏家族更具尊祖敬宗意识和家族凝聚力，从而使家族内习儒力学、重仁行孝的家风更为浓厚。

2. 曾国藩家族

湖南湘乡曾氏得以异军突起主要源于曾国藩。曾国藩通过科考进入仕途，因平定太平天国运动被封为一等毅勇侯，继而办理"洋务"等，被誉为清朝"中兴第一名臣"，声名远扬。在建功立业的同时，曾国藩也重视个人的修养，注重治家、教导子弟，形成了良好的家教、家风。在曾国藩的悉心引领下，他兄弟五人皆有一定的成就，其子孙也多有出息，上百年间家族内人才辈出，无一纨绔子弟。在曾国藩的带领下，曾国藩家族一跃成为南方兴盛家族。

曾国藩，字伯涵，号涤生，谥号"文正"，湖南湘乡人。他的祖上自明朝便世代为农，高祖曾应祯勤劳节俭，"手致数千金产"。曾祖父曾竟希谨守父亲遗风，勤俭一生。祖父曾玉屏虽然"少耽游惰"，但能及时醒悟，善待邻里族亲，勤劳不辍，常教导儿孙要以"耕读"为本。父亲曾麟书积德力学，设馆授课，以孝行为乡人称赞，父病时"未尝一日安枕"。正如曾国藩所说："吾家累世积德，祖父及父、叔二人皆孝友仁厚。"① 多年来，曾氏家族边耕种边读书，养成了勤俭节约、孝友仁厚的风气。

曾国藩 8 岁时便在父亲的严格教导下，诵读儒家典籍。在这样的家风陶冶之下，曾国藩自幼便养成了好学勤俭的习惯。道光十八年（1838），他考中进士，进入翰林院，为庶吉士。十多年间，他精心研究历代典章制度，因政绩突出，不断获提升，先任内阁学士兼礼部侍郎，后又为兵部侍郎、工部侍郎、刑部侍郎、吏部侍郎等职。十年间他连跃十级，成为二品官员，可谓官运亨通，在京师获得较好声望。后来，咸丰帝命他去平定太平天国起义。他招募了一批人，训练成勇猛精进的湘军。经过十年苦战，曾国藩终于稳定了清朝的基业。他也因战功被封一等毅勇侯，加太子太保。

曾国藩本为文职官员，能取得如此成就，他自己认为得益于祖上优良的家风遗训。他说："余蒙祖宗遗泽，祖父教训，幸得科名，内顾无所忧，外遇无不如意，一无所缺矣。"② 在他看来，因得到祖父、父亲等人的教育指导，才能够优于学识品德，进而科举成名，仕途顺利。曾国藩父亲每次写家书，都要求曾国藩尽忠报国，不必挂念家中，给予他

---

① 曾国藩：《曾文正公家书》，世界书局，1936 年，第 101 页。
② 曾国藩：《曾文正公家书》，世界书局，1936 年，第 79 页。

精神上的支持和鼓励，让他无后顾之忧。曾国藩敬体父亲教训，继承家族勤俭、仁孝的作风，对负责的工作尽职尽责，对国家公而忘私、尽忠效力。这些是他能够不断晋升、得到重用的主要原因。

曾国藩作为一代儒臣，知识渊博，经史子集皆有涉猎，能文章诗赋，留有大量作品。他的门人将他留下的奏稿、《经史百家杂钞》、《十八家诗钞》、《鸣原堂论文》、书札、文集、诗集、杂著、年谱等收录成《曾文正公全集》，全面展现了其修身、齐家、治国、平天下的思想理念。曾国藩将家族数代传承的家学推到高峰，带动了家族中学术文化的传承发展。可以说，曾国藩实践了立德、立功、立言这一古代君子的最高理想追求，成为家族的荣耀和后人学习的榜样，也被后世视为安身立命的楷模。

曾国藩对先祖曾子心存敬意，曾经亲赴嘉祥拜谒曾子，并捐资重修曾子林庙。他仰慕曾子，学习曾子，也想要把曾子的精神在家族中发扬下去。这主要表现在，曾国藩特别重视治家，关注对子弟的教导。他细致、全面、系统的治家教子思想集中体现在《曾国藩家书》（又称《曾文正公家书》）中。曾国藩对家教的重视，对家学传承的关注，加强了家族内好学、忠孝、修德为善等良好风气，使仁孝家风得以进一步提升。

曾国藩的率先垂范、悉心教育与家风的熏陶教化等，促使家族子弟们好学修德，成为德才兼备的优秀人物。如，弟弟曾国荃封威毅伯。长子曾纪泽饱览经书，在外交上取得了一定成就。幼子曾纪鸿少读儒家经典，在天文、算数上有天赋。长孙曾广钧 23 岁中进士，善于诗，著有《环天室诗集》《环天室外集》等。其家族人才辈出，数代兴盛。

曾国荃，字沅圃，号叔纯，是曾国藩弟，16 岁时便跟随曾国藩读书，深受曾国藩的影响。咸丰二年（1852），曾国荃考取优贡，后协助曾国藩镇压太平天国运动，因战功被封为一等威毅伯，加封太子少保，谥号"忠襄"，著有《曾忠襄公奏议》。

在建功立业的同时，曾国荃也重视曾氏家学的发展、家谱的重修等家族文化建设。光绪二十六年（1890），曾国荃接到南宗曾氏寄来的明代吕兆祥撰《宗圣志》，希望曾国荃帮助刊印。曾国荃便嘱托擅长史志的王定安校订《宗圣志》。王定安发现吕兆祥《宗圣志》存在一些问题。如，自崇祯到光绪二百五十多年间"宗裔之袭代，祀典之增加，林墓祠庙之兴替，祭田户役之存没，皆阙焉无考"[1]，存在许多资料缺失情况。于是，他亲赴嘉祥，同曾氏后裔、翰林院五经博士曾宪祐等人探讨曾氏祀典、袭封、碑刻等情况，搜集曾氏相关资料，在吕氏《宗圣志》的基础上加以增补、删减、辨订，最后著成《宗圣志》二十卷。因为此书是曾国荃主持编撰，所以题为曾国荃重修、王定安编辑。曾国荃重修《宗圣志》是目前内容最为全面翔实、流传最为广泛的曾氏

---

[1]　曾国荃：《宗圣志·序》，《孔子文化大全》，山东友谊书社，1989 年，第 9 页。

家族志书，成为研究曾氏家族思想、文化、历史等的重要参考资料。

王定安在编辑《宗圣志》时，余闲中旁搜载籍，得到五万多言的曾子资料，便仿照宋代薛据《孔子集语》的体例，编成《曾子集语》二十四篇。书稿完成后，王定安将它呈送曾国荃审阅。曾国荃提议将书名改为《曾子家语》，建议将《大戴礼记》中的十一篇合成六篇，删除唐以后书若干条，集成十八篇，以复班固《汉书·艺文志》所记《曾子》十八篇。王定安按照曾国荃的建议加以修改，采古书九十七种，皆用善本，并注明取此书的缘故，编辑成《曾子家语》一书。蒋伯潜给予此书很高评价，说它："搜辑之广，采录之慎，远在汪晫之上。"①

同治年间，南宗曾毓郯向曾国荃倡议修族谱，曾国荃给予大力支持。曾国荃还曾亲往嘉祥拜谒宗圣庙林，捐银千两修林墓，帮助嘉祥宗圣庙的建设。可以说，曾国荃在父兄的影响下，也具有强烈的家族意识，注重对家学的传承和发展。他参与修纂的《宗圣志》《曾子家语》等作为曾氏家学的重要组成部分，对家学的发展具有特别大的促进作用，也成为人们研究曾子及曾子家族的重要参考资料。

总而言之，在明清时期崇儒重教的政策影响下，曾氏家族在家学上取得了很大的成就。曾子后裔曾质粹归鲁奉祀，弥补了长期以来曾子嫡裔奉祀缺失的不足，也使曾氏家族在

---

① 蒋伯潜：《诸子通考》，岳麓书社，2010 年，第 271 页。

故里嘉祥得以兴盛起来。嘉祥曾氏在家学、家教等方面快速发展。同时，迁徙各地的曾氏家学也有了相应的发展，最为突出的是曾国藩带动下的湖南湘乡曾氏。曾氏家族家学的发展，带动了家族学习儒家典籍、修身养德的风气，使曾子仁孝家风在家族中进一步强化和提升，对曾氏子孙具有重要的引领和教化作用，对众多家庭家风建设也具有启示意义。

纵观曾氏家族两千多年的发展史，在不同的时期，家学的发展有所不同。先秦时期，经过曾子及其子孙几代人的父子传承，家学、家风已经初步形成，奠定了曾子家学的根基，决定了曾氏仁孝家风的底色。汉唐时期，大倡孝道，《孝经》风行于世，从《曾子》十八篇到《曾子》两卷，《曾子》一书虽有变化，定长期流行于世，更存于曾氏家族之中。在家学的传承中，家风也在蔓延发展。宋代，《大学》被认定为曾子所作，并列入"四书"之中，曾子地位进一步提升。曾氏家族中涌现出一大批杰出的儒学人才，在学术与仕途上皆取得了巨大的成就。这与曾氏家学的传承、家风的熏陶有密切的关系。明清时期，曾子后裔归鲁奉祀，在享有各种优渥的同时，在家学方面快速发展，再次进入繁盛期，曾氏家族得以与孔、颜、孟并为圣人世家。总之，无论是迁徙各地，还是重归故里，曾氏子孙多能秉承先祖曾子的遗训，践行和发扬曾子思想。曾氏家族世代以家学为家族的精神纽带，将以仁孝为特色的家风代代传承下去。

第三节　曾氏家教与家风

从曾点严格教曾子，曾子用心教三子，到曾申全力教曾西，曾子家族在先秦时期就已经形成了重视家教的风气。曾子后裔继承了重视家庭教育的传统，用心教育子孙。如，宋代的曾公亮、曾易占、曾肇、曾几，清代的曾毓墫、曾国藩等，都堪称重视家教的典范。良好的家庭教育，严明的族训家规，不仅使曾氏家学得以更好地传承发展，使家族内以仁孝为特色的家风得以强化，而且培养出了众多出类拔萃的优秀人物。优秀的曾氏后裔又反过来传承和发扬着曾氏家族孝悌忠信、仁义刚毅的优良家风，使家族保持长久的兴旺。家教中特别突出的当数曾国藩，他所著《曾国藩家书》堪称中外家教的宝典，将曾氏家教推向了高峰。

一、家庭重教

曾点教子严格，曾子、曾申等都曾授徒讲学，将家教与教学相结合，曾子家族形成了重视家教的风气，并探索出了一些教子的方法和途径。曾子后裔在家学的不断传承中，也在不断丰富和发展家教的方法，形成了比较完善的家教系统。家庭中不仅父兄起到重要的教育引领作用，女性在家教中也扮演着重要的角色。

（一）家教方法与途径

家教不同于学校教育，身教垂范具有更强的影响力，言传身教是最为普遍和有效的家教方法。家教应将慈与严相结合，为了强化教育，也需要制定家规家训。曾氏注重家庭教育的氛围，不仅父兄等重视教育，家庭中的女性也重视教育，形成了和谐一致的家教环境。为了强化对家族成员的教育，曾氏家族内有时还建立自己的书院。

1. 言传身教

言传身教是家庭中最普遍、最具影响力的家教方法。孔氏家族重视言传身教，曾子家族也格外重视言传身教。曾子就是言传身教的典型。通过讲课言传，曾子教给儿子们儒家的思想理念；通过侍奉父母、临终易箦等行为，曾子对儿子们进行孝行、守礼等身教。可以说，言传，传授的主要是思想观点、信念追求等。身教，传达的主要是行为习惯、品格气质等。两者相互补充和促进。相比较而言，身教垂范更具感染力。

曾氏家族多次出现一门数代英才、兄弟多人中举等繁荣现象。如宋代晋江曾氏"一门四相"、章贡"一门四进士"、南丰曾易占六子都中举等。促成这些家族繁盛的原因有很多，其中最为直接和重要的原因就是家族杰出者通过言传身教，教育带领家族其他成员共同进步。这个引领者可能是祖父、父亲等长辈，也可能是同辈的兄弟等。引领的方式可以是子承父教，也可能是兄弟共学。父子传承是一种纵向的影响，兄弟朋友共学则是一种横向的影响。

身居相位的曾公亮在治国、修文的同时，也注意治家，通过言传身教，教育引领子孙。一方面，曾公亮对儿子勤加指导，不仅对他们的读书学习加以教导，还常常与儿子谈论国家事务，有意锻炼儿子的为政能力，为他们以后的工作积累经验。另一方面，曾公亮谨约自律、率先垂范。"公居家谨严，无惰容"，他在家谨慎修身、严于律己、勤学不倦，年老时，辞官归故居，也安于勤俭。在他的教育引领下，子孙虽身处富贵，也"修廉隅，力学问如寒士"，廉洁勤俭，谦卑谨慎，好学不倦，无贵族子弟骄慢之态，有寒士素风，养成了良好的品德与习惯。通过言传身教，他既培养了子孙后代的学识能力，又涵养了他们的品德性情，使他们成为有德有识的杰出人才。

言传身教也营造了良好的家庭风气，形成一种无形的推动力量，潜移默化地影响着家族成员，使家族数代不衰，人才辈出。这些是晋江曾氏能够长期兴盛的根本原因，也是大多数文化世家得以长盛不衰的一个秘诀，是一种普遍的规律。如，南丰曾易占也是言传身教的典范。他不仅重视家教，以儒学为家学，悉心教育六子，使六子皆中举，而且注意身教。任县令时，他带着曾巩就读，让他广涉世事，扩大眼界，养成了勤学苦读的习惯。

章贡"一门四进士"是指曾几、曾开、曾懋、曾弼兄弟四人，他们都以才学中进士，而且都擅长诗文、刚直中正。形成这一现象的主要原因是：家学的世代传承积累；父亲对他们的教育引导；兄弟共学，常互相勉励、交流切磋。再如，南丰曾巩自幼与兄弟们共学，在父亲去世后，又引导弟弟们读书习字、明理修身，起到言传身教的作用。后来，曾布贵为宰相，曾肇为中书舍人、翰林学士等，这与兄弟共学中曾巩的引导有直接的关系。兄弟共学，不仅可以在相互激励中使品格和学识迅速提升，而且在家庭中形成了特别浓厚的学习氛围、进德修身的良好风气。这种风气和氛围又会影响兄弟们的学习生活、性格习惯。

由此可知，言传身教不仅使家学得以传承发展，也可以为家人树立学习的榜样，有利于在家族中形成良好的氛围和风气。这种无形而又强大的家风，影响着家族成员品行习惯的养成，决定着家族的走向。

2. 制定家规

言传身教起到重要的引领指导作用，是主要的家教形式，同时，家教也离不开家规家训的规范与约束。曾氏家族中多有自己的家规家训，有些家庭只是约定俗成，有些家庭则是明文规定，非常细致和严格。

宋代晋江曾公亮重视家教，四子皆有成就。第三子曾孝纯，"休官三十年，治家严整有法"，不愿为官，治家却严谨，制定了一系列家规。如：子弟非冠带不见，昼日不得居房，以长幼次序各居厅事书院，虽暂归必见尊长，亦须冠带出。弟妇与伯终身不同坐，不立谈。男女宴会时异席。光禄主家不畜私财，不置别产，等等。曾孝纯对日常起居间的行为加以规范，要求衣冠整齐、长幼有序、男女有别、尊敬长者等，重在养成好的生活习惯，也对总体的生活方式加以规范，要求不蓄私财，不置别产，有人生方向的总体指导。可见，曾孝纯家教严格而全面。在曾孝纯的教育下，子孙多有德行修为。儿子曾谊任朝请大夫、虞部郎中等。孙子曾恬任大宗正丞，耻于与秦桧共事，请求外放台州，可见其品行高洁。

曾子六十九代孙曾毓塼重视家教，常告诫子孙，要传承先祖曾子的学术思想，学习《大学》《孝经》精神，心正身修，身修家齐，由立身以事亲，由事亲以事君。他还"著《家诫》一篇，采入《济宁州志》，又著《训后要言略》，刻石嵌书院壁"①，以此来训诫教导后世子孙。《家诫》中的突出一点是规定女子为父母服丧的礼节，提出"吾家之女，应从夫家之便。吾家之妇，为其父母，必服三年"。按照当时的礼节，女儿出嫁后为父母服丧一年便可。曾毓塼认为为父母守丧三年是古代的通行之礼，男女都应该如此。可见，曾毓塼对孝道格外重视。他将《训后要言略》刻于书院石壁上，警示后人要修德养性，遵守规矩典范。这些训诫家教对曾氏家族具有重要的引导和规劝作用，也成为家风传承的保障，使家风更加有力地蔓延开去。

3. 女性重教

女性在家庭教育中起到重要的作用，其文化修养、道德素质等对孩子、家庭具有潜移默化的影响。曾氏家族涌现出一批具有学识修养的女性，对曾氏子孙的教育、曾氏家风的传承发展起到重要作用。其中，最具代表性的是宋代南丰曾氏家族中的几位优秀女性。

---

① 曾国荃：《宗圣志》，《孔子文化大全》，山东友谊书社，1989 年，第 213 页。

　　宋代南丰曾氏的奠基者曾致尧能取得卓著成绩，与母亲周氏的教育有很大关系。父亲曾仁旺去世后，周氏独自抚养四子，教他们读书习字。后来，曾致尧任光禄寺丞，回家探母。众亲见他衣冠陈旧，议论纷纷。母亲却高兴地说："贫来见我，是我的荣耀。若带着很多钱财，只会给我添忧愁。"母亲的高尚德行和谆谆教诲，时时警醒着曾致尧，使他一生深明正义、廉洁自律。

　　曾致尧的妻子黄氏也是位贤妻良母。她"事夫与夫之党若严上然，视子慈，视子之党若子然，每自戒不处白人善否"①，对丈夫与丈夫的朋友充满尊敬，对儿子慈爱，对儿子的伙伴如对自己的儿子。黄氏善于相夫教子，对他人和善，持家有道，辅助曾致尧齐家教子，培育的七个儿子中两人中进士，曾易占尤为突出。

　　宰相曾布的儿子曾纡善写诗词，除了受曾布、曾巩的影响，母亲魏氏对他的影响很大。孙鸿庆在为曾纡《空青遗文》所作序中写道："公文章守家法，而学诗以母夫人鲁国魏氏为师，句法清丽，绝去刀尺，有古诗之风。"② 这里称曾纡母亲为他的"师"，可知母亲对他的学习方面指导很多。曾纡诗歌的风格、句法都有母亲诗歌的特色，可见诗词方面受母亲影响较大，而文章则是父亲家传影响较大。

---

　　①　王安石：《曾公夫人万年太君黄氏墓志铭》，《临川先生文集》，中华书局，1959 年，第 1019 页。
　　②　马端临：《经籍考》六十六，《文献通考》卷二百三十九。

曾肇之子曾缲去世时，曾缲的儿子曾协只有 5 岁。母亲强氏教曾协读书，"亲授以经而督之学"，教他经学词赋。曾协能够继承家学，在词赋上有突出的成就，词风婉约，著有《云庄集》。这些都有赖于母亲的教育指导。

由以上可知，南丰曾氏作为学术和仕途都显赫的世家大族，女性在其中也功不可没。她们注重对子女的教育，关注子女的品德修养、行为习惯及学识涵养。她们的品行修为也影响着家庭的氛围和家风的特色，对家族具有重要的影响。

4. 建立书院

子承父教、兄弟共学、女性重教，这些多适合于家庭这一小的范围。随着家族人员的增多，这些教育形式已经不能满足需要。为了扩大对族人的教育，书院在家族内出现。

曾巩特别重视对子弟的教育，弟弟曾布、曾肇都在他的教导下成长为知识渊博的人才。为了更好地教育子孙，曾巩兄弟在曾家园一侧建有兴鲁书院。曾巩自言："家世为儒，故不业他。"[1] 建书院意在继周孔之学，加强儒家思想的教育，传承曾氏家学。书院确实促进了曾氏家学更广泛地传授，加强了家族习儒向学的风气。

曾子五十九代孙曾质粹提议让曾氏子孙入三氏学，接受更好的教育。但以当时曾氏子孙较少等原因，曾质粹的建议被搁置下来，直到曾承业才入三氏学，三氏学便改为四氏学。曾承业重视家教，见四氏学招收名额有限，大量曾氏子孙无

---

① 曾巩：《曾巩集》，中华书局，1984 年，第 232 页。

法接受教育，于是，在曾氏家族中创设宗圣书院，加强对本族子孙的教育，大大提高了族人的素质涵养，使家族中学习的风气更浓。

（二）家教典范

曾氏家族重视家教，通过言传身教使子孙品学兼优的例子还有很多，最为突出的要数"文溪曾氏五君子"、吉水"一门三进士"和"曾氏五节"。

1. 文溪曾氏五君子

曾肃，字温夫，江西泰和人，北宋嘉祐年间进士。祖父曾再盈、父亲曾德谊都以善行著称乡里，曾肃也以孝行闻名。据明人凌迪知撰《万姓统谱》记载，父亲去世后，曾肃守墓数年，有慈乌来此筑巢，人们认为这是曾肃的孝心感动了上天。这虽然有神话色彩，也可见曾肃具有诚挚的孝心。在曾肃的教导下，四个儿子曾安辞、曾安止、曾安中、曾安强也都中进士，优于才学德行。父子五人被誉为"文溪曾氏五君子"。

曾安辞，字长吉，大观三年（1109）进士。他号为十一居士，是因他在居室内绘有古代品行高洁的十位逸士像，心向往之，所以得名。曾安中，字舜和，没满20岁就考中进士。他常上书讨论时政，敢于直言进谏，被入党籍，贬官不用。幼子曾安强，字南夫，元符三年（1100）中进士。《文忠集》记载他："自幼读书，五行俱下，稍长，遍抄经史传记，虽大寒暑未尝辍。"① 可见他勤奋好学，博学多识。在任

---

① 周必大：《曾南夫提举文集序》，《文忠集》卷五十二。

成都路常平仓提举时，他把暴露于野外的三十多具尸骨埋葬，见其仁爱之心。

曾安止，字移忠，宋神宗熙宁五年（1072）中进士乙科。他以不能高第为耻，"不离上庠，励己修业，夜以继日"，继续在学校勤学，三年后中进士甲科。父亲曾肃病重，他尽心侍奉，有孝行。任彭泽令时，他勤政爱民，教民以孝为本，得到了百姓的赞扬、朝廷的表彰。后来，曾安止认为"农者，政之所先"，以眼疾为由，归隐田野，从事农业。他发现稻谷品种不一，便去各地调查收集，写成了《禾谱》五卷，另外著有《车说》一卷、《屠龙集》数卷。

《禾谱》是我国第一部关于水稻的专著，内容丰富，详细记载了水稻的名称、特征、种植、管理的方法等，在农业科技方面具有重要的价值和意义。苏东坡评价《禾谱》"文既温雅，事亦详实"，并作《秧马歌》附于《禾谱》之后，使它得以进一步推广开去。曾安止想作"农器谱"，可因双目失明，未能完成。到南宋中期，曾安止的后裔曾之谨撰写了《农器谱》，补《禾谱》之缺。

曾肃四子虽每人个性与人生方向不同，但又有许多相近之处，如，富有才学，为人正直，爱民勤政，中举却又不迷恋权势等。这与父亲曾肃的言传身教有很大关系。黄庭坚曾称曾肃为"清高处士"，赞他有刚毅清雅之气。四子身上也都有"清高"的家庭气质。

2. 吉水"一门三进士"

吉水"一门三进士"，是指曾存仁和儿子曾同亨、曾乾亨。曾存仁，字懋远，江西吉水人，出身儒林世家。父亲以教授学生为业，他自幼跟随父亲学习。嘉靖年间，曾存仁中进士，被授礼部祠祭主事。当时嘉靖帝要为其生父建庙，光禄丞何渊建议由太庙达世庙。曾存仁上疏，认为这样会毁太庙的墙垣亭台等，是不孝行为，毅然违背旨意，因此被降职。在广西任参政时，他招募民众开垦荒地，种植粮食，供给征战的士兵。曾存仁因不畏权势、仁政爱民，得到了人们的爱戴。

曾存仁的言行举止深深影响了两个儿子：曾同亨和曾乾亨。曾同亨，字于野，嘉靖三十八年（1559）进士。他任工部右侍郎时，负责督治寿宫，节约不必要开支三十多万。任尚书时，军事器械不合标准，他奏请半价，减少一半的制造额，节省了开支。曾同亨为减轻百姓负担，不惧得罪权贵，拒绝汝安王妃收桥税。因不徇私情，心系国家，关爱民众，曾同亨去世后谥号"恭端"。他还著有《工部条例》十卷、《泉湖山房稿》三十卷。

曾乾亨，字于健，万历五年（1577）中进士。他持守中道，刚毅勇为。尚书张学颜偏袒李成梁，曾乾亨无惧，弹劾尚书。皇帝大怒，将他贬官。后任监察御史，检阅大同边务，弹劾罢免总兵官以下十多人，上奏仅留二百兵，以减轻人民的负担。《明史·曾乾亨传》记载："乾亨言行不苟，与其兄并以名德称。"兄弟二人的德行修养，很大部分来自父亲的教育引导与身先示范。曾存仁与曾同亨、曾乾亨因高尚的品行，被后人誉为"一门三进士"，并建有祠庙，对三人进行祭祀。

3. "曾氏五节"

曾亨应，字子喜，明朝末年临川人。其父亲曾栋是万历丙辰（1616）进士，在平定董卜和高箕的战乱中屡立战功，升为布政使。曾亨应在崇祯七年（1634）中进士，官至吏部文选主事。遭御史张慭爵诬陷，曾亨应被贬谪归乡。后清兵攻进江西，曾亨应让弟曾和应带父亲逃往福建，自己守城。他招募几百士兵英勇抵抗，后都被捕。儿子曾筠正在读书，也被捕，痛哭。曾亨应对儿子说："勉之，一日千秋，毋自负！"曾筠听后，不再畏惧。父子大义不屈，都被杀。曾和应听说哥哥曾亨应已死，深受感动，说："烈哉！兄为忠臣，兄子为孝子，复何憾！"（《明史·曾亨应传》）后投井而死。

曾亨应的叔叔曾栻和曾益也是忠义之士。曾栻任蒲圻知县，流寇攻城，城陷身死。曾益任贵州佥事，敌寇入侵，死于战中。曾氏家族一门五烈士，受到了人们的赞扬，史称"曾氏五节"。乾隆四十一年（1776），朝廷对五人加以追封，祀于忠义祠。"曾氏五节"忠贞不屈、不畏死亡的精神，来自家庭教化，乃家风使然。

曾氏家族重视家教，通过言传身教、制定家规、建立书院等多种教育方式和途径，形成了比较系统的家教体系，达到了理想的教育目的。曾氏家教除了知识的教授，更重视德性教化熏陶，注重孝悌仁义的践行。在这一家教理念的推动下，曾氏家族的仁孝家风得到强化，家族中培养出了众多优秀人才。他们修身养德、勤勉忠孝、好学乐道，既传承和发扬了曾氏家族仁义孝悌的思想和美德，又成就了自身，光亮了门楣。

二、族谱族规

在古代宗法制社会，人的成长有赖于家庭教育，也脱离不了家族大环境的熏陶教化。国家有史，家族有谱。族谱记载着一个家族的血脉传承、历史变迁、家训族规和文化信仰等，对于家族具有重要意义。尤其是其中的家训族规，可以有效教化、指导和规范家族成员的思想与行为。曾氏家族作为圣裔世家，对族谱的纂修极为关注，有系统的家训族规，不同的支派也常有不同的家训族规。

（一）纂修族谱

《宋史·艺文志》记"曾肇《曾氏谱图》一卷"，是目前所能见到的最早有关曾氏族谱的文字记载。《曾氏谱图》大概完成于宋元丰六年至七年（1083—1084），早已散佚。近年发现的江西南丰《二源曾氏族谱》收录了曾肇兄长曾巩所著《修谱图法》，进一步丰富了对《曾氏谱图》的认识。《修谱图法》记载："欧阳子因采司马子长《史记·表》、郑玄《诗谱》，略依其上下、旁行作其谱图……吾宗族属日蕃，弟肇有志于谱，故书之，俾使之取法焉。"[①] 可知，曾肇所作谱图是依据欧阳修所创谱图的方法而作。明清时期曾氏族谱骤增，多地支庶后裔也纷纷纂修族谱。如，《四库全书》收录的明

---

① 转引自文师华、包忠荣：《曾巩家族的〈二源曾氏族谱〉》，《文学遗产》，2007 年第 5 期。

代文集中关于曾氏的谱序就有：《上模曾氏族谱序》《南丰曾氏族谱序》《庐陵王田曾氏族谱序》《石濑曾氏族谱序》等。

值得注意的是，曾质粹迁居嘉祥形成的曾氏东宗，与迁居湖南的南宗曾氏后裔，多次共同修两宗通谱，使曾氏族谱发展到新的阶段。明崇祯年间，东宗六十三代孙曾弘毅和南宗曾日新首次共同主持修订族谱，把宗圣曾子作为曾氏始祖，并开始使用钦赐孔氏行辈取名。清嘉庆三年（1798），曾子六十九代孙曾毓墫与南宗曾衍咏共同主持修纂族谱，制定了一系列修纂新规。之后又有两次大规模的共同修纂：一是道光年间，东宗曾纪瑚与南宗曾兴槎共同修纂；一次是光绪年间，南宗曾毓郏与东宗曾广莆共同完成修订。这几次大的族谱修纂，使曾氏支派世系有序，修谱细则更为完备，祖训族规更为明确完善。除了东南两宗联合修谱，曾氏各支派也多各自修谱、立宗规族训等，反映了支派的历史、世系等。

族谱在家族中具有重要的作用。正如明代李时勉在《石濑曾氏族谱序》中所说，"谱为敦宗睦族作也"，"苟无谱以纪之，则昭穆不明，长幼无序，礼节不行，恩爱不通，而乖争陵犯之风起矣。乖争陵犯之风起，则其祸害有不可胜言者"。[①] 如果没有族谱的维系，家族内容易血脉不清，世系混乱，失去长幼礼节。有了族谱则可梳理血脉层次，使家族和谐

---

① 李时勉：《石濑曾氏族谱序》，《古廉文集》第四卷，《四库全书》（集部），第 127～128 页。

有序、长幼有节，增强家族的凝聚力，为家族发展提供动力。

族谱也可以教族人习先祖之德、正家之道，修己之身。如《上模曾氏族谱序》中记："曾氏子孙观谱，而知其所以同者，为之笃恩谊，厚伦理，诗书礼乐相与维持于久远，则虽至于百世可也。"①通过族谱可以学习祖上的懿德嘉行，使性情敦厚，使诗书礼乐的家风传承下去，勉励后世。这也就是曾弘毅在《武城曾氏重修族谱序》中所说："以血脉而绵道脉也。"在血脉的传承中，延续曾子道统，传承家学。同时，族谱还可以对族人进行道德教化，用于宗族的治理，维护社会的秩序等，具有重要的教化意义。

（二）族规族训

族规族训对族人具有道德引领和规范制约作用，是家族教化的重要方式。曾氏家族不同支派的族训族规，尽管在具体条例和要求上不同，但是在基本精神内涵上又有一些共同的地方。这主要表现在以下几点：

第一，重视人伦关系。这主要包括崇孝悌、明夫妇、敬伯叔、敦友情等。孝悌是曾子思想的核心，也是曾氏族训中最为重要的部分。曾子六十七代孙曾衍咏在《武城曾氏族谱叙》中强调："《孝经》一书，家教也。"把《孝经》作为家教的重要内容，认为它作用重大："羽翼大道，维持人心，其功炳耀天壤。而其最者，孝之一事。问答成经，垂

---

① 王直：《上模曾氏族谱序》，《抑庵文后集》卷二十，《四库全书》（集部），第1623～1624页。

训万世。"① 孝是人间大道，可以维持人心。《孝经》也应成为众人学习宗法的经典。曾氏后人更应当奉行不倦。"兄弟之伦，手足连枝，固当亲爱"，兄弟亲情一脉相连，当兄友弟恭，相互友爱扶持。

对如何做到孝悌，在族规中常有明确规定。如《永丰木塘源曾氏族谱》规定："尊亲固未易言，能养尚未足重，亦惟务弗辱之为要。"② 不仅要做到能养父母，还要做到不辱父母，尊敬父母。这就要警惕"好财货，私妻子，博弈饮酒，好勇斗狠"③，不要做那些好财好利、游手好闲、酗酒打斗等不义之事，做这些不义之事有损自身，也让父母蒙羞。兄弟之间"毋因田土财利致相争竞，衅起阋墙"，不要因为利益而互相争夺，而应该"太和聚于一室，嘉气彰于门内矣"④，相互扶持，实现家族和气融洽。

夫妇关系是家庭中的重要关系，"夫妇居伦，类之先风"⑤。首先，要慎婚配，"婚姻之际，务择善良"，择妻选夫要注重具有品德的人，而不是具有权势富贵的人。其次，要厚姻娅，明夫妇，处理好夫妇间的关系，相敬如宾。夫妻不合，父子为敌，家庭必然衰败。所以，处理好夫妻间的关系很关键，丈夫以义教妻子，妻子尽其本分，家庭才可能和睦。

① 曾灿光等纂修：《武城曾氏族谱》，上海图书馆藏，1922 年石印本。
② 转引自周海生：《嘉祥曾氏家风》，人民出版社，2015 年，第 228 页。
③ 转引自周海生：《嘉祥曾氏家风》，人民出版社，2015 年，第 228 页。
④ 曾传禄等纂修：《石莲曾氏七修族谱》卷五《三修家训》，湖南湘潭。
⑤ 转引自周海生：《嘉祥曾氏家风》，人民出版社，2015 年，第 253 页。

　　第二，崇教化，注重家教。这主要表现在重蒙养之教、勤读书、隆师友等。曾氏家族重视对子女的教育，要求身为父母者"须知子弟之当教，又须知教法之当正，又须知养正之当预也"①，不仅要知道当教，还要会教，早有计划。要教育好子女，必要"为之择良师取益友，以尽熏陶涵育之方"②，为他们选择良师益友。对良师益友，要做到"虚心奉教""声应气求"，切不可"轻师慢友"。

　　有良师益友，还要多读书。"夫子弟质属中材，性介成败，其必藉于诵读也明矣"，"子弟诵读，关门户盛衰"③，读书使人明智，可以使家庭兴旺。读书不仅有助于人益智明理、变化气质，还有益于家与国，"居家可以教子弟，庭训堪型；用世可以事明君，尽忠报国"。读书时要谨防傲慢心态，不可自大、轻慢他人。如《石莲曾氏七修族谱·三修家训》规定："有读数十卷书，便自高自大，陵忽长者，轻慢同列，亦先儒所谓以学求益，今反自损，不如无学者。"④ 读了一点儿书就轻慢他人，忽视长者，还不如不读。读书学习要把修身养德放在首位，而不仅仅是科举考试、求取功名，更不可恃才傲物。

　　第三，勤俭持家。曾氏家谱对勤俭的重要性有诸多说明，

①　《溧阳曾氏族谱》卷首《宗规十六条》，湖南石门。
②　曾灿光等纂修：《武城曾氏族谱》中《家法十二条》，上海图书馆藏，1922年石印本。
③　曾传禄等纂修：《石莲曾氏七修族谱》卷五《三修家训》，湖南湘潭。
④　曾传禄等纂修：《石莲曾氏七修族谱》卷五《三修家训》，湖南湘潭。

如，"人逸则淫，淫则忘善"，"勤苦，立身之本。懒惰，败家之原"。人闲散无事则易生事端，懒惰而无进取之心，是家败的根源。"天下无不可为之事，惟勤有功；天下无不可丧之家，惟俭能久。"① 勤俭是家庭得以长久兴旺的重要保证。从国家层面来说，也是节俭有益，"以俭率人，敝俗可挽，有益于国"②。

对于如何节俭，族规中也常作明确规定。如，《永丰木塘源曾氏族谱》规定："男婚女嫁，切勿奢华装体面；款宾待客，切勿艳丽强撑持；馈送当随时……"③ 这些规定对族人的行为做法有重要的引领和规范作用，易于养成节俭勤劳的习惯。

曾国藩家族是勤俭持家的典范。曾国藩说："勤苦俭约，未有不兴。骄奢倦怠，未有不败。"④ 所以，他虽然居高官、有厚禄，仍然遵循着祖父勤俭的习惯，日常饮食简单，以一荤为主，穿着简朴，一件马褂可以穿几十年。每天勤奋不已，除了处理工作事务，还要读书练字，几十年如一日。他要求子弟工作上要勤，亲自从事扫屋、种菜、收粪等体力劳动，生活上要俭，不可讲排场。这使其家族内上百年无纨绔子弟、无无用之才。

第四，曾氏族训族规中制订了一些惩戒和禁忌。如，戒

---

① 转引自周海生：《嘉祥曾氏家风》，人民出版社，2015年，第257页。
② 《溧阳曾氏族谱》卷首《宗规十六条》，湖南石门。
③ 转引自周海生：《嘉祥曾氏家风》，人民出版社，2015年，第228页。
④ 曾国藩：《曾文正公家训》，世界书局，1936年，第1页。

赌博。赌博会带来众多的危害，"待至因赌贫穷，始而鬻田卖产，甚而做贼为非，皆由此起"①。倾家荡产、为盗为贼常由赌博起。禁止赌博，是要教人守分安生、保其家业。戒盗窃强抢，"凡我族中各守本分，毋引类呼朋""毋恃势强，毋恃力健"②。盗抢等违法行为，对他人带来危害，对家族带来重大的灾难和耻辱，是严禁之行。戒嫖荡。《曾氏四修族谱》规定："湎酒冒色，博弈斗恨色，尚能保其家业乎?"③ 沉溺酒色，必败其家。

除了以上提及的几点，曾氏家族中还有一些族规训条，如和睦族邻、重视祭祀、戒争讼等，不再一一陈述。总体来看，曾氏族规家训为个人的修身、家庭的和睦、宗族的秩序提供了切实的规范和依据，是家教的重要形式。族规家训作为明确而具体的家教条文，使曾氏子弟思想言行有所遵循，家族成员有共同的价值信念和积极向上的精神指引，从而形成更为和谐积极、友爱互助的社会氛围，促进曾氏仁孝家风得以更好传承。所以，曾氏家族中能够人才辈出，在德行、学术、仕途等方面都取得了很大成就，使家族保持长久兴旺。

三、曾国藩家教

曾国藩在为政治学的同时，也特别注重修身、齐家，常

---

① 转引自周海生：《嘉祥曾氏家风》，人民出版社，2015 年，第 228 页。
② 《武城曾氏重修族谱》中《家法十二条》，湖南宁乡。
③ 《曾氏四修族谱》中《家训八约》，湖南益阳。

对子弟加以教导。他认为家教对人的成长、对家庭具有长远的影响，"子弟之贤否，六分本于天生，四分由于家教"①。所以，他格外重视对子弟的教育。除了言传身教，三十多年中他一直坚持给祖父母、父母、弟弟、儿子等写家书，来表达问候、劝诫子弟、教导家人等。其书信后汇成《曾国藩家书》（又称《曾文正公家书》），将其治家理念、家教思想等集中保存下来，成为治家教子的经典。脱去政治的光环后，曾国藩现在最为人们称赞的，恰恰是他的治家教子思想。

（一）曾国藩的家教理念

曾国藩的家教思想是对先祖家教的继承和发展。曾国藩曾说："余与沅弟论治家之道，一切以星冈公为法。"星冈公是指他们的祖父曾玉屏，曾国藩与曾国荃的治家之道主要来自祖父。曾国藩把星冈公的治家之法总结为"八字三不信"。这八字诀是：早、扫、考、宝、书、蔬、鱼、猪。② 也就是早起、扫除、祭祀祖先、亲族睦邻、读书、种菜、养鱼、养猪。星冈公意在通过这些日常生活的劳作，达到耕读传家的目的，以保持家族的勤俭之风。"三不信"为不信僧巫、不信地仙、不信医药，以保持行为处世清醒理智。

曾国藩在祖父家教思想上提出了"八本教"和"三致祥"的家教理念。"八本教"：读书以训诂为本，作诗文以声调为本，事亲以得欢心为本，养生以戒恼怒为本，立身以不

---

① 曾国藩：《曾文正公家书》，世界书局，1936年，第217页。
② 曾国藩：《曾文正公家书》，世界书局，1936年，第174页。

妄语为本，居家以不晚起为本，作官以不要钱为本，行军以不扰民为本。① 这"八本"涉及生活的八个主要方面，包括读书、为文、事亲、养生、立身、居家、为官、行军。把握住这八个方面的根本，人生的问题就基本解决了。八者中关于学习的占两项，可见曾国藩对为学特别重视。"三致祥"为：孝致祥、勤致祥、恕致祥。他把儒家强调的"孝""勤""恕"作为人、家庭得以祥和的关键，把曾子着重提倡的"孝""恕"作为根本。可知，曾国藩家教的根本指导思想是儒家思想，尤其是先祖曾子的思想理念。

曾国藩以"八本教"和"三致祥"作为家教的中心，不厌其烦地教诲子弟家人，并要求他们铭记、践行，集中体现在《曾国藩家书》中。《曾国藩家书》内容繁多，包括修身、劝学、治家、理财、交友、为政、用人等多个方面。就治家教子来说，它的基本内容主要包括以下几点：

第一，读书修身。曾国藩自己好读书，即便是在行军打仗时也勤读不辍。他数十年间，每日用楷书写日记，每日读史书十页，每日记茶余偶谈一则，这三事没有一日间断。通过读书勤学，曾国藩不仅在理学、文学等方面取得了很大的成就，而且在为政上建立功勋。可以说，曾国藩的学识能力主要来自不断的读书学习。

曾国藩认为"凡人一家，只有修德读书四字可靠"，通过读书可以治学明理、修身养德，使一家人素养品德得以提

---

① 曾国藩：《曾文正公家书》，世界书局，1936 年，第 184 页。

升。故而，曾国藩经常规劝弟弟、儿子们多读书，并教给他们读书的要领方法。如，他告诫儿子曾纪泽、曾纪鸿："人之气质，由于天生，本难改变，惟读书则可以变化气质。"[1] 希望儿子们好学深思，以恒定有志，提升气质，修身养性。曾国藩亲自教弟弟与儿子们读书习字，常与他们交流学习经验。他告诉弟弟们读书要特别注意三点：第一要有志，有志则断不甘心为下流。第二要有识，有识则知道学问无尽，不敢以一得自足。第三要有恒，有恒心则没有成不了的事。这三者，缺一不可。再如，曾国藩提出："读史之法，莫妙于设身处地，每看一处，如我便与当时之人，酬酢笑语于其间。"[2] 教他们读史书时，要让自身参与其中，用心领会。在他的带领和鼓励下，曾氏家族涌现出了一大批有学识、有修养、有道德的人才。

第二，孝友仁爱。曾国藩重视孝友，认为"孝友为家庭之祥瑞"，"独孝友则立获吉庆，反是则立获殃祸，无不验者"。孝友与家族的兴旺紧密相关，在家庭中具有重要的作用。他本人对父母就很孝敬，因公务不能侍奉父母时，便时常写信问候、寄送各种财物等。

曾国藩提出，为人子者，若只有自己好，兄弟们都不及我，这便是不孝；若族内称道自己好，兄弟们都不如我，这便是不悌。所以，他竭尽所能地教导、帮助弟弟们，希望他

---

① 曾国藩：《曾文正公家书》，世界书局，1936年，第28页。
② 曾国藩：《曾文正公家书》，世界书局，1936年，第62页。

们有所成就和作为。《曾国藩家书》收录了曾国藩写给弟弟曾国荃、曾国潢、曾国华、曾国葆的大量书信，记载了曾国藩对他们为学、为人、为政等多方面的劝导和指引，从中可见曾国藩对他们修德养性、成人成才的殷殷期望。

如，《咸丰十年九月二十四致沅弟季弟》一信①中，曾国藩先写祖父星冈公教他"满招损，谦受益"的道理；接着，写他的认识，"大约军事之败，非傲即惰，二者必居其一；巨室之败，非傲即惰，二者必居其一"；最后，他劝告弟弟们，"惟愿两弟戒此二字，并戒各后辈常守家规，则余心大慰耳"，不仅要他们戒除"傲""惰"，而且要以此告诫子孙。书信的话语温婉、态度诚恳，让弟弟们心悦诚服，愿意遵从。

曾国藩不仅对弟弟悉心指导，对侄儿的教育也很关心。曾国藩还提到如何处理妯娌之间的关系。经常周济亲戚族人，并给予物质上的帮助，其仁爱之心可见一斑。曾国藩的仁孝行为使得整个家族和睦友爱，充满仁孝的良好气息。

第三，勤俭持家。曾国藩的家族因勤俭得以兴家。勤俭也是他一生奉行的原则。"家败离不得个奢字，人败离不得个逸字，讨人嫌离不得个骄字。"曾国藩以此为座右铭，督促自己要保持勤俭的习惯。虽然获得了高官厚禄，他在生活上仍然很节俭，"疏食菲衣，自甘淡泊，每食不得过四簋；男女婚嫁，不得过二百金，垂为家训"。曾国藩粗衣淡饭，每顿饭不超过四个菜；儿女婚嫁比较节俭，不得超过二百金，并以此

---

① 曾国藩：《曾文正公家书》，世界书局，1936 年，第 180 页。

作为家训。

曾国藩认为，官宦之家，多只一代便享用尽；商贾之家，勤俭者能延长三四代；耕读之家，勤俭者能延长五六代；孝友之家，可以绵延十代八代而不衰。曾国藩希望子弟"惟当一意读书，不可从军，亦不必作官"①。所以，他常教导子孙不忘耕读，要求子弟早起、打扫、种菜、养鱼、养猪等，是要子孙养成勤劳的习惯和节俭的品格。

曾国藩常常教导子弟勤俭。如，"勤者生动之气，俭者收敛之气。有此二字，家运断无不兴之理"；"贤弟教训后辈子弟，总以勤苦为体，谦逊为用，以药佚骄之积习，余无他嘱"……曾国藩在反复嘱托中，要求家人勤于读书、勤于劳作、俭以养德，以保持勤俭的家庭风气，使家道长久兴盛。

曾国藩家教思想特别丰富，涉及广泛，除了以上关键的几点，还有慎独修身、刚强自立、睦邻和家、为官廉洁等多个方面。

（二）曾国藩重女性教育

曾国藩的家教思想中另有光辉的一点是重视对女性的教育、规范。他明确规定家中女性应该遵守妇职、妇道。"新妇始至吾家，教以勤俭，纺织以事缝纫，下厨以议酒食。此二者，妇道之最要者也。孝敬以奉长上，温和以待同辈，此二者，妇道之最要者也。"② 要求女性以勤俭、孝敬为要，须从

---

① 曾国藩：《曾文正公家书》，世界书局，1936 年，第 19 页。
② 曾国藩：《曾文正公家书》，世界书局，1936 年，第 138 页。

事纺织、下厨等家务。

曾国藩对女儿们的教育很具体，除了让女儿们读书习字、读经明理，还给女儿们安排每日的功课单，要求她们"于衣、食、粗、细四字缺一不可"，做女工、家务等，并且他要定期检查她们的完成情况。曾国藩这样做的目的在于，让她们通过纺织、做酒食等劳动，养成勤俭的品德习惯，形成孝悌、恭敬等美德，从而使家庭和睦、勤俭的家风不坠。

曾国藩认为家庭中男性对女性具有引领和规范作用。他写信给弟弟们，要求他们修身型妻，"望诸弟熟读《训俗遗规》《教女遗规》，以责己躬，以教妻子"①，提醒他们先从自身做起，修身养德，然后带领妻子明礼修身，夫妻思想共进，从而实现家庭和谐、积极向上。

曾国藩长子曾纪泽也重视对女儿的教育，亲教长女《正史约》《纲鉴》等书。曾纪泽的妹妹曾纪芬旁听，从中学到一些知识。曾纪泽的教育比较开放，除了教以传统的习字诗作，也让她们接触一些西方的文化，使她们思想更为开明。他的教子思想在《曾纪泽日记》中有记录。在重视女性教育的传统下，曾氏家族涌现出多名具有学识美德的优秀女性。如，曾国藩曾孙女曾宝荪获伦敦大学理科学士学位，是中国第一位在西方获得学位的女子，创办了长沙艺芳女子学校。曾国潢曾孙女曾昭燏，是英国伦敦大学硕士、德国柏林大学研究员。

---

① 曾国藩：《曾国藩全集·家书》（第一册），岳麓书社，1985 年，第 144 页。

圣人家风

曾国藩家族重视教育引导女性，使她们更有涵养，对长辈更为孝敬，对子女教育更为有力，使家族更加和睦，勤俭仁孝的家风更加浓厚，故而促使家族长期兴旺。

曾国藩通过言传身教、书信来往等方式来教育引导子孙，堪称家教的典范。特别是他三十多年中写下的一千五百多封家书，内容丰富，语言亲切诚恳，感人至深。其中最打动人的是曾国藩写给诸弟、儿子们的书信。在信中，他不厌其烦地教导他们读书明理、孝悌勤俭，终将他们培养成优秀人才。曾国藩通过家教使整个家族充盈着好学、孝悌、勤俭仁爱的风气，使家族蒸蒸日上。

本章小结：

宗圣曾子师从孔子，得孔子"一以贯之"之道，尤其重视仁与孝，并将这些思想传授给子孙们。经过数代人的传承发展，家族中逐渐形成以仁孝为特色的家风。曾子所著《曾子》等成为曾氏家学的重要内容。曾氏家学，经过汉唐时期的积累沉淀，在宋代达到了鼎盛。这主要表现在晋江曾氏、南丰曾氏和章贡曾氏的异军突起，涌现出曾巩、曾几、曾公亮、曾布、曾肇等著名人物，不仅在经学、文学等学术领域有突出成就，而且在政治上有作为。明代，曾质粹迁回嘉祥，曾氏东宗开始兴起，在家学上快速发展。这主要表现在家族文献《宗圣志》的编辑与整理、曾氏家谱的修缮和祭祀制度的完备等。曾氏家族重视家庭教育，注重言传身教，制定家训族规，办有书院，入四氏学等。家教既传承了家学、培养了人才，也使仁孝家风得以更好地发展。在家学与家教共同推动和支撑下，曾氏家风得以更好地传扬发展，培养和造就了众多杰出人才，推动曾氏家族不断走向兴盛。

第四章
亚圣孟子仁义家风

　　孟子自称"私淑"孔子，虽没有直接受到孔子教诲，却领悟到孔子思想精髓，并将"仁义"并举，提出了一系列思想理念，如仁政、性善、浩然之气等。孟子心慕孔子，人生经历也与孔子相似，授徒教学、周游列国、晚年与弟子著书立说，成《孟子》一书。《孟子》集中阐述了孟子的思想，是对孔子思想的进一步扩展，成为儒家思想的重要典籍。同时，《孟子》在孟子家族中传承下去，成为家族传承发展的重要家学内容。孟子的思想观点决定了其家族文化的内涵和特色，尤其是他以仁义为中心的思想，成为孟氏家族家风的主要特色。孟子仁义家风不仅引领着孟氏家族走向繁荣，对中国传统文化也有相当大的影响。

第一节　亚圣孟子仁义家风的形成

　　孟母重视对孟子的教育，在孟子的成长过程中起到重要作用，不仅把孟子引到习儒的道路上，而且对孟子的人格养成具有奠基作用。孟子"私淑"孔子，得孔子思想精髓，并形成了以仁义为中心的理论体系。孟子授徒教学，将儒学的思想在弟子中传承发展下去，也将他的思想在家族中传承下去，形成了以仁义为基本内涵的家风。

一、孟子家世

　　孟子，名轲，出生于战国时期邹国一平民家庭。东汉赵岐著《孟子题辞》中记载："或曰：孟子，鲁公族孟孙之后。"有人说孟子是鲁国贵族孟孙氏的后人。之后，不少典籍沿袭这一种说法，并加以丰富。

　　孟子七十代孙孟广均主持修纂的孟氏家族志书《重纂三迁志》，对此做了细致的梳理。其概要如下：孟子的先祖为周公，数传至鲁桓公。桓公生四子，庄公、庆父、叔牙、季友。庆父的子孙被称为仲孙氏，与叔牙之后叔孙氏、季友之后季孙氏并称为"三家"，又叫"三桓"。仲孙氏是三桓之长，所以也称"孟孙"，其后人称为孟氏。三桓衰微后，他们的子孙散走各地。孟氏一支迁于邹国，这便是孟子先祖。虽然孟子先祖的名字已经不可考证，但孟子出于孟孙氏这一说法得到广泛认可。

　　孟孙氏在春秋时期多贤者，孟子六十五代孙孟衍泰主持修纂的《三迁志》记载"鲁有献子、庄子、僖子、敬叔之贤"①。孟献子为贤大夫，其嘉言懿行往往被孔门称赞。如，《大学》中引用孟献子言："畜马乘，不察于鸡豚。伐冰之家，不畜牛羊。百乘之家，不畜聚敛之臣。与其有聚敛之臣，宁有盗臣。"孟献子重义轻利的美德为世人称颂。孟庄子以孝著称，孔子曾赞孟庄子"其不改父之臣与父之政，是难能也"，赞他能继承父亲遗愿，不改父亲生前所用臣子与父亲的政治措施。这一点是他人很难做到的孝。孟懿子和南宫敬叔都师从孔子，潜心于儒学。尤其是南宫敬叔，多次得到孔子的肯定。如，孔子赞他"邦有道，不废；邦无道，免于刑戮"（《论语·公冶长》），并把侄女嫁给他。

　　清人焦循的《孟子正义》载："孟氏尊师重道，其后宜有达人。"② 点明孟氏家族尊师重道的传统延续已久，这对后世子孙成为贤达者提供了良好的条件。孟子就是在孟氏家族尊师重教的遗风中成长起来的。

　　孟子父母的姓名等在《史记》等秦汉典籍中没有记载，在唐宋时期也没有明确记录，甚至到元代追封孟子父母时，仍没有称其姓名。明代陈士元著《孟子杂记》引用《孟氏谱》："轲父，孟孙，激公宜。"③ 此后，主要形成两种观点：

　　① 孟衍泰：《三迁志》，《四库全书存目丛书》（史部第八十册），齐鲁书社，1996 年，第 648 页。
　　② 焦循：《孟子正义》，中华书局，1987 年，第 5 页。
　　③ 陈士元：《孟子杂记》卷一，《四库全书》（经部八），第 1 页。

一种认为孟孙是姓，激公是字，宜是名；一种认为激是名，公宜是字。《孟子杂记》又记："轲母，仉氏。"后来，这种说法普遍流传下来。如，陈镐著《阙里志》说："孟子父名激，字公宜，娶仉氏。"《孟子世家谱》与《阙里志》说法一致。但也有人认为孟母姓李。明清学者普遍接受的仍是"母仉氏"这一观点。

孟母去世后归葬于鲁国，这也进一步证实了孟子是鲁国孟孙氏之后。因为按照周代礼制，祖墓要归原国家。那时孟子正任齐国大夫，孟母葬礼采用了"五鼎"的规格，守丧三年。孟母所用棺木也很考究，以至于监理棺椁制造的弟子充虞说："棺木似乎太好了！"孟子答："从天子到百姓讲究棺椁，不只是为了美观，而是只有这样才算尽孝心。"孟子厚葬母亲，说明孟子对母亲极尽孝心，也对母亲充满感恩之心，因为孟母对孟子的成长起到至关重要的作用。

二、孟母教子

孟子出身平民之家。赵岐在《孟子题辞》中对孟子做了简要介绍："孟子生有淑质，夙丧其父，幼被慈母三迁之教。"[①] 即，孟子天生聪颖，早年丧父，母亲慈爱，有三迁之教。具体孟子多大时丧父，这里并没具体记载。后来渐渐衍生孟子3岁丧父的说法。如，陈镐《阙里志》就持这种观点。但也有不少人反对此说。周广业《孟子四考》列出几条言之

---

① 焦循：《孟子正义》，中华书局，2017 年，第 6 页。

凿凿的证据，证实孟子并不是 3 岁丧父。关于孟子父亲对孟子的教育在典籍中为何没提及，王复礼猜测说："盖公宜实未尝卒；其三迁断机，或者公宜出游，慈母代严父耳。"① 认为孟父出游，由孟母来代为教育。孟父是不是出游，不好断定，但是孟子 3 岁丧父的说法是很难成立的。仅从《孟子》记载孟子为父亲举办葬礼来看，父亲去世时，孟子应该已经成年。《孟子题辞》中说"夙丧其父"，大概是孟子的父亲比母亲去世早很多。而且，在孟子的成长中，孟母起到的作用更大，所以关于孟母教子的记载较多。

母亲仉氏以贤德著称，以织布为业，极为重视对孟子的教育。西汉韩婴著《韩诗外传》和刘向撰《列女传》都对孟母教子做了翔实记载，相关故事有孟母三迁、断机劝学、买肉示信、止子休妻、拥楹之教。从这些故事中，可以看到孟母的家教理念及其对孟子成长起到的重要作用。

（一）孟母三迁

《列女传·母仪篇》记载，孟子年幼时，家在墓地附近。孟子常嬉戏于墓间，并模仿丧葬仪式，啼哭哀号。孟母见状，说："此非吾所以居处子。"认为这不是她要居住教子的地方，于是，迁家到集市旁。孟子嬉戏时又模仿商人，玩做买卖的游戏。孟母觉得这也不是适合居住的场所，再次搬家，迁到学宫旁。孟子嬉游时，以读书、习礼为乐。孟母感到非

---

① 周广业：《孟子四考四·孟子出处时地考》，《清经解续编》卷二三〇（第一册），上海书店，1988 年，第 1077 页。

常欣慰，于是定居下来。孟子在朗朗的读书声中长大，颂圣贤经典、习六艺规范，终成为一代圣贤。

从孟母三迁的故事中可知，孟母已经认识到社会环境对人成长的重要影响，尤其是对善于模仿、处于成长中的儿童来说，影响更大。她一再搬家，远离让人压抑沮丧的墓地和嘈杂市侩的集市，就是希望给孟子一种好的成长环境，创造良好的教育条件。孟母最后选择学校附近作为理想之地，是因为孟母心中已经有信念追求和对儿子的期望。她看重的不是商业的"利"，而是学问的"礼"。她不希望孩子从事"贾人炫卖"的商业行为，而是希望孟子能够知书达礼，做一个文质彬彬的士人君子。迁近学堂，其背后理念是孟母对于文化、知识的向往。这一价值期许和迁居学堂旁的行为，在一定程度上决定了孟子的人生走向，是孟子走向儒家文化的重要转折点，是孟子"学六艺，卒成大儒之名"的起点，为孟子思想的形成播下了种子。

同时，孟母三迁的思想也使孟子意识到环境氛围对人的影响，并将其应用到为政治国等理念中。《孟子·滕文公下》记载，孟子为说服宋臣戴不胜，举了一个生动的例子：楚大夫想让儿子学齐国话，请一个齐国人教，周围有许多楚国人喋喋不休。那么，即使每天用鞭子抽打孩子，他也说不好齐国话。而如果把这个楚国孩子放到齐国待几年，即使每天用鞭子打他，让他再说楚国话，他也不可能说好。可见，环境对人的学习成长具有巨大的影响。同样，薛居州是善士，君王周围都是薛居州这类善士，君王没法与人做不善的事，自然为善。而如果君王周围都不是善士，那么君王想为善，也无法做到。

由此可知，孟子从母亲的行为教导中，已经认识到环境对人道德养成、行为处事的巨大影响力。所以，孟子游说列国期间能够根据周围的环境，明辨君王的言行思想，进而决定去与留，进退自如。在教学中，他也重视为弟子营造轻松愉悦的学习环境，常与他们展开一些自由辩论、研讨等，激发他们学习思考的积极性和创造力。

（二）断机劝学

《韩诗外传》和《列女传》都记载了孟母断机的典故。孟子年少贪玩，辍学回家。孟母见状，用刀砍断织了多日的布，严厉地说："你废学，正如我断机。君子要通过学来立名，通过问达到广知，有了学问，居则安宁，动则远害。现在废学，将来会不免劳役，不离祸患。如果中途荒废，将会带来严重的后果，不学就无以修德，最后易成为盗贼或被虏役。"母亲的话让孟子铭记于心。自此以后，孟子潜心跟随老师学习知识，不敢懈怠。

从孟母断机的言行中，可以看到孟母对于追求学问的坚守态度和持之以恒的精神。孟母对于学问的态度，激励着孟子一生孜孜不倦地探求儒学真谛、修德进业。孟母持之以恒的精神，培养了孟子坚忍不拔的毅力和精神。他对弟子说："有为者辟若掘井，掘井九轫而不及泉，犹为弃井也。"（《孟子·尽心上》）即，做一件事情如同掘井，挖到九仞（轫）深，不见泉水便停了下来，仍是废井，如同没挖。读书做事也是如此，一定要坚持到底，才能有所成就。这种精神和态度使他勇于面对各种困难和挑战。如，周游列国期间困难重重，孟子坚持自己的信念和追求，锲而不舍，最终形成了清晰完善的思想体系。

（三）买肉示信

《韩诗外传》记载了孟母买肉示信的故事。孟子小时，遇见东邻杀猪，便问为何杀猪，孟母随口说道："给你吃。"说完后，孟母后悔不已，想起自己怀孕时就注意胎教，做到"席不正，不坐，割不正，不食"，现在孩子要懂事了，自己却要骗他，那是教他不讲诚信啊！所以，尽管家里贫穷，孟母还是去东邻买了肉，表明自己言而有信。

从这个故事中，可知以下几点：首先，孟母在生活中言出必行，重视对孟子的诚信教育。故而，孟子自幼养成了诚实守信的品行，将诚信作为为人处世的基本法则。这对他深刻领悟儒家的诚信观念有一定的帮助，并促使他对诚作出新的阐发。如，孟子提出："诚者，天之道也；思诚者，人之道也。"（《孟子·离娄上》）将"诚"进一步提升和扩展，由人的品德上升到天的高度。其次，孟母非常重视言传身教，能够以身作则，作孩子的榜样和表率。再次，孟母自怀孕时就注意胎教，经常反省自己的行为，自觉让行为归于正，以正来引导和教育孩子。可见，孟母不仅重视教育，而且具有先进的教育理念。正是贤母使子贤。

（四）**止子休妻**

孟子在母亲的引导和教诲下渐渐长大，娶妻成家。一日，孟子妻独自在家，两腿岔开踞坐在里屋。孟子进来见到妻子的坐姿，觉得妻子不懂跪坐的礼节，很是愤怒，想休了妻子。孟母知道这件事后，却批评孟子无礼，说道："将入门，（问孰存）；将上堂，声必扬；将入户，视必下。"（《韩诗外传》）也就是说，按照古礼，在将要进大门时，要先问问谁在家；将要入大堂时，声音要提高一些；将要进屋时，眼睛要向下看。这样做是要让家里的人有所准备，而不要让人防不胜防。所以，孟子突然进屋，让人无所防备，是无礼在先。孟子听后自责己过，不再提休妻的事。

这则故事在《韩诗外传》和《列女传·母仪传》中都有记载。从故事中可知，孟子起初对礼的认识是片面的，只意识到对妻子礼的要求，而没有意识到私人空间的特殊性，更没有意识到闯入自己屋内也是无礼的行为。孟母更懂得礼，并能对礼加以灵活变通。经过孟母的教诲，孟子对礼的认识又进一层，更加自觉学礼，依礼而行，礼成为其思想的重要部分，促使孟子提出"礼，门也"的观点。至今，孟府的二门上仍挂有"礼门义路"的匾额，告诫后世子孙依礼而行。

（五）拥楹之教

《列女传》还记载了孟母"拥楹之教"的故事。孟子在齐国为政期间，不被重用，自己的思想理念也得不到实践，就想离开齐国，又担心母亲年老体衰，不忍让她跟自己四处奔波。所以，孟子不禁依靠在楹柱上叹息。孟母知道后，说："子行乎子义，吾行乎吾礼。"要孟子按照自己心中的大义而行，她自己也会按照自己的礼节行事。孟母意在鼓励孟子要立志高远，勇于施展自己的抱负，而不必顾虑她。

由此可见，孟母重"义"守礼，胸怀大义，以孟子的理想信念为重，为大的社稷着想，而不顾及自己的一己安危。孟母的"义"是激励孟子勇于前行的重要力量，不仅让孟子无后顾之忧，不懈追求人生理想，也鼓励孟子讲"义"行"义"，形成心忧天下的大丈夫气节。

从这五个典故中，可以看出孟母对孟子的教育全面而持久。从孟子年幼到成家、立业，从生活环境、日常生活到为人处世、事业追求等，孟母都给予儿子悉心的指导和教诲。概括来说，孟母教子的内容主要集中在两个方面：向学和修德。三迁是要孟子迁近文化、向学，断机是要孟子学习持之以恒。"买肉示信""止子休妻""拥楹之教"，是要孟子讲信、守礼、有义，属于德的修养。孟母通过言传身教，给孟子上了人生的第一课，也是极为重要的一课，对孟子思想的形成有着深远影响。

虽然《韩诗外传》和《列女传》记载的这些孟母教子典故多近民间传说，有后人美化和夸大的部分，不宜完全当做史实来看，但是其中蕴含着的深意还是值得思考的。孟子成为圣贤不是偶然，其中孟母对他的影响尤为显著。可以说，孟母是孟子成为圣贤的第一引领者，是孟氏家族走向文化世家的奠基者，是孟氏家族家教家风的缔造者之一。孟氏家族的志书取名《三迁志》，就在于"豢养以正，出于母爱"，牢记孟母教育的作用，颂扬母爱的伟大，也足见孟母在孟氏家族中的重要意义和崇高地位。

孟母的家教观念，不仅对孟子、孟氏家族有教育意义，对世人也具有广泛和深远的教化作用，启发和激励着无数父母更好地教育子孙后代。因此，后人对孟母赞颂不已。如，《列女传》赞曰："孟子之母，教化列分。处子择艺，使从大伦。子学不进，断机示焉。子遂成德，为当世冠。"元仁宗皇帝刻《圣诏褒崇孟父孟母封号之碑》，赞曰："虽命世亚圣之才，亦资父母教养之力也。其父凤丧，母以三迁之教励天下后世。推原所自，功莫大焉。"[1] 明代王享在《捐俸重修宣献夫人庙记》中赞道："公之学虽成于洙泗师友之传，实本于三迁慈母之教"[2]，并赞孟母为"母教一人"。可以说，孟母成为几千年来母教的典范。

三、"私淑"孔子

孟母作为孟子的第一任老师，将孟子带到了学堂前。而让孟子走入思想文化殿堂的是孟子的老师。孟子的老师是谁？孟子没有明确提及，后世学者根据相关资料做出了多种不同的解答，主要有两种。

一种是孟子学于子思门人。这是由司马迁提出的，"孟轲，邹人也，受业于子思之门人"（《史记·孟子荀卿列传》）。至于孟子学习于子思的哪一个门人，司马迁却没有说。这种说法得到了广泛认可。还有学者推测，子思曾在邹

---

① 刘培桂：《孟子林庙历代石刻集》，齐鲁书社，2005年，第49页。
② 刘培桂：《孟子林庙历代石刻集》，齐鲁书社，2005年，第123页。

国境内设子思书院，授徒教学，他的门人留在那里从事教学的也当不少。因为教授孟子的这些子思门人在思想、学识上都无法与学识渊博、名满天下的孟子相比，所以孟子没有提及，后人也无以记述，只能用"子思之门人"来概指。

另一种是孟子学于子思。西汉刘向最先提出这一说法。他在《列女传·母仪传》中提出："孟子惧，旦夕勤学不息，师事子思，遂成天下之名儒。"后来，多种史籍采用此说。如，《汉书·艺文志》《风俗通义》《孟子题辞》《孔丛子》《资治通鉴》等，皆认为孟子师事子思。

尤其是《孔丛子》，记有多处子思与孟子的对话。例如，子思对年幼的孟子礼敬有加，极为欣赏他的志向，并对子上说"事之犹可，况加敬乎"。孟轲人小志大，问子思能否至尧舜文武之道。子思回答："彼人也，我人也。称其言，履其行，夜思之，昼行之，滋滋焉，汲汲焉。如农之赴时，商之趣利，恶有不至者乎！"（《孔丛子·居卫》）可见，子思所答与《孟子》中所言"人人皆可为尧舜"是一致的，都肯定了人的主观努力。可是，学者多认为子思与孟子年龄相差较大，孟子受教于子思的可能性不大。

另外，《孟子外书·性善辩》还提出孟子师从子思儿子子上的说法，获得认可较少。综合以上几种说法，其实又有一致性，即孟子所学是曾子、子思一派。这也可从《孟子》中找寻到充分的根据，不仅曾子和子思的出现次数明显多于子夏、子路等孔子其他弟子，而且孟子的许多重要精神，如仁义精神、宏大志向、浩然之气等都可以在曾子、子思的言行中找到依据。

　　曾子、子思的思想都源自孔子，孟子的思想也毫无疑问源于孔子。通过对孔子思想的体悟，孟子对孔子充满了景仰之情，给予孔子极高的评价。如，赞孔子："自生民以来，未有盛于孔子也。"（《孟子·公孙丑上》）指出从有人类以来没人能比得上孔子。"伯夷，圣之清者也；伊尹，圣之任者也；柳下惠，圣之和者也；孔子，圣之时者也。孔子之谓集大成。"（《孟子·万章下》）在圣人中，伯夷清高，伊尹最有能力，柳下惠最为随和，孔子最能审时度势。孔子集合了他们的优点，是圣者中的杰出者。

　　故而，孟子感叹"乃所愿，则学孔子也"（《孟子·公孙丑上》），要学习就要学孔子。孟子认识到孔子思想体系的庞大高深，领会到孔子高尚的精神品格，所向往的是孔子之道，遗憾的是没有与孔子处在同一时代，"未得为孔子徒也"。孟子只能"私淑诸人也"（《孟子·离娄下》），私下向他学习。这"诸人"是谁？子思也好，子思之门人也罢，都是出自孔子之门的儒家传承者，所教内容都是儒家的典籍，所传都是孔子精神。而且，"由孔子而来至于今，百有余岁，去圣人之世若此其未远也，近圣人之居若此其甚也，然而无有乎尔，则亦无有乎尔"（《孟子·尽心下》）。在时间上距孔子不过百年多些，距离孔子所在的鲁国不过数里，如此近的时间与距离，孟子相信自己能够得到孔子真传。

　　通过深入的学习体会，孟子领悟到孔子思想的真精神，并且将孔子思想推延扩展。正如今人胡毓寰在《孟子事迹考略》中所言："推孟子之意，殆以为彼虽未亲受业孔子之门，然心慕其人而则效之，间闻其道而私淑之，既不啻为一孔子门徒矣。孔子殆可谓为孟子之理想受业师也。"①孟子虽然没直接接受孔子的教诲，但是他心慕孔子、效仿孔子，通过间接的方式闻孔子之道，在思想的传承上不亚于孔子的门徒，也可称为孔子的门徒。孔子是孟子最理想的老师。可以说，孟子所谓的"私淑诸人"，其实就是"私淑"孔子。

唐代韩愈对孔子与孟子的道学传承首次做了梳理。他在《原道》中提出："尧以是传之舜，舜以是传之禹，禹以是传之汤，汤以是传之文、武、周公，文、武、周公传之孔子，孔子传之孟轲。"②尧、舜、禹三代圣王的道学传承给西周的文王、武王、周公，孔子通过学习文王、武王、周公之道建立儒学，孔子的大道又辗转传给孟子。这种传承不必耳提面命，而是一种精神内涵的传承融通。孔子不得遇周公，然而周公始终在孔子的心中，故而得周公思想精髓。孟子心慕孔子，通过间接的学习，能够得孔子思想真谛。韩愈这一道统论得到了众多学者的认可，孔孟之间的思想传承成为儒学发展的一条主线。

四、孟子事迹

孟子以孔子为师，心慕孔子，他一生的经历也与孔子极

---

① 胡毓寰：《孟子事迹考略》，正中书局，1936年，第24页。
② 韩愈：《原道》，《韩昌黎文集校注》，上海古籍出版社，1986年，第18页。

为相似，主要经历了授徒教学、游说诸国、著书立说这几个阶段。在这些活动中，孟子逐步形成他的思想体系，将儒家思想进一步发展和传承下去。

（一）授徒教学

孟子敬慕孔子、潜心向学，本人又天资聪颖，在 30 多岁便学有所成，小有名气。乐正克、万章等人慕名拜孟子为师。孟子开始讲学于邹鲁之间。孟子在办学方式和宗旨上与孔子相似。

孟子收学生也是有教无类、开放包容，"夫子之设科也，往者不追，来者不拒"，想学就可以来学，想走就可以走。这使许多平民百姓获得了受教育的机会。孟子的学生也特别多，正如弟子彭更所说"后车数十乘，从者数百人，以传食于诸侯"（《孟子·滕文公下》），跟随孟子的马车几十辆，跟随孟子的学生几百人，从这国到那国，走到哪里，学校就在哪里。在齐国，齐宣王想要挽留孟子，对大臣时子说自己想给孟子建一幢房屋，用万钟粟米来养他的门徒，以使官吏和民众有所效法。从中可知，孟子办学的规模已经很大，对社会有较大的影响力。可是因弟子中成就特别卓著者较少，文献中对孟子学生的记录也不多，东汉赵岐著《孟子章句》中记载，有确切名姓的孟子弟子仅有 15 人。

孔子诲人不倦，孟子以教为乐。孟子说："君子有三乐，而王天下不与存焉。父母俱存，兄弟无故，一乐也；仰不愧于天，俯不怍于人，二乐也；得天下英才而教育之，三乐也。"（《孟子·尽心上》）孟子把教育英才与父母兄弟的健康平安、个人坦荡的人格修养并列，并称为人生的乐趣，可见孟子对教育事业的热爱。孟子四五十年的教育既推动了儒家思想的传承发展，也使他在教学中积累了丰富的教学经验，使他的思想不断深化。

（二）从政游说

孟子40岁后，对社会现状、思想文化有了深刻的认识，思想体系初步形成，能"四十而不动心"，不被外在的纷扰困惑。于是，他带领弟子们走上了仕途，开始弘道济世。20多年的时间里，他们辗转于邹国、齐国、宋国、滕国、魏国等诸侯国之间，边教学，边游说诸侯，劝说他们施行仁政，摒弃霸道强权。

孟子先在邹国为士，不被重用，便离开邹国，来到了齐国。齐国当时实力强大，建有稷下学宫，广纳贤才，文化兴盛。孟子在此接触到多种学术思想，在相互的辩论中，思想得到深入发展。如，他与告子展开人性善恶的辩论，促进了性善论的形成。可是，齐威王喜用霸道，不用孟子。

孟子离开齐国，来到宋国。但是宋王身边贤人太少，对仁政也不积极。于是，孟子离开宋国来到滕国。在滕国，孟子受到敬重，"馆于上宫"，与滕文公展开了关于仁政思想的讨论。滕文公将仁政的理念加以部分实践，取得了一定实效。但滕国终究是小国，孟子觉得难以有所作为，又离开了滕国。

孟子来到魏国与梁惠王展开了关于义与利的辩论。经过几次交谈，梁惠王对孟子的仁政思想表示认可。可是，第二年梁惠王便去世了，梁襄王即位。孟子觉得襄王"望之不似人君，就之而不见所畏焉"，便离开了魏国。

再次来到齐国，孟子被齐宣王任为"卿大夫"，得享厚禄。孟子多次向齐宣王讲述仁政理念，提出"保民而王""与民同乐""制民之产"等措施意见。齐国攻打燕国后，齐宣王不听孟子规劝，导致诸侯国合力攻打齐国。孟子当时已经 60 多岁，见不被重用，毅然离开齐国，回到了故乡邹国。辗转列国几十年，孟子虽也是处处碰壁，但是在实践的磨砺之中对社会人生的认识更为深刻，他的思想也更加清晰、系统、成熟。

（三）著书立说

回到故国，孟子"退而与万章之徒，序诗书，述仲尼之意，作《孟子》七篇"（《史记·孟轲荀卿列传》）。他边讲学，边与弟子万章等人提炼诗书之意，述孔子深意，将思想系统梳理，编撰成《孟子》一书。赵岐评价此书："包罗天地，揆叙万类，仁义道德，性命祸福，粲然靡所不载。"[①] 这一评价甚是精确。《孟子》翔实记载了孟子的思想言论、人生事迹，内容丰富，内涵深厚。它教诲了一代又一代人，滋养着无数人的心灵。对于孟氏家族来说，《孟子》具有更为重要的意义，是孟氏家族家学的基本内容，也是孟氏子孙世代精神传承的纽带。

---

① 　焦循：《孟子正义》，中华书局，2017 年，第 11 页。

五、孟子思想

孟子"私淑"孔子，他的思想是对孔子思想的继承和发展。孟子非常重视"仁义"，给予仁义新的内涵，并作为其思想的中心，提出"仁政""性善""浩然正气"等思想观点，丰富了儒学的内容，使儒学有了极大发展。

（一）仁义思想

孔子的重要思想是"仁"与"礼"。孟子提升了"义"的内涵与意义，将"仁"与"义"并称。"仁义"成为孟子思想的重要内容。"仁义"在《孟子》中出现了 27 次之多。

孟子常将"仁"与"义"对举，其中把"仁""义"比作"宅"与"路"是最为形象、常用的说法。如，"仁，人之安宅也；义，人之正路也"（《孟子·离娄上》）；"夫仁，天之尊爵，人之安宅也"（《孟子·公孙丑上》）；"居恶在，仁是也；路恶在，义是也"（《孟子·尽心上》）。这些说法表达的意思相近。孟子一再强调，仁是"安宅"，是人心的安稳居所，使人感到安全、轻松、愉悦。心有了安稳处所，就不会四处漂泊、不会无所依赖。孟子以"安宅"来喻仁，把仁作为人安身立命的根本、精神的归宿，足见仁在孟子心中的位置特别重要。

孟子把"义"比喻为人应走的"正路"，是人们行为的规范、处事的准则，指导人按照正确的方式为人处世。走"义"这条正路，人们就不会走错路、走弯路。所以，孟子特别强调对义的追求和坚守，提出"生亦我所欲也，义亦我所欲也；二者不可得兼，舍生而取义者也"（《孟子·告子上》）。在义和生命之间，孟子宁愿选择义。

合而言之，"居仁由义""处仁迁义"，都是要人们居住于仁的安宅中，行走在义的道路上。仁与义两者都不可少。仁要通过义来实现和引申。义作为行走的路，必须由仁这个"宅"来奠定基础、确定目标，回到仁上来。仁与义相辅相成。如此，君子就可以修身立命，"大人之事备矣"。人如果不能"居仁由义"，不能行"仁义"，就是废弃了安宅不去居住、舍弃了正路不去走，就是自己抛弃自己。

在孟子看来，"仁义"不是"仁"与"义"的简单结合，而是具有了更为广阔、深远的涵义。仁义是人要遵循的规范和准则，是儒家仁、义、礼、智、信等道德的总称，还可以指代儒学的基本理念。可以说，仁义是孟子思想的中心。

孟子不仅阐述了仁义的涵义，还提出了实现仁义的一系列方法。

其一，要有仁义之心。"恻隐之心，仁之端也；羞恶之心，义之端也。"仁、义萌芽于人的同情心、羞耻心，而这些都是人本就具有的。要培养仁义，就要让同情心、羞耻心不断地生长、扩充。不断加以扩充，仁义之心会像持续添加燃料的火，像源源不断的流水，足以保四海。如果不扩充同情心、羞耻心，仁义就"不足以事父母"，连爹娘都赡养不好。

其二，扩充仁义的心，就要从切实的事情做起。"仁之实，事亲是也；义之实，从兄是也。"（《孟子·离娄上》）仁的切实处是侍奉双亲，义的切实处是顺从兄长。也就是说，要做到仁义先要从家庭中的孝悌做起，仁义的出发点是处理好家庭中的这几种主要关系。"亲亲，仁也；敬长，义也。无他，达之天下也。"（《孟子·尽心上》）亲爱父母是仁，尊敬兄长是义。将对父母的仁爱、兄长的尊敬不断扩充开去，使仁义得以充实、提升，由家庭进一步扩充到国家社会，最终仁义可以通行于天下。

其三，要扩充仁义，离不开智、礼、乐等德行。孟子提出："智之实，知斯二者弗去是也；礼之实，节文斯二者是也；乐之实，乐斯二者，乐则生矣。"（《孟子·离娄上》）也就是说，智可以使仁义之理得以清晰明白，并且坚持下去。礼可以对仁义加以合宜的调节，并加以适当的修饰。乐可从仁义中得到。仁、义、智、礼、乐五者相辅相成。其中，仁义是智、礼、乐的重要内容和基础，没有仁义，智、礼、乐也无从谈起。没有智、礼、乐，仁义也无法得以有效实施、顺利扩展。人如果不仁、不智、无礼、无义，就只能做别人的奴役，而不能有自己的独立性和自主性。

孟子也特别重礼。他说："夫义，路也；礼，门也。惟君子能由是路，出入是门也。"（《孟子·万章下》）再次把义比喻为君子应走的正路，把礼喻为君子要经过的门，即所谓"礼门义路"。行走在道义的路上，遵守礼的规范要求，才能使行为无过。礼有许多具体要求，有丰富的内涵。"仁者爱人，有礼者敬人。"（《孟子·离娄下》）仁的本质是爱人，礼的本质是敬人。要做到仁义，也离不开礼。

其四，行仁义关键的一点，是处理好仁义与利的关系。

《孟子》开篇便是孟子与梁惠王关于仁义与礼的讨论。孟子认为："王亦曰仁义而已矣，何必曰利?"(《孟子·梁惠王上》) 提出大王只要讲仁义就行了，没有必要言利。以利为先，人们就会永远不知满足，从而相互争夺、残害。而以仁义治国安民，让人们具有仁义美德，就没有遗弃父母、怠慢君主的行为，怀仁义之德可以称王天下。以仁义为先，取利也心安。舜行仁义之道，以义为先，享有天下，无人不服。可见，孟子不是不要利，而是要先讲仁义，以仁义为重。

　　总而言之，孟子不仅把仁义思想提到很高的位置，作为其思想的中心，而且提出一系列实现途径。通过这些途径，实现"由仁义行"，使仁义之道、仁义之德成为人们安身立命的根本。孟子的仁义思想主要来自孔子，也与孟母的教导有一定的关系。如，孟母"拥楹之教"就给予孟子义的指引，让孟子坚定正确的原则和方向。可以说，仁义思想既是孟子的中心思想，也成为孟氏家族家风的重要特色。孟府二门的匾额上至今仍刻"礼门义路"几个大字，就是告诫孟氏子孙要谨记祖训，出入行走都要遵照礼义的规范，合乎仁义的要求。

　　(二) 仁政思想

　　孟子以仁义思想为中心，不断向外延伸、扩展。向外扩展，将仁义应用在为政治国方面，就呈现为仁政思想。"仁政"一词由孟子提出，在《孟子》中直接出现 10 次，其实质与之前的"王道"思想是相通的，内容比"王道"更为具体、丰富。仁政思想作为理论实践兼具的思想，更直观，也更具可操作性。

要认识孟子仁政思想，先要了解孟子生活的时代背景。战国中期，各国之间争战更为频繁，国君们穷兵黩武，想要依靠武力来强大自己、兼并他国。于是，纵横家、法家等思想家及政客投君王所好，致力于如何使国家强大、使战争取胜、使领土扩展。孟子却提出"行仁政而王，莫之能御也"（《孟子·梁惠王下》），主张实行仁政以统一天下。他游说于齐、魏、滕等国多年，就是希望国君能够采纳、实践仁政思想。

何谓"仁政"？孟子提出："以力假仁者霸，霸必有大国；以德行仁者王，王不待大——汤以七十里，文王以百里。"认为通过武力强大起来的是霸道，霸道之下必然有大国。而"以德行仁者王"，这是孔子"以德治国"思想的深化。仁政重点不在于国家的大小、强弱，而在于德、仁，如商汤和周文王以德治理，施行仁政，起初部落弱小，最终却能统一天下。

如何施仁政？孟子提出仁政的基础是以民为本。他说："民为贵，社稷次之，君为轻。"（《孟子·尽心下》）认为百姓最为重要、君主最为轻。这就要注重安民、养民、教民，从多个方面给百姓实际利益，得民心，进而得天下。正如郭齐勇所说："仁政首先要解决民生问题，在先儒养民、富民、安顿百姓的生命与生活的基础上，孟子首次明确提出为民制产，认为人民只有在丰衣足食的情况下才不会胡作非为，并接受教化。"① 孟子为解决民生问题，提出了一系列具体措施，主要表现为制民之产、省刑罚、薄赋敛、教以孝悌忠信等。

制民之产，是要给民众赖以生存所需的生活资料，让民有恒产，使他们"仰足以事父母，俯足以蓄妻子，乐岁终身饱，凶年免于死亡"（《孟子·梁惠王上》）。有了产业收入，百姓足以赡养父母、抚养妻儿、丰年饱食暖衣、灾年也不被饿死。这是百姓基本的生存、生活需要，也是实现仁政的根基。普通百姓有固定资产，无衣食之忧，才能安分守己、从善如流。如果没有固定资产，生活得不到保障，便不会有善心，从而胡作非为、违法乱纪，国家也不可能实现仁政。

孟子认为制民之产要从划分田界开始，采取减轻徭役、赋税等政策，使农、工、商等各行各业都得以兴盛起来，然后教化民众。"人之有道也，饱食、暖衣、逸居而无教，则近于禽兽。"（《孟子·滕文公上》）百姓在解决温饱问题后，如不接受教化，无所事事，就会近于禽兽，无德行修为。所以，孟子提倡"设为庠序学校以教之"（《孟子·滕文公上》）。通过学校来教养百姓，通过培养孝悌忠信等道德提升百姓的素质涵养，使百姓生活更为和谐，也使国家风尚渐趋美善。

除了经济上的保障、教育上的精神提升，还要有政治上

---

① 郭齐勇：《论孟子的政治哲学——以王道仁政学说为中心》，《中原文化研究》，2015 年第 2 期。

的清明，其中关键一点是执政者要有德性修养，有仁义之心。"君仁，莫不仁；君义，莫不义。"（《孟子·离娄下》）君主作为最高统治者，具有重要的引领和导向作用。君主做到了仁义，官员百姓会自觉践行仁义。

孟子提出："天下之本在国，国之本在家，家之本在身。"（《孟子·离娄上》）要实现国家的仁政，就要从家这一基础做起。大多数家庭中有仁，国家才能达到仁政。这也就是《大学》中所说的："家齐而后国治。"所以，孟子重视用仁政思想治理国家，也重视将仁用于家的管理中。仁政爱民、参与国家政治建设，成为孟氏家族家风的一大特色。在这一理念影响下，历史上孟氏子孙有多位致力于仁政理论的传承建设中。

（三）性善论

孟子在对仁义思想向外延伸的同时，也在向内探索，提出了性善论。性善论内涵丰富。人们对性善论做出了多种解读与诠释。

"天命之谓性。"（《中庸》）性可说是人与生俱有的。在孟子看来，人性中有自然之性和人的本质之性，耳目口舌之欲是自然之性，"异于禽兽者几希"，算不得真正意义上的人性。道德之性才是人之本性。"仁之于父子也，义之于君臣也，礼之于宾主也，知（智）之于贤者也，圣人之于天道也，命也，有性焉，君子不谓命也。"（《孟子·尽心下》）仁、义、礼、知是人生而具有的性，是人所以成为人的根本所在，所以是人的本质之性。

　　仁、义、礼、智之性来自哪里？孟子说："恻隐之心，仁之端也；羞恶之心，义之端也；辞让之心，礼之端也；是非之心，智之端也。"（《孟子·公孙丑上》）恻隐之心是仁的端倪，羞恶之心是义的端倪，辞让之心是礼的端倪，是非之心是智的端倪。仁、义、礼、智不是外在的，而是根源于人心发展起来的。可以说，四心是性善的根据所在，是人能为善的基础。孟子这里是以心善论性善，心善所以性善。人能居仁由义，就是因为人能不断扩充人心人性的善端。

　　凡人都有"四心"，如果没有其中"一心"便不是人，"无恻隐之心，非人也；无羞恶之心，非人也；无辞让之心，非人也；无是非之心，非人也"（《孟子·公孙丑上》）。这四心就像人的四肢，人人皆有。四肢是外在的组成，"四心"是人的内在特性。仁、义、礼、智根植在心中，从而显现纯和温润的神色，表现在脸面、肩背以至于四肢上。所以，有内在的仁、义、礼、智之善心，才能有君子之性，呈现为各种美德。

　　孟子说："孩提之童，无不知爱其亲也，及其长也，无不知敬其兄也。亲亲，仁也；敬长，义也。"（《孟子·尽心上》）爱亲、敬兄是人本能的性，自小便有。仁、义是人的良知良能，是孟子性善的主要内容。仁义通过修养扩充，便能够成为仁义之道。孟子所倡的仁义之道是建立在性善基础上的。同样，因为人性善，每个人都可以通过教化和陶冶，扩充心中的善端，使仁、义、礼、智得以成长起来。

　　性善论是孟子思想的重要部分，是仁义产生的内在根基，也是孟子思想体系的重要理论基石。后来，性善论成为儒家思想的重要部分，在思想史上产生了深远影响。性善论对孟氏家族的影响也是极大的。

（四）浩然之气

孟子认识到人与人在心性上有诸多相近之处，提出"舜人也，我亦人也"等观点，言行间充满了浩然之气。面对战争频繁的乱世，孟子豪言："夫天未欲平治天下也；如欲平治天下，当今之世，舍我其谁也。"（《孟子·公孙丑下》）上天不想平治天下而已，如想平治天下，当今世上，除了我还能有谁能担此重任呢。对于自诩的齐宣王，孟子毫不示弱地说："王如用予，则岂齐民安，天下之民举安。"（《孟子·公孙丑下》）表示王若是用我，何止是齐国安泰，整个天下都将得以安定。这就是孟子的浩然之气。

对浩然之气，孟子解释说："其为气也，至大至刚，以直养而无害，则塞于天地之间。"（《孟子·公孙丑上》）气表现为气象、气质、意气，包涵丰富，浩然之气是其中最为伟大、刚强者，要用义去培养，不加以伤害，它就会充满天地四方。浩然之气的养成必须与义和道相配合，没有义和道的支持，浩然之气就没有了刚强的力量。也就是说，只有合于道、合于义的气才能称为浩然之气。

浩然之气不是骤然间形成的，"是集义所生者，非义袭而取之也"，是通过仁义的不断积累，慢慢合于义的过程中产生，而不可能依靠偶然的正义行为就能取得。浩然之气要通过事情来不断锤炼养成，只要有一件愧心的事，气就会疲软。

浩然之气主要表现为"富贵不能淫，贫贱不能移，威武不能屈"（《孟子·梁惠王下》）。要做到这些就要"居天下之广居，立天下之正位，行天下之大道"，也就是居于仁、立于礼、行于义。得志时，就推行仁政，偕同百姓循道前行，不得志，就坚守自己的原则。

可见，浩然之气是以仁、义、礼、智的不断充实为内容而显现的气质、气象。仁、义、礼、智不断修养累积，将呈现浩然之气。仁义、仁政需要具有浩然之气的君子来践行、传承。浩然之气就是孟子的人格特色，也影响了孟氏子孙，成为孟氏家族的一种家风特色。如，唐朝著名诗人孟浩然的名字即源于此。浩然之气是孟氏家族成员的一种人格特色。

总起来看，孟子建立起以仁义为中心的思想体系，包括仁政、性善、浩然之气等。孟子的这些思想源自孔子，又是对孔子思想的进一步推动，成为儒家思想的重要组成部分，对后世儒者影响巨大。故而，孟子受到历代学者的推崇和敬仰，逐渐被确立为孔子之后儒学的直系传人，进而不断受到朝廷的封赐，地位也不断提升。如，东汉赵岐首称孟子为"亚圣"；韩愈提出道统论，认为"孔子传之孟轲"；宋神宗封赐孟子为"邹国公"，配享孔子；元文宗加赠孟子为"邹国亚圣公"；明嘉靖年间，孟子被改封为"亚圣"，沿用至今。

同时，孟子思想对其子孙有更重要的影响，以《孟子》为代表的儒家典籍成为孟氏家族家学的主要内容。孟子的思想品格决定了孟氏家族文化的内涵，孟子的仁义思想成为孟氏家族家风的基本特色。

六、仁义家风的形成

孟母用充满智慧的家教影响和造就了孟子，也成为孟氏家族家风的奠基者。孟母因其优秀的家教理念，被称为"母教一人"，成为中华民族母教文化的重要部分，在家庭教育史上留下了浓墨重彩的一笔。孟子在母亲的教诲下，不仅成为儒学史上成绩卓著的圣人，而且重视家教，通过《孟子》一书将其思想品格在家族中传承下去，为孟氏家族家学的发展奠定了基础，也开启了家族以仁义为内涵特色的家风。

（一）母教一人

中国的母教文化源远流长，上自周代的太姜、太妊、太姒，下至宋代的欧（阳修）母、岳（飞）母等，涌现出了众多优秀的母亲。孟母在其中不是最早的，不是最富贵的，为何独称孟母为"母教一人"？除了孟母教育引导的孟子成为历史上的"亚圣"，也在于孟母的教育理念和方法系统合理。

再来回顾一下《韩诗外传》《列女传》所记孟母教子的故事："孟母三迁"是要重视环境的影响，"买肉示信"是教子诚信之德，"断机劝学"意在教子有恒心毅力、潜心向学，"止子休妻"教子礼节规范、宽容豁达，"拥楹之教"教子要有义气担当。从横向的角度来看，孟母对孟子的教育内容广泛，不仅有习惯养成、品格教育、毅力培养、立志向学的引导，还有家庭关系的处理、出仕为官的责任担当等，可以说，包括了生活成长的多个方面，是全面的教育。如果把这些内容加以分类，主要可分为德和才两方面。孟母既重视道德品质的培养，又注重学习习惯的养成。

进一步来看，在德与才两者中孟母更加重视德的培养、人格的养成。德与才作为立足社会的重要素养，德为基础，才是有力的支撑。成才先成德，要以道德为本，其次是才识能力。德的教育是成人教育，是让人具有高尚的品格，重仁爱、知礼义、守规范、讲孝悌等，是儒家理想的君子人格修养。这是儒家教育的重心所在，也是古代教育的重点所在。才是才学智慧，可以帮助人们更好地生活、工作，"学而优则仕"，可以为家庭、社会做出更大的贡献。

从纵向的角度来看，孟母的教育从胎教开始，到幼儿、少年，再到成家立业、出仕为官，一直给予孟子一些恰当的引领和指导。孟母注重胎教，这在世界家教史上是比较早的。早期教育对人的成长特别重要，正所谓"三岁看大，七岁看老"，人的许多品格习性是在青少年时期即已经形成的。孟母比较关注早期教育，所以对孟子的影响尤为显著。

相比来说，宋代的欧母、岳母更加关注忠君爱国、廉洁奉公等方面，侧重于政治事业的成功与否。而孟母关注人的全面培养、习惯养成等，是注重人自身的爱的教育。孟母对孟子的教育如爱的涓涓细流，浇灌了孟子的心灵，使他在战乱不息的时代仍能体悟到内心的各种仁爱与良善，坚信人性善，并能以浩然之气积极乐观地面对各种困难。

　　孟母不仅爱子情深，而且充满智慧地教，注意教育的方式方法。言传与身教作为两种教育方式，身教具有更为重要的作用。孟母特别注重身教垂范，重视加强自身修养，注意自己的言行。"拥楹之教"中，孟母先说到自己的职责是"精五饭、幂酒浆、养舅姑、缝衣裳"，她会尽力做好自己分内的事，也要孟子做好他要做的，"行乎子义"，勇担社会重任。母亲以自己的品格修养、言行举止来熏陶和培育孩子，靠榜样的力量来引领子女，这才是更为根本、持久的化育。这种教育往往决定孩子一生的行为习惯、思维方式、人格修为，对孩子的人生具有重要的影响。所以，家庭教育，尤其是母亲的言传身教对孩子具有直接的、决定性的影响。

　　可是父母也是人，会出现各种错误，这就要经常自我反省。如"买肉示信"中，孟母意识到自己随口说的一句话不对，及时自省，认识到要养成孩子诚信的品德，自己应先守承诺，于是，虽然家贫，她仍然给孩子买肉。父母只有常自我反思，及时纠正自己的失误，才能成为孩子的榜样。可以说，家教先是父母的自我教育，然后才能教育孩子，养成孩子一生的好品德，积淀家庭的好风气。

　　孟母培育了圣人孟子，对孟子家族也具有重要的引领和指导作用，是孟氏家风的奠基者。孟母使重视家教的观念深入到家庭成员中，代代相承，成为家族教育的巨大动力。同时，孟母被称为"母教一人"，作为母教的典范，对众多家庭教育，尤其是母教也具有重要的启发和引导作用。

如，清代兖州府知事、资政大夫徐宗干在为《孟子世家谱》作的跋中写道："先祖资政公兄弟五人，皆少孤，曾祖妣李夫人移居城外，择邻而处，三易其地，至今子孙书香勿替，由恪遵三迁母教来也。"[1] 他的曾祖母受孟母教子思想的影响，也三迁居所，用心教子，使家族养成读书好学的风气，子孙学有所成。

孟母因其先进的家教思想，不断受到后人的赞颂和尊崇。有文人对孟母的诗赋赞颂。如，晋左九嫔赞曰："邹母善导，三徙成教。邻止庠序，俎豆是效。断织激子，广以坟奥。聪远知礼，敷述圣道。"[2] 高度赞扬了"孟母教子"的伟大。《三字经》中说"昔孟母，择邻处，子不学，断机杼"，将孟母教子传唱久远。有帝王给孟母的各种封号，如邾国宣献夫人、端范宣献夫人等，还有祭奠孟母的各种祠堂建筑，如三迁祠、孟母断机堂、孟母殿等。人们通过多种方式，传承发扬着孟母的家教精神。

（二）孟子家教思想

孟母重视家教，帮助孟子确立了向学习儒的人生第一步。孟子学有所成，从事教育五十多年，以"得天下英才而教育之"作为人生乐趣，教育培养了众多儒学人才，并总结了许多教育方法和理念。如，孟子提出五种教育方法："有如时雨

---

[1]　徐宗干：《孟子世家谱・跋》，《孟府档案辑录》，中国社会出版社，2013年，第277页。

[2]　吕元善：《三迁志》，《四库全书存目丛书》（史部第七十九册），齐鲁书社，1996年，第431页。

化之者，有成德者，有达财者，有答问者，有私淑艾者。"
（《孟子·尽心上》）就是说，有及时雨般滋润教化的教育，
有成德的教育，有培养才能的教育，有解惑答问的教育，还
有私下学习的教育，不一而同。在家庭中，孟子同样重视对
子孙的教育，提出了家庭教育的一些理念方法。

孔子对儿子孔鲤采取子承父教的教育方式，并用"远其
子"的态度，与儿子保持适当的距离，以维持父亲的威严和
客观的态度。孟子的教子态度与孔子的有所不同，他赞同
"易子而教"的教育方式。

《孟子·离娄上》中记载了为何"易子而教"的问题。
弟子公孙丑问孟子，为何父亲不亲自教育自己的孩子，而要
交给别人来教育。孟子回答"势不行也"，是因为情势行不
通才不亲自教育。在孟子看来，"教者必以正，以正不行，继
之以怒。继之以怒，则反夷矣"（《孟子·离娄上》）。就是
说，父母要用教育引导孩子，让子女成为有品德修养的人，
可是，孩子在成长中难免会有一些不好的行为习惯。父母如
果没有能力来教导，没有达到预期的教育效果，便容易忿怒。
父亲一怒，儿子也会产生抵抗情绪，甚至反驳说：您拿道理
来教育我，您的行为却不出于正道，凭什么来教育我。继而，
父子可能相互责备。父子间应以恩爱为主为要，相互责备最
伤感情。

父子伤感情会带来许多损害，不但家庭不和睦，而且不
利于孩子的成长。"孩提之童，无不知爱其亲也，及其长也，
无不知敬其兄也。"（《孟子·尽心上》）小孩没有不爱父母

的，等到长大，没有不知道尊敬兄长的，这是人最为本真的情感。"亲亲，仁也；敬长，义也。"(《孟子·尽心上》)家庭中父子、兄弟的亲情是仁义道德的发端之处，是人之道德养成的基础。父子之间有仁爱，仁义之德便易于养成，有仁义之德进而可以通行于天下。否则，在教育过程中因相互责难，父子产生矛盾隔阂，不仅伤害父子间的仁爱之情，阻碍仁义之德的发展，不利于孩子道德的养成，而且不利于家庭中良好氛围与风气的养成。

在这种"势不行"的情况下，孟子赞同易子而教的方法，将孩子交给更能担当教育责任的老师来教导，以达到"父子之间不责善"。可知，易子而教，有其合理的意义，既可以避免父子之间因求好而相互责备，减少因教育不当而相互抱怨、嫌疑、伤害的情况，有利于维持父子恩爱，也可以达到更好的教育效果，保证子女情感的正常发展，从而促进仁义道德的养成。

进一步来说，易子而教是由父亲发出的一种教育方式，最初的行为主体仍是父亲。虽然父亲没有亲自施教，但是父亲用正道来教育孩子的意图仍在发挥作用，所以说，易子而教不是不重视家教，而只是家教的一种形式。

由此可知，孟子易子而教的观点，是从人之常情常理的角度对家庭教育做出的解答，更为理性。易子而教既是成全父子间仁爱的方法，有利于家庭情感培养，也是促使仁义思想在家庭中更好形成的一种措施。正如明代焦竑所说："父子是绝不得的。故养恩于父子之际，而以责善付之师友，仁义便并行而不悖。"① 把责善之教交给师友，父子之间恩情长养，家庭和睦稳定，家庭中的仁义之风会更好形成。这种教育方式对于没有能力来教养孩子的父母来说，确实是一种最佳选择。在古代，易子而教成为一种较为普遍的教育方式，并取得了一定成效。比如，宋代大儒朱熹就赞成这种方式，把儿子交给与他齐名的吕祖谦去教育。

当然，"易子而教"只是孟子针对"以正不行"而采取的一种选择，而不是唯一的家教方式。孟子并不反对子承父教，也提倡亲教。他说："中也养不中，才也养不才，故人乐有贤父兄也。"（《孟子·离娄下》）家庭中，贤父兄能够起到好的表率和引领作用，以其中正的品德和才识来"养"子女、兄弟，使他们的品格与能力得以长养。这是一种很好的教养方式，让人乐。这里有个重要的前提条件，那就是父兄要"贤"，要具有足够的能力和修养来带领、引导子弟。这一"养"字，也点明了家教采取的方式是养成教育，父兄能以身作则，慢慢培育熏陶，用心呵护，让子女兄弟的品格逐渐养成。这也要求家庭中的父母兄长首先要具有"贤"德，要能率先垂范，从自身做起。

其次，父兄还要愿意去做、去引领，"如中也弃不中，才也弃不才"，具有才德的人丢弃没有才德的家人，不管不问，那么，年幼、不才者将很难成长为"中""才"之人。这是

① 焦竑：《焦氏四书讲录》，《续修四库全书·经部·四书类》（第 162 册），上海古籍出版社，2002 年，第 282 页。

父兄对家庭教育的不负责任，即使有才德，其与不贤不肖的人"其间不能以寸"，相距很近了。也就是说，父母兄长没有尽到应尽的教育责任，就不是合格的父母兄长，称不上贤。

孟子一面说"易子而教"，一面又说贤父兄以"中""才"来养子弟，似乎是相矛盾的。其实，这两种方法是针对不同情况来说，两者不仅不矛盾，而且是相互补充的。易子而教是在"势不行"的情况下做出的选择，是"以正不行"，父子之间的仁爱之情将受到一定损害时，做出的退而求其次的选择。"乐有贤父兄"，父兄之养是理想的家教方式，以"中""才"教育子弟，带领全家走向更好的境界、养成良好的家庭风气。这就要求父兄加强自身的修养，成为"贤父兄"，能够担负起教育引领的职责。

总起来看，孟子认可的"易子而教"和贤父兄之养，都是为了养成子孙的美好品德，是为了家庭能够通过教与养形成好的氛围，达到"亲亲，仁也；敬长，义也"，使"仁义"之德更好地长养，使家风更好地传承下去。

《孟子》记载了孟子的家教思想，却没有孟子的儿子与孟子教子的相关事迹。孟子教子显得扑朔迷离。《三迁志》中写道，孟子儿子是孟仲子。孟仲子在《孟子·公孙丑下》中出现了一次。对此人的身份，历史上大体有三种观点。

第一种观点认为，孟仲子是孟子从昆弟（堂兄弟）。汉代赵岐最先提出孟仲子是孟子堂兄弟的观点，后来学者多从此说。也有学者持反对意见。如，明代陈士元认为："赵以孟仲子为孟子从昆弟未详其实，但以理推之，则与孟子同姓必孟子从昆弟也,此亦亿度之辞耳。"① 在陈士元看来,赵岐是凭借同姓就断定孟仲子是孟子从昆弟,而没有确切的证据来证实,这显然太过主观。

第二种观点认为,孟仲子先是孟子同门,后为孟子弟子。这是唐孔颖达在《毛诗正义》中提出的,认为孟仲子为子思弟子,与孟子共学于子思,后来孟仲子又学于孟子,著书论《诗》。孔颖达在其中所引的《谱》明显不是现在孟氏谱,他所说的孟仲子当是鲁国孟仲子,曾跟随李克学诗,恐非孟子弟子孟仲子。

第三种观点认为,孟仲子是孟子儿子。明代陈士元《孟子杂记》记载:"孟仲子名睪,孟子之子也。孟子四十五代孙宁,尝见一书于峄山道人,其书题曰《公孙子》,内有《仲子问》一篇,乃知仲子实孟子之子,尝从学于公孙丑者。"② 他指出,孟子四十五代孙孟宁曾经从峄山道人那里见到《公孙子》一书,内有《仲子问》一篇,才知孟仲子是孟子之子,曾跟随公孙丑学习。明郎锳著《七修续稿》与清人陈其元《庸闲斋笔记》也有类似的说法。这几种说法与《三迁志》《重纂三迁志》等孟氏家族志书记载相似,都认为孟子儿子为孟仲子。

从孟子家庭教育的观点来说,孟仲子作为孟子的儿子也更为可信。孟子作为当时名扬诸国的师者,完全有能力和责

---

① 陈士元:《孟子杂记》卷一,《四库全书》(经部八),第7~8页。
② 陈士元:《孟子杂记》卷一,《四库全书》(经部八),第7页。

任来教育儿子，自然会亲自教授儿子。如此来说，孟子与孔子、曾子一样，也是亲自教育儿子，教学与家教相结合。至于孟仲子师从公孙丑，极有可能是在孟子去世后，孟仲子又跟随公孙丑学习。公孙丑本就是孟子的学生，那么孟仲子跟随公孙丑所学主要还是孟子的思想理念。宋政和五年（1115），孟仲子被封为新泰伯，从祀邹县孟子庙。可惜的是，历史上没有留下更多关于孟子教子的相关资料，难以作更多的考证。

从孟母教子、孟子家教思想中可以确定，孟子家族中已经形成了重视家教的传统。通过家教，家族中世代承袭孟子的思想与学术，形成了以孟子仁义思想为特色的家风。这可以从下面孟子后裔的品行人格和学术成就中得以进一步证实。

第二节　孟氏家学与家风

孟子得孔子思想真精神，并且作出进一步阐发，形成自己的思想体系。孟子思想不仅是儒学的重要部分，而且影响了其后世子孙，成为孟氏家族家学的主要内容。随着儒学的发展，孟氏家学也在发展变化中。孟氏家学经历了几个显著的兴盛期，主要是汉代经学时期、唐代诗歌时期、宋明清志书家谱时期。虽然家学的内容与形式有所变化，但是以仁义为核心的思想内涵一直贯穿在家学之中，成为孟氏家族家风的重要特色，历经数千年没有停息。

在孟氏家学的传承、家风的熏陶下，孟子家族当是培养了许多具有仁义品格和浩然之气的俊杰人才，可是因为孟氏家谱曾经被毁，好多家族内的优秀人才无从考证。据《孟子世家谱》记载，孟子四十四代孙孟公济（或作齐）在逃避战乱中，将家谱藏于墙壁中，后来，家谱被虫蠹鼠啮，毁坏严重。孟子四十五代孙孟宁虽然依据残谱重修家谱，但是多有纰漏。正如孟子七十代孙孟广均所说："其四十四代以前，旧志所载诸名类，皆附会失实。"① 也就是说，孟氏志书关于四十四代以前孟氏后裔的记载，多牵强附会、有失真实。故而，对宋代之前的孟氏家学，也只能依据其他史实记载，择取个别人物，做一简要叙述，以窥见不同时期家学发展的一斑。

一、汉代孟喜父子

汉朝建立后，朝廷逐渐重视儒家思想，儒家文献典籍受到重视，产生了许多训解和阐释儒家经典的经学家。朝廷对这些经学家加以重用，设为博士等。如，文帝时设《诗》博士，景帝时增设《尚书》《春秋》博士，汉武帝时设置五经博士。孟子后裔中也有多人热衷于经学研究，其中孟卿、孟喜父子尤为卓著。孟卿擅长《礼》《春秋》，孟喜精通《易》，两人在研究和阐释经学中取得了重大成就，成为西汉著名的经学大师。

（一）孟卿与《礼》《春秋》

孟卿是孟子九世孙，东海兰陵（今属山东临沂）人，师

---

① 孟广均：《重纂三迁志》，《孔子文化大全》，山东友谊出版社，1989 年，第 6 页。

从萧奋，主治《礼》和《春秋》。汉初解说《礼》的最优者是高堂生，他将《礼》传于萧奋，萧奋又传给孟卿，孟卿传弟子后苍。后苍卓有成就，"说礼数万言"，著有《后氏礼》等，因此被封为博士。

后苍的学生中戴德、戴圣、庆普都被列为博士，成就卓著。戴德著有《大戴礼记》八十五篇，开创了"大戴学"。戴德的侄子戴圣著有《小戴礼记》，即流传至今的《礼记》，又称"小戴学"。庆普则开创了今文礼学的"庆氏学"。三人又各有传授，总体上奠定了今文礼学在儒学史上发展的规模。从《礼》学的发展传承来看，孟卿在其中起到了承前启后的重要作用。

孟卿对《春秋》也有深入研究，并将所学传授给东海兰陵疏广等人。疏广学有所成，注解《春秋》，史称《疏氏春秋》，被立为博士，宣帝时曾任太子太傅。也可以说孟卿是《疏氏春秋》的奠基者。

孟卿有子名孟喜，字长卿。与父子相承不同，孟卿觉得"《礼经》多，《春秋》烦杂"（《汉书·儒林列传》），难以有所突破，后要儿子师从田王孙，学习《易》。这与孟子提倡的易子而教有相合处。孟喜果然在《易》的研究方面有重大突破，促进了《易》学的发展。

（二）孟喜与孟氏《易》学

西汉《易》学的开创者是田何，田何传丁宽，丁宽传田王孙，田王孙传孟喜、梁丘贺和施雠，形成孟、梁丘、施三家《易》学。虽然孟喜师从田王孙，没有专门跟随父亲学习，但是耳濡目染中，还是受到了孟卿的诸多影响，不仅对《礼》《春秋》等经典比较熟悉，而且在治学的方法和态度上也有所借鉴。这主要表现在孟喜跟随田王孙学《易》，但融入了父亲的治学方法，采取了新的视角，从而提出了新的理论观点。比如他提出卦气说和阴阳灾变说。

卦气说是将当时先进的气象知识融汇到经学易卦系统中，对《周易》进行富有时代特色的创造性诠释。卦气说内容丰富，包括四正卦、十二月卦、七十二候和六日七分说等内容，以《周易》六十四卦符示自然天时、天象信息等。如，一岁四季、十二个月、二十四节气、七十二候和三百六十五又四分之一天的"常气"变化。卦气说更侧重于通过天文来立人文、依天道来设人类社会的政治秩序等，蕴涵着丰富的哲学与文化内容。

孟喜之所以如此构建卦气说的内容与形式，明显有借鉴《周礼》的痕迹。《周礼》的主题架构就是依照天地、四方、四时的观念，进而形成周代以官制为代表的礼制体系。孟喜侧重卦气说的阴阳灾变，很大程度也是受父亲孟卿《春秋》阴阳灾异经学思想的影响。可见，孟喜对《易》的创新发展并不是凭空产生的，而是在一定程度上融入了父亲所传家学的创新。

孟喜《易》之卦气说不仅具有开创性，而且具有重要的实用性，对后世具有重要影响。孟喜卦气说不仅为后世官方历法理论建构所借鉴，而且成为论证皇权合法性、权力运作等的重要参照。孟喜的卦气说开启了《易》学研究的新方向。

　　孟喜在学术上成就较大，在仕途上却较为曲折。他先举孝廉，作了郎官，后得众人推荐为博士，但是皇帝听说他在《易》的研究中"改师法"，不肯用他。直到宣帝时他才被立为博士。孟喜在教学中却是成功的，他的亲传弟子翟牧、白光得其精华，都被立为博士，与孟喜并列为翟、孟、白三氏之学。再传弟子京房开创了西汉《易》学的"京氏之学"，在历史上影响较大。关于孟氏《易》学，《汉书·艺文志》记载："《易经》十二篇，含有施、孟和梁丘三家"；"《孟氏京房》十一篇，《灾异孟氏京房》六十六篇"；"讫于宣、元，有施、孟、梁丘、京氏列于学官"。《新唐书·艺文志》记录有《孟喜章句》十卷、《京房章句》十卷。清朝马国翰辑录的《玉函山房辑佚书》中收录《周易孟氏章句》二卷。可知，孟喜所开创的孟氏《易》学在历史上具有重大影响。

　　孟卿、孟喜父子虽然学问研究的内容不同，但是家学的传承还是非常明显的，尤其是在经学的开创精神上。他们为经学的发展做出了积极的贡献，也使孟氏家族在经学史上留下了印迹。在汉代经学繁荣的时代背景下，孟氏家族中还有一些精于经学的学者。如，孟昭"博览经史，该贯古今，汉为博士"[①]，擅长经学。同时，这些孟氏经学家带动了孟氏家学的发展，促进了家族经学的研究，加重了家族中读经习儒

---

　　① 孟衍泰：《三迁志》，《四库全书存目丛书》（史部第八十册），齐鲁书社，1996 年，第 694 页。

的风气，有利于家族仁义家风的传承。

二、唐代孟氏三诗人

唐代是中国历史上的兴盛期，经济、政治和文化都达到了新的高度。文化领域中经学、史学、文学、艺术等都取得了一定成就，特别是文学中的诗歌达到了顶峰，涌现出众多优秀的诗人，留下了大量佳作。孟氏家族中的孟浩然、孟云卿、孟郊是其中的佼佼者。

（一）山水诗人孟浩然

据《孟子世家谱》记载，孟浩然属于孟子第三十二代后裔。孟浩然在《书怀贻京邑同好》中说"维先自邹鲁，家世重儒风"，表明自己祖籍山东，为孟子后人，家族中世代传承儒学，有先祖孟子所传儒风。而且，"浩然"这一名字便取自孟子提倡的"浩然之气"。可知，孟浩然怀有学习孟子精神、弘扬家族精神的志愿。

孟浩然的性情与志向也正如其名，具有浩然正气。孟浩然自幼便有气节，讲义气，"喜振人患难"，喜欢帮助患难之人，不慕权贵，不羡名利，隐居鹿门山。他高洁自清的道德人格与自幼习儒、学习家学有直接的关系。他自言"诗礼袭遗训，趋庭沾末躬"，表明从小在诗礼的浸润下长大，培养了对诗词的爱好和作诗才能。

孟浩然富有进取心，"昼夜常自强，词翰颇亦工"（《书怀贻京邑同好》），自强不息，终在诗词上有突出的成就。孟浩然也想过走入仕途，实现自己的抱负，还可以有俸禄奉养双亲，改变贫困的状况。但是，他又具有高洁自清的性格。正如诗中所说："慈亲向羸老，喜惧在深衷。甘脆朝不足，箪瓢夕屡空。"这种性格特色和理想追求影响了孟浩然的人生际遇。

《新唐书·孟浩然传》记载，孟浩然年四十才游学京师，曾在太学赋诗，因诗作优秀而名动全场，无人能比。他虽在科举考试中落第，却因才华诗情，得到张九龄、王维等当时名士的欣赏，结交深厚。王维曾私自邀请孟浩然去内署叙谈，突然唐玄宗来到。孟浩然情急之下藏到床底下。王维对玄宗如实相告，玄宗高兴地说："我听说过这人，为何藏起来呢？"孟浩然惊恐地钻出来。玄宗让他背背所作的诗。孟浩然拜过后，背诵起来，诵到《岁暮归南山》的"不才明主弃"时，玄宗责怪说："是你不求仕，我从没有弃过你，怎么来诬陷我呢？"于是，玄宗没有任用孟浩然。由此可见，孟浩然才华横溢，在当时很有影响力。同时，他又具有浩然之气，耿直而行，不善于谄媚奉承，失去了入仕机会。这加剧了他退隐的想法。

孟浩然还有一次入仕的好机会。采访使韩朝宗有意向朝廷推荐孟浩然，与孟浩然约好时间同行到京师。有朋友来访，孟浩然便畅饮起来，有人提醒他与韩公有约，他却斥责说："痛饮到此，不用管其他。"最后孟浩然没去，韩朝宗大怒，没有再推荐他。孟浩然也不后悔。可知，孟浩然虽然想过入仕，具有治国平天下的抱负，但是从心底里更想保持自己独立的人格，想要疏离政治，寄情山水之间。也正是这种矛盾心理与情感纠结，才成全了孟浩然，使他的诗歌更具深邃与独特之处。

孟浩然留下诗作 260 多首，以五言诗占多数。诗多反映隐居生活的情趣，以山水景物、旅途风景、田园生活为主。孟浩然本人坦荡率真，有不媚世俗的浩然之气，他的诗也不附和当时雕饰刻板的风气，敢于坚持自己的风格特色。他的诗歌不尚雕琢，崇尚自然，出语平易却超妙自得，蕴含自然的意境与韵致，开一代山水诗风。孟浩然成为堪比王维的唐代著名山水诗人，为唐代诗坛带来了新的气象。

"诗仙"李白作《赠孟浩然》，对孟浩然大加赞叹："吾爱孟夫子，风流天下闻。红颜弃轩冕，白首卧松云。醉月频中圣，迷花不事君。高山安可仰，徒此揖清芬。"诗品即人品，孟浩然的诗透露着他的高风亮节和洒脱自然的真性情。这也正是孟氏家族浩然之气在孟浩然身上的集中体现。孟浩然又以其诗情高扬浩然之家风。

（二）"高古奥逸主"孟云卿

《孟子世家谱》《三迁志》都记载，孟云卿属于孟子三十四代后裔。孟云卿，字升之，生于唐开元十二年（724）前后，关于他的祖籍有多种说法，如武昌、河南、关西等。孟云卿 30 岁后考中进士，唐肃宗时为校书郎，在诗歌上有较大成就，常与杜甫、元结、韦应物、张彪等诗人交游赋诗。《全唐诗》收录孟云卿诗一卷，共 17 首。乾元年间，元结编录的《箧中集》中收录孟云卿等七人的 24 首五言古诗，其中收孟云卿 5 首。

　　唐末诗人张为在《诗人主客图》中把中晚唐诗人分为六个流派，设了六个代表人物。孟云卿被称为"高古奥逸主"，这一称号恰当地概述了其诗歌创作的特色。孟云卿的诗多为古体诗，其语言朴素，反对刻意追求辞藻华丽，多反映社会现实。如《悲哉行》写道："孤儿去慈亲，孤客丧主人。莫吟辛苦曲，此曲谁忍闻。可闻不可说，去去无期别。"语言淳朴浅白，反映了内心的漂泊孤苦，表达了满腔的幽怨和不平之气。

　　元代成书的《唐才子传》中评价孟云卿道："工诗，其体祖述沈千运，渔猎陈拾遗，词气伤感，虽然模效才得升堂，犹未入室，然当时古词，无出其右，一时之英也。"① 也就是说，孟云卿擅长写诗，在风格、体例上接近当时的名士沈千运和陈子昂。沈千运擅写旧体诗，气格高古。陈子昂秉性直爽，诗高雅。孟云卿仰慕二人的才气与秉性，多有承袭，诗词中有伤怨之气，透露着穷愁的苦涩基调，也反映出唐朝由盛转衰的社会现实。

　　孟云卿因其诗歌才情得到了世人很高的评价。如，韦应物《过广陵遇孟九赠诗》写道："高文激颓波，四海靡不传。西施且一笑，众女安得妍。"将孟云卿比作女子中的西施，赞其卓越于世。杜甫《解闷十二首》之五写道："李陵苏武是吾师，孟子论文更不疑。一饭未曾留俗客，数篇今见古人诗。"诗中孟子是指孟云卿，这首诗是杜甫为怀念孟云卿而

---

　　① 辛文房：《唐才子传》卷二，《四库全书》（第451册），第424页。

作。孟云卿学习"苏武诗",在古调方面有所成就,诗文独能力追西汉,具有古体诗的特色,内容中又透露着仁义之风。

孟云卿诗歌中充满对社会现实的关怀、对民众疾苦的同情,表现了他的仁者情怀和大义精神。这是他对先祖孟子仁义精神的传承和发扬,也是受家族仁义之风陶冶和教化的结果。

（三）苦吟诗人孟郊

据《三迁志》《孟子世家谱》记载,孟郊属于孟子三十五代后裔。孟郊,字东野,湖州武康（今浙江德清）人。父亲是孟庭玢,曾任昆山县尉。孟郊的两个弟弟出生后,父亲便去世了。孟郊和弟弟们由母亲裴氏抚养长大。

韩愈在孟郊的墓志铭中写道:"先生生六七年,端序则见,长而愈骞,涵而揉之,内外完好,色夷气清,可畏而亲。"[①] 由此可知,孟郊自幼便受到母亲良好的教养,六七岁时便读书知礼、明白事理了,成年后更是卓然超群,读书广博精深,气质儒雅。从妇孺皆知的《游子吟》来看,孟郊对母亲感情深厚,也说明母亲在他的成长中起到非常重要的作用。

孟郊喜爱诗词,本无心功名,隐居嵩山多年。46 岁时,他遵从母亲的意愿进京考试。中进士后,孟郊没任官就回家侍奉母亲了。几年后,母亲又命他进京,孟郊这才任溧阳县

---

① 韩愈:《贞曜先生墓志铭》,《韩昌黎文集校注》,上海古籍出版社,1986年,第 445 页。

尉，接母亲来溧阳奉养。孟郊践行孝道，注重修身养性，品行高洁。正因为如此，孟郊与名儒韩愈成为知己好友，志同道合，常常一起品诗论道。

孟郊的诗多用艰涩、瘦硬、奇僻的诗句，表达愁苦、愤懑的思绪，诗歌的总体格调呈现为造语奇特、峭硬冷僻。孟郊写诗的过程也是艰苦的。正如他在《夜感自遣》中所言："夜学晓不休，苦吟神鬼愁。如何不自闲，心与身为雠。"孟郊作诗求之不倦，自言苦吟，得苦吟诗人的称号。人们常把孟郊与贾岛并称为"郊寒岛瘦"。这苦中有个人的苦难，也有对民生疾苦的同情和关怀。故而，孟郊的诗篇多揭露唐朝由盛而衰的社会现实，针砭社会的种种丑恶，透露着他对民生疾苦的关注与同情，如《伤时》《秋怀》《寒地百姓吟》等。

言为心声，这种诗歌特色既与诗人自身的愁苦经历有关，也与诗人的仁者情怀有关。正如诗人张籍所赞："先生揭德振华，于古有光，贤者故事有易名，况士哉！"① 孟郊事母尽孝，诗作独树一帜，其德行才华为圣贤增添了光彩。古今贤良之人都有谥名，于是张籍提议用"贞曜先生"作为孟郊的谥号。可知，孟郊的德行才华在当时已是广为人知。其德行才华，是家族风气的一种展现，也是先祖孟子仁义之德的一种呈现。孟郊通过诗，不仅传达出了家族的仁爱气息，提升

---

① 韩愈：《贞曜先生墓志铭》，《韩昌黎文集校注》，上海古籍出版社，1986年，第447页。

了家族的仁义家风，对社会风气的改善也有一定的作用。

孟浩然、孟云卿、孟郊作为唐代著名的诗人，风格各有特色，他们或豪放、或高古、或苦吟，带动诗歌走向不同的方向，推动了唐朝诗歌的发展。但是，三者又有一些共同的部分，这主要表现在：他们都有着高洁的品格和儒者的仁爱情怀，诗中多透露着仁义精神。三人精神风气的相近不是偶然的，而是与家族风气的相似有很大关系，都受到孟氏家族仁义之风陶冶。

三、五代孟知祥父子

繁盛的唐朝在内忧外患等众多因素影响下，也难逃灭亡的命运。中国随之进入了分裂、动荡、战乱的五代十国时期，多个短命的王朝政权轮番上场，孟知祥、孟昶建立的后蜀便是其中之一。后蜀虽仅存在了三十多年，但经济文化得到较快发展。孟知祥、孟昶父子较为勤政，具有一定的才识能力。

（一）后蜀建立者孟知祥

据吕元善著《三迁志》记载，孟迁属于孟子三十九代后裔。宋代欧阳修《新五代史·后蜀世家》中又写道，孟知祥的叔父是孟迁。可知孟知祥属于孟子四十代后裔。

孟知祥，字保胤，邢州龙冈（今河北邢台）人。祖父孟察、父亲孟道，都是唐朝郡校。因为孟知祥"参谋应变，事无留滞"，被晋王李存勖重用，曾任太原尹、马步军都虞侯等。当时局势大乱，后唐统治削弱，多地建立了独立的政权。

孟知祥乘势而为，占领东、西两川并称帝，史称后蜀。孟知祥能够在风云变幻中割据两川，有多种客观的优势，更与他的主观努力有关。

面对蜀中的混乱局面，孟知祥首先着手稳定社会秩序，选择廉洁的官吏来治理百姓，减少赋税，安顿流散民众，采取宽容的政策，意在创建安定和平的社会环境和政治局面。

孟知祥重视发展经济，积蓄钱粮财富。经过几年的休养，西川的经济发展较快。孟知祥还重视对人才的任用，注意争取将士的心，关注民众疾苦。这些举措赢得了广大士兵、民众的拥戴，也让他得到了一些优良将帅的辅佐，如功勋显赫的赵季良、赵廷隐、李仁罕、张业等，他们为后蜀的建立立下汗马功劳。

孟知祥的这些措施是对孟子提倡的"以民为本""制民之产"等仁政思想的实践运用。通过这些措施，孟知祥在征战不已的形势下，仍能够使蜀中军民和睦，稼穑有望，民怀惠养之恩。这为孟知祥立足两川，割据称帝，打下了坚实的基础。长兴三年（932），孟知祥打败董璋，统治了东、西两川。应顺元年（934），孟知祥称帝，建立蜀国，使两川得以短暂平定。

虽然《旧五代史》将孟知祥列在"僭伪列传"，称他为"贰臣""叛将"，但是从不同的角度来说，他也有积极的一面，受到一些肯定和好评。如，宋代张唐英在《蜀梼杌》中评价孟知祥："知祥好学问，性宽厚，抚民以仁惠，驭卒以恩威，接士大夫以礼。薨之日，蜀人甚哀之。"① 赞扬他宽厚待民，仁爱知礼，采取抚民、仁惠等政策。他去世后，百姓非常哀痛。由此来看，孟知祥可谓治理有方，得到了百姓的爱戴。孟知祥还喜好学问，《全唐文》收录了他的五篇文章，包括《下蜀国教》《起兵西川示诸州榜》等，是流传千古的佳作。

孟知祥能够在乱世之中得到称霸一方的权势与地位，与家族内的家学积累和家风传承有很大的关系。他的祖上几代都从军为政，积累了丰富的治国理政方面的知识经验。而且，孟知祥好学问，熟读儒家典籍，深受儒家思想影响，为他当政治国做了理论准备。所以，孟知祥能够利用时机，割据一方，建立独立的政权，使蜀地百姓得暂时的安宁。同时，孟知祥注重家教，通过言传身教等方法培养教导儿子们，使他们成为有德识的人才，为孟昶继承大业、维持后蜀的发展提供了前提和基础。

（二）后蜀后主孟昶

孟昶，字保元，初名仁赞，是孟知祥第三子。入蜀后，孟昶曾任西川衙内马步军都指挥使、东川节度使等。孟知祥称帝几个月便去世，年轻的孟昶继位。孟昶采取一系列措施，如加强国家治理、重文兴教、倡导儒学等，来巩固皇权，使国家得以短暂的安定，文化经济得到较快发展。正如《蜀梼

---

① 张唐英：《蜀梼杌》（卷下），中华书局，1985 年，第 18 页。

杌》中所写："是时蜀中久安，赋役俱省，斗米三钱。"[1] 蜀中得以安宁，赋税徭役都减去好多，粮食的价格也很低，百姓生活较为殷实。

孟昶即位之初，便整顿吏治，稳定政权。当时朝中重臣多是父亲时的元勋，他们有些人居功自矜，使朝纲不稳，人心散乱。孟昶对这些贪暴的旧臣或诛杀或罢免，诛除了飞扬跋扈的李仁罕、张业等人，加强了皇权。同时，孟昶积极选拔官吏，通过"吏部三铨，礼部贡举"（《新五代史·后蜀世家》）的形式，采取科举考试的办法选拔人才，组织了一批新人执掌大权。如，重用儒者毋昭裔为宰相。这些政策使后蜀政权渐趋稳定。

为了进一步加强对官吏的管理，孟昶不仅制定了制度法令，还在广政四年（941）亲撰《颁令箴》来警告、劝勉自己及众臣。其文如下："朕念赤子，旰食宵衣。托之令长，抚养安绥……尔俸尔禄，民膏民脂。为人父母，罔不仁慈，特为尔戒，体朕深思。"[2] 通过此文，孟昶既勉励自己要勤政爱民、尽职尽责，又告诫官员要廉洁自律、以民为本。文中，孟昶还提出了一系列执政理念和行动要求。如：官吏们应安民养民，为官以道，如弹琴要和谐得当。不可剥削百姓，不可损害民众。百姓好欺负，但上天难欺瞒。行事要按照道理规律来，宽严适度，移风易俗。赋税收入是要事，是军队国

---

① 张唐英：《蜀梼杌》（卷下），中华书局，1985年，第22页。
② 张唐英：《蜀梼杌》（卷下），中华书局，1985年，第20页。

家的依靠。朝廷的赏赐不会拖延，官吏的俸禄来自百姓，所以，作为父母官对百姓要仁慈。

从箴言中可知，孟昶执政早期心中怀有对百姓的仁爱之心，决意从自身做起，爱护百姓，体恤民情，进而要求官吏们也能够做到爱护百姓、勤政廉洁。孟昶的为政治国理念，一定程度上是对孟子仁政思想的继承和实践，是对父亲遗志的传承。后蜀在战乱不已的形势下维持三十多年，并得以稳定发展，实属不易，在一定程度上得益于孟昶以仁治国的措施。

宋太宗赵光义深受孟昶《颁令箴》的启发，从中精选出"尔俸尔禄，民膏民脂""下民易虐，上天难欺"几句，亲笔写成《外官戒谕辞》，要求各级官员把它抄写在衙门的墙壁上，以此来告诫、约束官吏的行为，减少百姓不满情绪，达到维护统治的目的。后来，《外官戒谕辞》又刻于厅堂南边，名曰《戒石铭》，成为官场箴规，堪称官德教育文化的典范，流传至今。邹城孟府内现今仍立有戒石铭碑。《颁令箴》也成为古代吏治史上的名篇。

除了整饬吏治，孟昶还重文兴教，大兴儒学。他"好学，凡为文皆本于理"，重视学校教育，整理儒家典籍，并刊刻了"十一经"。这"十一经"是孟昶在唐文宗开成年间"十二经"（《易经》《尚书》《诗经》《春秋左传》《春秋公羊传》《春秋穀梁传》《周礼》《仪礼》《礼记》《论语》《孝经》《尔雅》）的基础上，去除了《孝经》《尔雅》，加入了《孟子》而成。《孟子》由此进入经书行列，对《孟子》的提升和传承起到了一定的作用，也对孟氏家学的传承发扬起到重要的作用。孟昶任用的宰相毋昭裔又出资将儒家经典镌刻于石壁之上，历时八年才完成。建庙学、刻经书、习儒学等举措，为孟昶以仁义治国、以儒学兴国的愿望起到了积极的辅助作用，推动了儒学在蜀地的发展。

孟昶这一系列举措使后蜀社会比较稳定，经济发展较快，百姓过着较为稳定的生活，使蜀地成为五代时期经济文化较发达的地区。后来，北方强盛的宋朝派兵攻打蜀国。知道宋蜀两国力量相差悬殊，孟昶不忍心再战，便主动递上降书，使百姓免受征战之苦。孟昶离开成都时，"万民拥道，哭声动地，昶以袂掩面而哭。自二江至眉州，沿路百姓恸绝者数百人"①。万民为他送行，痛哭流涕，数百人因为悲痛而昏厥。孟昶对百姓的体恤和百姓对孟昶的爱戴可见一斑。虽说历史上对孟昶的评价不一，也有人认为后蜀的灭亡与他在执政后期腐败有一定关系。但是，孟昶对于儒学的传承、对《孟子》的发扬、对后蜀前期的有效治理，是毋庸置疑的。

孟知祥、孟昶父子于乱世之中，能建政权于蜀地，并保证当地安定发展三十多年，是多种因素促成的，既有时代环境的有利形势，有个人的勤奋智勇，也与孟氏家族家学的积累、家风的陶冶、为政的根基等有很大的关系。孟知祥父子两人在为政治国中采取的勤政爱民、富民教民等仁政措施，为政权的发展壮大起到了决定性的作用。这些仁政措施多来

---

① 张唐英：《蜀梼杌》（卷下），中华书局，1985年，第27页。

自先祖孟子的仁政思想，是对家学的实践与推广。同时，孟知祥父子作为家族的佼佼者，对《孟子》的提升、孟氏家学的发展也做出了很大贡献。

四、宋明清孟氏家学

随着宋代孟子地位的迅速提升，孟氏家族也受到格外的重视和尊荣，尤其是孟氏大宗，获得朝廷的多种礼遇与赐封。孟子后人在身获殊荣的同时，其家族的使命感和责任感也愈加强烈，自觉把继承和弘扬先祖孟子的思想精神作为自己的使命，更加重视家学的发展和传承。宋明清时期家学得到快速发展，尤其是在志书家谱方面，取得了突出成就。这使得孟子开创的仁义家风在家族中进一步强化，孟氏家族也更加繁荣兴盛。

（一）"中兴祖"孟宁

孟宁，孟子四十五代孙，孟氏"中兴祖"。使孟宁及其家族的命运发生巨大改变的重要人物是孔道辅。宋景祐四年（1037），孔道辅知兖州府，认为"辅我圣人之道者多矣，而孟子为之首，故其功巨"[①]，认识到孟子对儒学的贡献巨大。于是，他在邹县东北四基山找到孟子坟墓，建立孟子庙，在凫村寻访到孟子四十五代后裔孟宁，并举荐给朝廷。同年，孟宁被授予迪功郎，成为邹县主簿，主奉孟子祭祀。

----

① 孟衍泰：《三迁志》，《四库全书存目丛书》（史部第八十册），齐鲁书社，1996年，第713页。

　　孟宁任职后，主要着手于孟氏家学的传承与建设，对孟氏家谱的整理做出了一些贡献。四十八代孙孟润在《孟子世家谱·序》中写道："公重修古宅，拆毁屋壁，乃得家谱，岁久鼠啮蠹蚀，磨减断缺，失次二三。公披阅群书，证以见闻，重加编次，复成完本，以贻后世。宗族相传迄今二百余载，未尝失坠，皆迪功继志述事之力也。"① 由此可知，孟宁在故宅墙壁中得到孟公济所藏家谱。可是家谱遭到严重的损坏，孟宁便广泛查阅资料，对残缺不全的家谱加以整理、编辑，使它重新成为完整的家谱。这个家谱在孟氏宗族中相传数百年，起到了重要的作用。

　　因为孟宁对孟氏家学的发展贡献较大，孟氏族众尊奉他为"中兴祖"。孟宁带动了家族的中兴，他的品格修为也提升了家族风气。孟宁生二子，孟坚与孟存。孟坚德学俱优，被授予徐州知州，主奉孟子祭祀。孟氏宗支后裔都是孟宁的后代。

（二）孟惟恭"恢圣谟"

　　孟惟恭（1274—1349），字彦通，孟子五十二代孙。《三迁志》对他介绍道："笃厚明敏，结发知学，弱冠能文，平居寡言笑，不求宦达，遇事有谋善断。暨主祀事……于继述之事尤惓惓焉。"② 可知，孟惟恭生而敦厚聪明，自幼好学，

---

　　① 孟润：《孟子世家谱·序》，《孟府档案辑录》，中国社会出版社，2013年，第273页。
　　② 孟衍泰：《三迁志》，《四库全书存目丛书》（史部第八十册），齐鲁书社，1996年，第699页。

20 岁便能写文章，性格稳重，有谋善断，淡泊名利，无心于仕途。主持孟子祭祀时，他严肃端庄，恳切诚挚，致力于家族文化的建设。

当时正值元朝，政府继续采取崇儒尊孔的政策，对圣人后裔给予各种优遇。泰定五年（1328）五月，中书拨给孟府祭田三十顷、钱三千缗。孟惟恭用所得的钱财添置了春秋祭祀需用的笾、豆、罍、洗等祭器。后来，陆续修建了孟庙正殿、两庑、棂星门、讲堂、西斋、断机堂等，在殿中塑孟子像，并且立《加封亚圣制碑》《宗枝图》等林庙碑三十多块。

孟惟恭对孟子庙林的扩建修筑，初步奠定了孟庙主要建筑的基本格局，为孟庙的建筑与文化发展做出了重要的贡献。正如邹县知县桂孟在孟惟恭墓志中所赞："呜呼！辟邪说，恢圣谟，厥祖之功大矣。君以干济之才，守志不仕，独以祖庭林庙树建报效始终为务，而卒克如志……宜哉！"[①] 这是对孟惟恭品格与事迹所做的概述，可谓中肯而全面。孟惟恭虽有才华，却守志不肯为官，志在恢复先祖孟子的宏图大略，专注于家族林庙的修筑。他对传承发扬家族文化做出了突出贡献，也使先祖孟子以仁义为中心的思想在家族中得以深化和发展，使家风更加醇厚。

（三）翰林院五经博士孟希文

孟希文（1433—1489），字士焕，孟子五十六代孙。明朝

---

① 孟衍泰：《三迁志》，《四库全书存目丛书》（史部第八十册），齐鲁书社，1996 年，第 768 页。

建立后，仍提倡儒家思想，虽然对孟子的尊崇经历了"罢享"等事，但因孟子思想的深厚，并没有切实影响到孟子的地位。洪武元年（1368），邹县知县桂孟寻访到孟惟恭的长孙孟思谅，授孟思谅邹县主簿，让他主持奉祀孟子。对孟思谅，《重纂三迁志》记载："有吏才，并正祀典、修祠理墓，多所干济。"① 后来，孟思谅的奉祀职务传给了孙子孟希文。

"赋质英敏，髫年授书，未几辄能成文……触目记忆，声誉胜士林，义气深重。"② 这是孔子五十八代孙孔公恂在《亚圣五十六代孙世袭翰林院五经博士士焕孟公墓志铭》中对孟希文的介绍。孟希文天赋明敏，年幼时就开始读书，很快就能写文章，书籍看过之后便牢记于心，在士子中声誉很好。这说明孟希文自幼受到良好的教育，对儒家经典有较早的认识。孟希文具有良好的品格修养，洞察事故，讲义气，重交情，知交多是高人。他生活简朴，清淡寡欲，唯爱好文物古董、名人字画等，以此为乐。

孟希文学行俱优，并且是宗子，景泰二年（1451）被授予翰林院五经博士。任职后，孟希文应旨参加临雍大典及万寿圣节等，享受"殊荣"。官府又追赠其父亲孟克仁与他同等官职。此后，孟氏宗子世代承袭翰林院五经博士，直到七十三代孙孟庆棠在民国年间改为亚圣奉祀官为止。

---

① 孟广均：《重纂三迁志》，《孔子文化大全》，山东友谊书社，1989 年，第 65 页。

② 孟衍泰：《三迁志》，《四库全书存目丛书》（史部第八十册），齐鲁书社，1996 年，第 768 页。

被授翰林院五经博士等优遇更加激发了孟希文的家族使命感，他"以勉绍祖训为志"，把继承发扬先祖遗训作为志向。孟希文率族人整修祀典、开垦祀田、厘正庙庭礼乐，立碑刻石，如《重修两庑仪门庙记》《告孟庙文》等，对孟氏家族文化的发展和孟庙的建设做出了一定贡献。孔公恂对孟希文赞道："清华列班，声重玉堂。明礼光崇，奕稷流长。"① 孟希文文章清丽华美，有学识，知礼义，能胜任翰林院五经博士，推动了孟氏家学的发展。孟希文还重视对儿女的教育，在传承家学的同时，使家族内仁义家风进一步强化。

（四）善经学的孟承相

孟承相（1512—1598），字永卿，号坛峰，孟子六十代孙。邹县周希孔曾作《坛峰先生传》，文中写道："先生为人端介仁恕，无城府，雅好学问"，"今亚圣之裔以经衡起家者，则推坛峰先生"。② 这点明孟承相以经学起家，对经学有较深研究。《三迁志》记孟承相："生而颖绝，少长治经衡攻苦刻，厉声即鹊起里中。"③ 可知，孟承相聪颖又刻苦，对经学有研究，在同业中声名鹊起。他在补博士弟子期间，常聚徒讲学，虽然劳苦也不停息。后来，孟承相通过里选，以岁贡生出任河北保定府深县教谕，授文学掌故。

---

① 孟衍泰：《三迁志》，《四库全书存目丛书》（史部第八十册），齐鲁书社，1996 年，第 769 页。

② 孟衍泰：《三迁志》，《四库全书存目丛书》（史部第八十册），齐鲁书社，1996 年，第 773 页。

③ 孟衍泰：《三迁志》，《四库全书存目丛书》（史部第八十册），齐鲁书社，1996 年，第 771 页。

　　孟承相任教谕期间，专心于教学，精通师道，对学生要求严格，讲授的典籍内容秉正新颖，受到了学员的欢迎。他对于学员从不刻剥、勒索，反而经常周济贫困的学员，帮助他们完成学业，其仁爱之心可见一斑。

　　因为其教学得到众人认可，孟承相又升为保宁府司理。从治经教学到决狱讼，工作发生了变化，他"乃辄循理无害爱书"，将书中的道理应用到实际的办案中。这不仅得到了部门的认可，也得到其他郡邑的称赞。为官多年，他廉洁自守、刚正果敢，富有浩然正气。

　　孟承相宦游四方多年，心系故里，退职后回到邹县，用余力为孟氏家族的教育和文化发展做出了突出贡献。他满怀激情地刻印家族志书《三迁志》，重新绘制断机小影，参与《孟子世家谱》的续修。在续修家谱中，孟承相做了大量工作，如他在《孟子世家谱·旧序》所提到的："搜辑谱牒，补遗缺也；增修宗图，详明世次，序昭穆，杜奸冒。"[①] 写这篇序时，孟承相已经 87 岁高龄，对修家谱仍十分谨慎，广泛查阅资料，补其所缺，增加宗图，使世系更为详明，等等。后来，他让孙子孟闻钲对《孟子世家谱》重加校正，才刻印成谱。

　　据刘培桂记载，孟承相还"刻亚圣石像和断机图碑碣两座。参与编纂孟氏家志，刻印苏洵批点的《孟子》一部"[②]。

---

　　① 孟承相：《孟子世家谱·旧序》，《孟府档案辑录》，中国社会出版社，2016年，第 274 页。

　　② 刘培桂：《孟子志》，山东人民出版社，2009 年，第 422 页。

可见，孟承相不仅对孟氏家族的文化教育、家学传承做出了贡献，而且推动了孟子思想研究。在孟承相的带动引领下，孟氏家族向学、治学的风气更为浓厚。

（五）"十长物斋"孟广均

孟广均（1800—1870），字京华（又字胥霈），号雨山（又号铁樵、金石花竹主人），孟子七十代孙，世袭翰林院五经博士。

孟广均的父亲孟继烺承袭翰林院五经博士，后被封为文林郎、征仕郎，曾两次进京参加临雍大典、释典，因表现较好，受到恩赐。孟继烺仅孟广均一子，格外重视对他的教育，6 岁时，就请私塾先生教孟广均习文识字，诵读《三字经》等启蒙读物。孟广均 10 多岁就能读《诗经》《孟子》等经典，加上他"性纯笃，尤聪颖，博闻强记"，十五六岁时写的文章便富有文采。孟广均 20 岁时进入书院学习，渐渐通晓《中庸》《论语》《孟子》等典籍，对儒家义理有所体认。而且，孟广均擅长诗词、歌赋、书法等，尤其是书法，笔力雄健，饶有古意。

道光三年（1823），孟广均随父亲参加临雍大典，开阔了视野，立志苦读，志在通过科举考取功名，以担负起圣人后裔传承弘扬儒家思想的使命。道光八年（1828），他参加省内戊子科乡试，考中举人。不幸父亲病重，孟广均毅然放弃了科考，一心奉养父亲，直到父亲去世。

道光十二年（1832），孟广均经族内众人荐举，由朝廷下旨，承袭翰林院五经博士。面对颓废的府庙、荒芜的林墓、残破的三迁祠等景象，孟广均决定要让它们重现新颜。他用十年左右的时间，先后整理修缮孟母断机堂、孟子林、孟庙、孟府等。这次修建规模大、时间长，势必有许多困难和挑战，其中的辛酸只有孟广均最为清楚。他在《亚圣孟子庙捐修记德碑》中写道："今功将及半而资用告匮，广均复贷钱千余缗……亦无能为役。"① 财力不足，是其中最大的困难。孟广均满怀承续圣学、光耀门楣的使命感，战胜了重重困难，不仅使原有的建筑焕然一新，还增加了许多新建筑，成就了现在孟府孟庙等古建筑群的基本规模和格局。

孟广均不仅重视家族外在建筑的建设，也重视家族的人文建设、家学传承，重视对族人思想品德的培养。为提高孟氏子弟的素养水平，他在孟府内西偏院组织修建了三迁书院，教授孟氏子孙读书习字。他还亲自参与书院的管理和教学。为了家族文化的存续，孟继烺曾组织修撰《孟子世家谱》。孟广均在父亲修撰的基础上续修《孟子世家谱》，成为清代保存最为完备的孟氏家族谱牒。另外，他组织续修《三迁志》，虽然以公务繁忙等原因，没有来得及刊印，但是后来印制的《重纂三迁志》基本按照孟广均的底稿续修而成，所以仍然以孟广均为修撰者之一。

孟广均袭封翰林院五经博士，主持祭祀，掌管宗族事务，特别注重加强自身的修养。他喜好阅读古籍、吟诗作词、研摹碑帖，曾去邹县铁山的摩崖石壁抄录下北朝所刻经文，为

---

① 刘培桂：《孟子林庙历代石刻集》，齐鲁书社，2005 年，第 419 页。

世人留下了难得的史实材料。他还酷爱金石，以搜集、购置、欣赏金石书画、古董玉器为乐。孟广均收集了一些汉碑刻石，有些现在仍存于孟庙中，其中，最为珍贵的收藏当数"十长物斋"所提到的十件宝物，现在孟府中保存三件：汉天凤碣（莱子侯刻石）、建安铁瓦砚（汉瓦砚）和明蕉叶白砚，为后人研究欣赏书法文化提供了宝贵的资料。

孟广均主持孟氏家族事务三十八年，历经嘉庆、道光、咸丰、同治四朝，敕封承德郎，钦加主事衔，任直隶州州判等职。他为孟氏家族的府庙建筑和文化建设做出了巨大的贡献，特别是《重纂三迁志》《孟子世家谱》的纂修和三迁书院的建立，不仅传承和发展了孟氏家学，而且使家族的仁义家风进一步提升深化。

以上所列邹城五位孟氏后裔，除了孟承相，都是孟氏宗子。他们都对家学发展有所推进，对孟氏家族的文化发展、府庙建设等做出了突出贡献。当然还有一些孟氏后裔，如孟公肇、孟承光、孟贞仁、孟衍泰、孟繁骥等，也都品行高尚，努力传承家学，严守孟氏家风，为家族的发展做出了一些贡献。正是这些能持守先祖思想品格的孟氏后裔，带领和教化孟氏众多族人修身养德，共同将孟氏家学传承发展下去，使优良家风代代相传。

五、孟氏志书与家谱

孟氏家族作为文化世家，世代学习儒家典籍，尤其是《孟子》七篇，在世代传承中形成了系统的家族文化——家学。孟氏家学随着孟氏家族的发展而不断发展，内容逐渐丰富，在宋明清时期发展最为显著的家学是志书和家谱。孟氏志书家谱对孟氏家族的起源、思想成就、世代繁衍、婚姻嫁娶、支派事迹、家训族规等家族历史与文化作了综合记录。志书家谱随着时代的发展而发展，成为孟氏家风传承发展的主要载体。

（一）孟氏志书

家族志书作为记载家族历史发展、思想文化、人物事迹、古迹祀典等内容的志书，具有内容丰富全面，涉及广泛久远的特点。从明成化年间孟氏志书产生，到清光绪时期，四百多年间共有六次大规模的孟氏志书修撰。

《孔颜孟三氏志》是最早关于孟氏的家志。成化年间，山东学政毕瑜按提出："孔、颜、孟三氏之乡，古今学者诵诗读书，博文约礼，但知其概而已。然其出处世系之详，行事之褒崇之典，若非亲造其地，体验之真，孰能知哉？三氏之志，其可阙乎！"[1] 孔、颜、孟作为圣人家族，它们的世系发展、历代所受褒崇、思想文化传承发展等，对学者进一步认识儒学，以及修身笃志具有重要的作用。于是，刘濬等人将孔、颜、孟三氏的家族文化、历史发展等汇集在一起，成为三氏共同的志书。《孔颜孟三氏志》成为三氏志书各自发展的先例，初具史志的性质。

---

① 刘濬：《孔颜孟三氏志·序》，《儒藏》（史部），四川大学出版社，2005年，第77页。

明嘉靖年间，山东按察司佥事史鹗游孟子庙府，见没有专门的孟氏志书，遂命人遍考群籍、删繁存要、增加补充，编辑成独立的孟氏志书。"孟子作圣之功，由于母氏蒙养之正"，孟母对孟子的幼年教育、对孟子成为圣贤起到了非常重要的作用。孟母家教又以"三迁"闻名，所以孟氏家志命名为《三迁志》。这为后来孟氏家志的撰写提供了重要参考。

明万历年间，胡继先为邹县知县，在撰修《邹志》时，一同撰修了孟氏志书，参与编撰的还有潘榛、周希孔等。他们认为"三迁"之名过于狭小，便改为《孟志》。《孟志》内容有所增加，由卷首、正文和卷尾组成，采用"二十一目"的分类与排列形式，更为清晰有序。

明天启年间，吕元善、吕兆祥、吕逢时祖孙三人在史鹗、胡继先所撰版本的基础上，再次修纂孟氏志书。全书分为五卷，共二十一类。山东学政贺万祚在此书的序言中写道："《三迁志》，志孟氏也。志孟氏而曰三迁，以孟氏学实基始于斯，得蒙养之正，为万世规也。然上下千古由母训而为圣贤，惟孟氏母子耳。"① 这里申明了《三迁志》的主要内容是孟氏家族的发展与文化，强调孟母教子在孟氏家族之伟大意义，突出了孟氏重家教的思想。所以，《孟志》又改为《三迁志》。

孟氏志书《三迁志》在清朝又有两次修撰，都是由孟氏

---

① 贺万祚：《三迁志·序》，《四库全书存目丛书》（史部第七十九册），齐鲁书社，1996年，第283页。

宗子来主持完成的。《三迁志》作为孟氏家学的重要部分，真正融入孟氏家族内。雍正元年（1723）刊印的《三迁志》，由孟子六十五代孙孟衍泰主修。此版《三迁志》由序、正文和跋三部分组成。序部分汇集了以前版本的序、引，并另作新序。正文分为十二卷，多沿袭万历本《孟志》，在内容上有所增加，主要为图像、清初史事等。

清光绪本《重纂三迁志》是由多人修改完善，历经五十多年才修纂完成的。道光十五年，孟广均请邹县举人马星翼，依照原有志书，重修《三迁志》。书稿完成后，没有刊印。同治年间，孟广均之子孟昭铨将书稿交于负责修复孟子林庙的陈锦，请他校正。陈锦又请孙葆田和柯劭忞修改完善。直到光绪十三年（1887），《重纂三迁志》才刊印发行，成为目前内容最为完善、考证最为翔实的版本。

《重纂三迁志》全篇分为序、卷首和正文三部。序有张曜、陈锦、孙葆田各一新序及孟广均旧序等。卷首为御制文、圣像诸图，包括御制碑文、赞词、图像、地图等。正文共为十卷、十二目，内容有世系、年表、事实、经义、佚文、祀典、从祀、艺文四卷、杂志。虽然仅有十二目，但是内容比前几个版本涵盖更广，仅祀典部分就包括爵享、林庙、祭仪、乐章、礼器五个方面。艺文部分涵盖更广。

受清代朴学之风等影响，《重纂三迁志》编者的态度更为严谨，书中的内容经过反复凝练与修订而成。正如陈锦在序言中所说："世系则阙其世谱之可疑，年表则略其生卒之失考，示慎也。经义则以原诸儒之授述，祀典则以详历代之表

圣
人
家
风

章，纪实也……"① 经过多人五十多年的修改，《重纂三迁志》删除了存在异议的部分，删去世谱中可疑的部分，增加了更为切实的内容，摘取原诸儒对经义的言论，集各类史书之说，多说并存，不枉决断，达到"合于史家之正规"。所以，《重纂三迁志》不仅内容丰富，而且翔实确凿，更具有史料价值。

这六个版本的孟氏志书都幸运地被保存了下来，成为研究孟子、孟氏家族的极重要资料，也是认识儒学思想及邹城地方文化的重要参照。特别是有关孟氏家族的发展演变、思想传承、文化特色、礼仪祭祀等方面的内容，都在孟氏志书中得到了系统论述。可以说，孟氏志书作为孟氏家学的重要内容，记载着孟氏家族的精神和文化，是孟氏家风传承发展的重要载体。

（二）孟氏家谱

孟氏家谱修撰比较早，孟公济之前就已经存在，但是由于战乱动荡等因素，早期修的家谱已经被毁坏。宋代孟宁重修家谱，之后孟子后裔续修家谱不断。关于家谱，孟子六十五代孙孟衍泰在《孟子世家谱·旧序》中说："吾族之有谱，正统系……亲亲善善，实有《春秋》之微意焉。推而大之，则祖德之渊源，道统之传继，历代之恩赉，奕世之人才，胥于是乎。在亚圣之道万世不息，则亚圣之裔万

---

① 陈锦：《重纂三迁志·序》，《孔子文化大全》，山东友谊书社，1989年，第13页。

430

世益昌。"① 序中对家谱的意义做了比较全面的阐述：家谱小则可以正血统、杜绝奸昌等不义之行，实现亲亲友善，家族和谐，具有类似于《春秋》的微言大义作用；家谱大则可以使先祖美德得以传扬，使道统得到传承，使家学得以发扬，正所谓"家乘也，实道脉也"。修纂家谱，可以使家族的良好风气更好地传承下去，使家族子孙保持万世昌盛。所以，孟氏族人重视续修家谱，并原则上要求"六十年一大修，三十年一小修"。

家谱的种类较多，依据记录家谱的材质，大体可以分为纸质家谱和刻于石碑的碑谱两类。碑谱一般比较简要、精短，不易佚失损坏，保存时间较久。纸谱则比较详细、具体，但容易损坏。孟氏家谱中纸谱和碑谱都存在多种。现将有文字记载的孟氏主要家谱略作介绍。

1. 孟氏纸谱

孟氏家谱续修多次，有记载的孟氏纸谱主要有以下几次②：

宋元丰七年（1084），四十五代孙孟宁续修家谱。孟宁在谱序中写道："至四十四代先君子公齐公，值皇宋景德初，契丹大举入寇，车驾北巡，山东骚动，乃藏家谱于屋壁，携家避匿东山而终焉，家谱所在而人不知也。"③ 因为战乱，孟公

---

① 孟衍泰：《孟子世家谱·旧序》，《孟府档案辑录》，中国社会出版社，2016年，第275页。

② 朱松美《孟府文化研究》认为孟氏纸谱有八修本，笔者认为孟公齐所藏已经毁坏，可以不计入。

③ 孟宁：《孟子世家谱·旧序》，《孟府档案辑录》，中国社会出版社，2016年，第274页。

齐（也有作孟公济）把族谱藏于家中墙壁内，带领全家避乱去了，后人不知家谱所在。直到元丰六年（1083），孟宁才从毁坏的古屋墙壁中得到被鼠咬虫蛀的家谱，上面字迹有些已看不清，祖名、事迹有些也已不明。孟宁搜集资料，加以整理，才重得完整家谱。

金大安三年（1211），四十八代孙邹县令孟润续修家谱。金时社会动乱，人口迁徙频繁，孟润担心家谱长久不续修，"有失昭穆之次"，便重加考订。这次修纂内容有所增加，"并纪历代碑刻文图，以林庙居里遗事列于卷端"①。

元至元元年（1264），五十一代孙孟祗祖续修家谱。

明天启二年（1622），六十二代孙孟闻钲见宗族人员多有流离散寄四方者，便将祖父孟承相所续《孟子世家谱》加以纂修，刊刻印刷，发到各户。

清康熙五十九年（1720），六十五代孙、世袭翰林院五经博士孟衍泰续修家谱。由于战乱之后，族人零落，仍旧循遗谱旧规，合派通叙。

清道光四年（1824），六十九代孙、世袭翰林院五经博士孟继烺续修《孟子世家谱》，简称道光谱。

清同治四年（1865），七十代孙、世袭翰林院五经博士孟广均续修家谱，简称同治谱。

新谱续修完成，按照惯例都要将旧谱销毁，所以从宋代

---

① 孟润：《孟子世家谱·旧序》，《孟府档案辑录》，中国社会出版社，2016年，第273页。

到清末八百多年间，孟氏家谱续修次数虽然不少，但是保留至今的并不多。现保存下来的纸谱仅有孟继烺和孟广均父子所修的两个版本。

道光谱共计六册、十四卷。前两卷为第一册，内容较多。第一卷包括新序、旧序、职名、凡例、目录、修谱事宜、姓源、捐资数目、支销、领谱数目、世谱考、宗派总论、分派分户图、嫡裔考，自孟子叙至四十四代孙等。第二卷是自四十五代孙孟宁叙至分派分户。第二册至第六册分叙十一派、二十户世系。这是《孟子世家谱》中首次分派别户。同治谱六册、八卷，与道光谱在内容与编排上大致相同。

2. 孟氏碑谱

碑谱内容简要，但是一般保存较为久远。有记载的孟氏碑谱主要有以下一些：

金大安三年（1211），四十八代孙邹县令孟润续修家谱。《孟氏宗传祖图》刻有孟润作《孟氏家谱序》。

至元四年（1267），立《亚圣四十五世孙孟宁之墓碑》，碑阴刻孟氏世系图，现位于凫村孟母林内。

元贞元年（1295），立《驺孟子庙碑铭》，碑阴为孟氏世系图，现位于孟庙启圣殿院内。

延祐元年（1314），立《先师亚圣邹国公续世系图记碑》，碑阴为亚圣宗派图，现位于孟庙启圣殿院内。

至顺二年（1331），立《皇帝圣旨碑》，碑阴刻孟氏宗枝图，现位于孟庙启圣殿院内。

明洪武四年（1371），立《孟氏宗支之记》，现位于孟庙启贤门门廊东侧。

明正德六年（1511），立《宗派之图碑》三块，现位于孟庙亚圣殿乾隆碑亭南侧。

清乾隆十四年（1749），立《孟氏大宗支派碑记》，现位于孟府五代祠。

碑谱现大都留存于孟庙、孟府、孟母林等古迹中，虽然有些碑字迹模糊了，但是它们作为历史的见证，记录着孟氏家族的发展历程，也显示着孟氏家族的精神发展脉络，具有传承孟氏家风的作用。

孟氏家谱的修撰有严格的程序和严密的组织，其程序与《孔子世家谱》的续修要求大致相同。孟氏自明代孟希文开始，也按照孔氏家族所定的行辈来取名，取圣贤一体之意。

孟氏家谱除了孟府续修的《孟子世家谱》，还有迁徙外地流寓的支派家谱，简称支谱。支谱相对独立，不进入《孟子世家谱》。在《修谱事宜》指定的时间内，支派负责人将老谱、续修支谱、呈文、甘结保结送呈孟府，经过与大谱核对后，办理续谱事宜，最后由世袭翰林院五经博士批准签字，才能印发谱牒。孟府中要保留一份，以存档备案。孟府档案中现存多个地区的支谱，是研究孟氏家族迁徙发展和孟氏文化等的重要资料。

孟氏家族所以重视续修家谱，还在于重视对先祖孟子思想的传承。正如孟继烺在《孟子世家谱·旧序》中所写：

"仰惟我始祖亚圣，守先待后，入孝出悌。尝曰：仁之实，事亲是也；义之实，从兄是也……矧我同宗，沐遗泽，食美报，可不聪听彝训，绎思遵循，世世缵承于勿替乎?"① 仁义作为孟子思想的精髓，是世人学习的要义，更是孟氏后裔世代相承的彝训。修家谱，就是要将孟子的伟大思想贯穿于族人的信念之中，将仁义之风传承下去。

总之，家谱是为了"详世系、辨亲疏、厚伦谊、严冒紊"，也是为了思想的传承，为了"道统"的传承。志书重在记载家族的历史发展、家族的各种事务等。家谱与志书相互补充，使孟氏家学得以更好地传承发展，使孟氏家族的文化得以翔实地记录下来，也使家族的仁义家风得以在家族中进一步深化和提升。

孟氏后裔中还有众多优秀人才，他们的禀赋与性格各异、职业与方向不同，做出的贡献与成就也存在差别。如，迁居日本的六十一代孙孟治庵，通医术，汉学渊源深厚。同为七十二代后裔的孟宪承和孟宪民，前者在教育上功绩卓著，后者则是著名的科学家，对地质事业做出了巨大贡献。孟氏后裔中又有着一些共同的思想因素，这就是以先祖孟子的思想作为自己安身立命的指引，行为中闪烁着仁义的光辉，家族中浸润着仁义之风。

---

① 孟继烺：《孟子世家谱·旧序》，《孟府档案辑录》，中国社会出版社，2016年，第 275 页。

第三节　孟氏家教与家风

　　自孟母教子、孟子施教以来，孟氏家族中就充盈着重教的风气，父母注重对子女的教育。再加上朝廷重视儒学，对圣裔教育大力支持，孟氏家族对教育便更加重视。数千年来，孟氏家族教育的方式和途径不断丰富。从子承父教、易子而教，到三氏学、四氏学的官学之教，再到三迁书院、前学后学、亚圣府小学等亚圣府设教，教育形式随着时代的发展而发展。同时，孟氏家族内也制定了家训族规，对族员的思想行为加以规范引导。家族内形成了整体的重教氛围，使家族仁义之风不断深化。

一、家族重教之风

　　孟母教子有方，成就了亚圣孟子，在家族中兴起了重教的风气。孟子作为伟大的教育家，培养了众多优秀弟子，也培育了优良的家族子弟，并将其教育理念和方法在家族中传承下去，形成了重教的家庭风气。两千多年来历史风云变幻，孟氏家族中一直重视对子女的教育和培养，涌现出一些特别具有代表性的重教家族，探索出家教的一些奥秘。如，宋代名将孟珙家族的家教、宗子孟庆棠的家教和儒商孟洛川的家教。

　　（一）家族重教思想

　　孟子赞同易子而教和子承父教，这两种教育方式在孟氏家族中常常是交错进行的。如，汉代的经学家孟卿，觉得《礼经》多、《春秋》烦杂，让儿子孟喜跟随田王孙学习《易》，但是孟喜《易》学思想中许多有创建性的观点又是从父亲孟卿那里得来。孟卿有意无意教了孟喜，家庭中潜移默化的教育具有更为深远的影响。再如，孟承相以教子孙读书明理为乐，用自身渊博的经学涵养和人格魅力，带动了家族子孙文化素养的提高和道德境界的提升。孟继烺在孟广均很小时就聘请私塾先生，并亲自教孟广均书法。可见，两种教育方式在孟氏家族中常常同时发力，这样能让孩子得到开放、先进、多样的教育，更利于家学的发展。

　　家庭中，父母的言传身教具有重要的引领示范作用。孟氏家族涌现出许多重教的典型。孟子五十二代孙孟惟恭一生致力于增修孟庙、弘扬先祖孟子精神，其子孟之训也在潜移默化中受到影响。《重纂三迁志》中这样评价孟之训，"少有学识，以孝信著闻"①，在儒学方面有所研究，有孝行，守诚信。元朝至正年间，孟之训出任单父儒学教谕，教授当地学生，其学识在当地儒学业内有名。在孟之训的教育下，儿子孟思谅有吏才，任邹县主簿，并修正祀典、修祠庙等。

　　孟思谅用心教育子孙，其孙子便是始封翰林院五经博士的孟希文。孟希文也重视对子女的教育，"其教子笃于庭训，

---

　　① 孟广均：《重纂三迁志》，《孔子文化大全》，山东友谊书社，1989 年，第 64 页。

为延师取友，必择而事之"①。他"能文义方之教"，不但亲自教育儿子，而且注意为他们选择良师益友，以礼义待他们。在他的教育下，长子孟元也成为有识之士，袭封为翰林院五经博士，多次"驾幸太学，行取配祀"，因其才学，被赐衣赐宴。次子孟亨为恩贡生，女儿都嫁入名门。可以说，孟氏宗支家族在这种重教的氛围中，家学传承不断，良好的家风代代相传。

同时，孟氏家族早已意识到女性的素质对家庭及子女的教育有重要影响，故而宗子家庭在婚姻上多选择具有涵养的名门之后。如，孟氏与孔氏存在较密切的婚姻关系。朱松美做过初步统计："表中孟子五十二代至七十代共十二个后裔，有八个娶孔氏为妻（包括继妻），并且，其女儿中有两人适孔氏。"②孔孟两个家族可谓"累世通家"。孔氏家族的女性从小多受到良好的教育，许多人能诗能赋，具有德才。两家人具有相近的教育和成长环境，更利于家庭的和谐和对子女的教育，有利于家庭风气的融合和发展。

再如，孟繁骥的夫人王淑芳富有风采学识，主要在于其父王景禧擅长诗文，是清朝翰林学士，注重对女儿的教育。孟繁骥的家塾教师孟昭楣说："实际上繁骥夫人王淑芳女士是他家文化水平最高的人。其所写家书辞藻华赡，

① 孟衍泰：《三迁志》，《四库全书存目丛书》（史部第八十册），齐鲁书社，1996年，第769页。
② 朱松美：《孟府文化研究》，中华书局，2013年，第278~279页。

用典恰切。"① 可见，王淑芬有很好的文化素养。孟繁骥的子女富有涵养与王淑芳有很大关系。

事实证明，母亲的修养学识，对子孙的教育有很大影响。富有学识、品行高尚的母亲对子女的培养非常有利，可以更好促进子女素养的提升、道德的养成，有利于家庭良好风气的传承发展。

（二）孟庆棠的开明家教

孟氏家教不是一成不变的刻板、传统的教育，而是开明包容、与时俱进的家教。在孟氏大宗户中，孟子七十三代孙孟庆棠的家教很有代表性。《孟府档案》中保留了孟庆棠与儿子孟繁骥、孟繁骢的大量来往信函，除了重要事务的交托，内容主要集中在学习、祭祀等方面。孟庆棠侧重教导儿子行事要小心谨慎、学习要努力刻苦等品德习惯。

如，十一月二十四日晚家信第三封写道："学校事，骢儿意思如何？可来信。"② 孟庆棠征求儿子对学校的态度，语气平和、舒缓，没有说教与命令。

十一月二十九日申刻写道："明德中学现已立案，骢儿宜往曲阜肄业。此处育英虽现正招生时期（本月廿三号报名截止），校风既不甚佳，究属距家较远，况数月内时局有无变

---

① 孟昭梣：《孟氏宗支的家庭教育》，《孟子家世》，中国文史出版社，1991年，第181页。
② 孟庆棠：《孟子七十三代孙孟庆棠给儿子繁骥、繁骢信函》，《孟府档案辑录》，中国社会出版社，2016年，第313页。

化……不如下学期再定。儿细思之。"① 孟庆棠先对育英学校做了全面调查，细数来此就学的种种不当之处，以理来说服孟繁聪，劝他仔细思量。父亲对儿子学业的关注可见一斑，可并不强行干预。

十二月初一晚九点，孟庆棠再次写信说："聪儿上学事（二十九来笔刚接到），明德既确已立案，仍以在曲就近为宜，省中学校种种不相宜之处前已言之。儿当听从。"② 再次劝说儿子在明德学校就学。可是孟繁聪还是坚持自己的选择，到了济南。孟庆棠也就同意了他在济南就读，没有指责与不满。

由此可见，孟庆棠对儿子的就学非常关注，多次征求他的意见，想让他在明德中学就读，多次劝说，讲明理由，但是决定权还是交给儿子。可以说，孟庆棠的教育是民主、开明的，给子女一定的自由和权利。在那个时代，这种教育方式还是比较开放的。

在孟庆棠的教育下儿子孟繁骥也特别重视家教。孟昭栴写道："繁骥先生以为时代发展，对子弟教育已不能死守老一套了，必须增加新式学堂的课程。"③ 孟繁骥子女的课程，除了家学《孟子》，主要是新课程国语、算术、常识等。教学

---

① 孟庆棠：《孟子七十三代孙孟庆棠给儿子繁骥、繁聪信函》，《孟府档案辑录》，中国社会出版社，2016 年，第 314 页。
② 孟庆棠：《孟子七十三代孙孟庆棠给儿子繁骥、繁聪信函》，《孟府档案辑录》，中国社会出版社，2016 年，第 315 页。
③ 孟昭栴：《孟氏宗支的家庭教育》，《孟子家世》，中国文史出版社，1991 年，第 180 页。

方法也不再要求死记硬背，而是边念边讲。孟繁骥还允许女孩子入私塾读书，接受同等的教育。后来，孟繁骥还建立了亚圣府小学等，对族人加以教化。可见，孟繁骥特别重视教育，教育理念也比较开明、包容。

（三）武将孟珙的家教

宋朝的孟珙是具有浓厚儒者气质的武将，他凭借智慧、勇猛和忠义，谱写了一曲精彩的战歌，树立了"威爱"的家教典范。

孟珙，字璞玉，随州枣阳（今湖北枣阳）人。《宋史·孟珙传》记载，孟珙的四氏祖孟安，曾跟从岳飞征战南北，立有战功。祖父孟林也是岳飞部下战将。孟珙父亲孟宗政自幼有胆略，组织统领队伍"忠顺军"，多次立战功。孟珙跟随父亲在军营中长大，耳濡目染中，对战术多有了解，且很有悟性。

嘉定十年（1217），金军进犯襄阳。孟珙向父亲献策，途中设下埋伏，乘金兵半渡时进攻，歼敌半数。嘉定十二年（1219），金兵环集枣阳城下，二十出头的孟珙登城射箭，后又攻破金军十八个寨，斩首千余金兵，令众将士惊叹不已。在父亲的带领下，孟珙作战的谋略和胆识不断进步。父亲去世后，孟珙接掌"忠顺军"，对军队加以整顿，推行军民分屯、自畜养马等政策，使军中粮马物资繁盛充足，为持久战做好了准备。

在与金兵、蒙古兵的长期作战中，孟珙凭借智谋、勇猛获得了多次胜利，收复了信阳、樊城、光化、襄阳等地。孟珙所以取得重要战功，是因为他胸怀大志，希望国家安稳、人民安定、天下太平，这种情怀抱负基于家族的熏陶和教化。因卓越的功绩和良好的品行，孟珙受到人们的尊重和敬仰，被朝廷赠为少师、太师，封为吉国公，谥号忠襄。

孟珙能成长为智勇双全的将领，除了父亲的影响，也与兄弟的相互鼓励、帮助有关。孟珙兄弟几人都从武，他们志同道合，在军事、生活中互相扶持。《宋史·孟珙传》记载："珙兄璟时为湖北安抚副使，知峡州，急以书谋备御。"兄长孟璟常写信给孟珙，与他商议军中防御等事。弟弟孟瑛也带领精兵支援孟珙。兄弟间常交流作战的策略方法，军事上相互支援帮助，使孟珙如虎添翼。

孟珙能够号令三军，凭借的不仅是智谋勇猛，还有忠勤、仁爱等德行修养。孟珙的军队仍叫"忠顺军"，是对父亲遗志"忠"的传承，也有自我激励的意味。他终用征战沙场的实际行动，实践了"忠"的信念。

金灭之后，宋理宗赞孟珙"忠勤体国，破蔡灭金，功绩昭著"。孟珙并不居功，而是说："陛下圣德，与三军将士之劳。"皇帝问如何收复失去的领土，孟珙提议："宽民力，蓄人材，以等待机会。"（《宋史·孟珙传》）孟珙主张抗战。从中可见，孟珙在治军中注意体察百姓疾苦，以民为本，注意休养生息，积蓄人才，实行仁政措施。孟珙主战的立场，则表明了他的浩然之气。这些品格思想有父亲、兄弟影响的成分，是在家族多年形成的忠勇风气的陶冶下形成的，也是孟氏家族仁义家风的集中展现。

　　孟珙立下赫赫战功，同时学养深厚，"说礼乐，敦诗书"，重教化。《宋史·孟珙传》说他："退则焚香扫地，隐几危坐，若萧然事外。远货色，绝滋味。其学邃于《易》，六十四卦各系四句，名《警心易赞》。"孟珙自幼习儒学，熟知儒家经典，闲暇时以读书、修身为乐，尤其对《易经》有深邃见解，作《警心易赞》一书，因而深知变通之理、世间大道。可知，孟珙所在的武将家庭不仅重武，而且重视文的教化、德的养成。深厚的文化积淀使他能够超然物外，以澄净之心对混乱之世。高深的学识，为他的征战人生奠定了根基，是其智谋、战略的智慧源泉。

　　孟珙自身具有学识修养，对文化教育格外重视。他不仅注重教育自己的子孙，还将重教之风推延到社会上。目睹了战争中众多学子无处求学、文化气息每况愈下的状况，孟珙在公安、武昌兴建了书院，收容流亡士人，教化学子，使他们能安心学业。两书院在实施文化教育的同时也加入习射等训练，培养了一批文武兼备的人才，文风日趋于盛。书院的教化凝聚了人心、安定了民心、振奋了士气，促进了文化教育事业的发展。

　　总而言之，孟珙的仁义之德使他能够得到民心，受到爱戴和支持，取得战争的胜利。孟珙的德行、才能主要来自家庭的教化和仁义家风的陶冶。他又重视文化教育，把重教之风、仁义之德传播到社会，有利于社会风气的改善。这是对孟子家风的提升与发扬。

（四）儒商孟洛川的家教

除了孟氏宗支家族具有良好的家教，迁徙外地的孟氏家族也多恪守家族重教的风气。孟洛川家族就是其中的代表。孟洛川是孟子六十九代孙，山东济南章丘旧军人，以经营丝绸名扬四方，被称为"东方儒商"。他是孟传珊的第四子，年幼时，父亲就去世了，留下了丰厚的家产基业和良好的家风。母亲高氏出身望族，重视家教。她对孟洛川要求严格，常告诫他家中的财产是祖辈留下的，不能坐享其成，而应该奋发有为，发展壮大家族企业，并要求他勤俭节约，不积攒到万两黄金不准穿绸缎。为了更好教育儿子，她聘请了当地名儒李青函来教授儒家经典，更强化了孟洛川的儒者情怀。

孟洛川以诚信经营为基本理念，将丝绸店发展壮大起来，在多个地区设有连锁店，收益极好。他的诚信经营理念主要来自儒家的诚信观念，其背后的深层内涵是"以义为利"的义利观。孟洛川经常支持慈善事业，被人赞为"一孟皆善"。他的"善"，源于对众人的"仁爱"，是孟子思想中"仁者爱人"的表现。这些思想之所以延续，是孟洛川所受教育的影响，也是家族仁义风气长期陶冶的结果。

孟洛川虽然经商，对文化与教育却特别重视。他注重对家族子孙的教育，创办私塾，令儿子、侄子等读书学习，使家族内保持诚信节俭等风气，保障了家族企业数代兴旺。孟洛川也注重推动社会教育和文化的发展。如，他主持修建文庙，建造尊经阁、文昌阁，在老家旧军建设义学、书院，出资协修《山东通志》等。在保证家族兴旺的同时，他为社会文化、教育事业的发展做出了一定贡献。

二、家族自办教育

孟氏家族重视家教，不仅在家庭内注重言传身教、率先垂范，注重教育氛围的营造等，而且整个家族重视教育，或者入三氏学、四氏学，或者在家族内建立多种具有家学性质的教育设施，都是为了提升孟氏族人的学识涵养。随着时局的变化，孟氏家族的教育途径和方式几经变化，主要有以下几个方面。

宋时，孟氏子弟入三氏学学习。明万历年间，曾氏后裔加入其中，成为四氏学。圣裔子孙一堂共学，相互交流切磋，形成了共同学习进步的场域。同时，朝廷不断给予三氏学、四氏学多种优待礼遇，如，延请名师，讲授儒学典籍；赐予学田，提供生活资助；设置恩贡，提供优先录取的资格等。对孟氏子弟来说，这无疑是一个很好的学习机会，既可以丰富学识、进德修身，又可以有更多出仕为官、科考中举的机会。对孟氏家族来说，也有利于家族整体文化素养的提高。

可三氏学、四氏学招收人数是有限制的，入学时还要进行考试选拔，优者才可选入学习。随着孟氏人口的增多，有大批孟氏子弟无法入四氏学。于是，清道光十二年（1832），孟广均设立了三迁书院，专门招收孟氏子弟，位置就在孟府以西以北的家庙里。对三迁书院，清代吴若灏编著的《邹县续志》（光绪本）记载："立三迁书院，训族中子弟及亲友无力延师者。"① 可知，孟广均建立书院的目的在于让本族及亲友中无法入学的子弟接受教育，让他们能学文识字，研习家学，学习儒学，也为考入四氏学、县学继续接受教育做准备。

三迁书院作为孟氏家族所办学校，规模并不大，其教师是本族中富有学识威望的长者，甚至孟广均也亲自执教。孟广均去世后，三迁书院渐渐衰落下去。同治三年（1864），三迁书院关闭。三十年左右的时间内，三迁书院也培养了一批人才。据《孟子世家谱·序》记载："登贤书者六人，食廪饩者六人，补弟子员者三十一人。当此修谱之役，各自踊跃，共为采访，实心任事。"② 三迁书院中，六人中乡试，六人享受公家供给膳食津贴的待遇，三十一人递补县学生。因三迁书院本来招生人员就少，能有这些优秀者也属难得。三迁书院教育了这些学生，他们也为续修《孟子世家谱》做了一些工作。可见，三迁书院作为四氏学、县学等的有效补充，为接受进一步的教育打下良好的基础，对孟氏家族文化素养的提升有积极的意义。

三迁书院废止后，孟氏家族又在孟府内设置了两处家塾，维持到民国初年北洋时期。建在大门以西跨院内的叫前学，建在缘绿楼西北的叫后学。前学教授孟氏近支学行兼优的子

---

① 吴若灏：《邹县续志》卷十二《人物志》，《中国方志丛书》（华北地方），成文出版社影印光绪十八年刊本，第 428 页。

② 孟广均：《孟子世家谱·序》，《孟府档案辑录》，中国社会出版社，2016年，第 272 页。

弟，生员较广。后学专门教授孟氏翰博府的子弟。两私塾的教师都是由孟府出资聘请本族内或者周围有才学者来担任。两者规模都不大，并随着当时社会时局的动荡，时断时续。

到孟繁骥任奉祀官时，在前学再次建立孟氏家族学堂，起初为私塾形式，招收翰博府及近支的子弟。随着社会教育的改革，这所学堂教的内容也在变化，增加新式课堂的内容，采用当时的小学课本。后来，学生逐渐增多，家塾不能容纳，孟繁骥便将孟氏家学改为亚圣府小学。

1943 年 9 月 7 日，亚圣府小学成立。在《亚圣府小学开学典礼致辞》中，孟繁骥说："查现在我们的族众失学者甚多，因失学更无人才之可言，本人痛感此种现像（象），遂就因漏（陋）就简的（地）创办这一个初级小学，希望将来逐渐扩充办到一个完全小学。"[1] 这说出了他建立亚圣府小学的初衷、招生范围以及他的希望。因为战乱之中，族人多无力上学，孟繁骥创立学校就是要救济本族失学儿童，也适当招收外姓愿意求学者。建学的费用来自卖林墓枯树所得，再加孟府补助。孟繁骥作为校长，也为学生讲课。从中可以看出孟繁骥对于族人教育的重视。

由宋明清时期的"三氏学""四氏学"到清末的"三迁书院"，再到民国初年的私塾、亚圣府小学。随着历史的发展，孟氏教育的形式在变，但是教育的精神基本没变。其精

---

① 孟繁骥：《亚圣府小学开学典礼致辞》，《孟府档案辑录》，中国社会出版社，2016 年，第 103 ~ 104 页。

神就是遵循祖训，学习先祖思想，修身养性，培养仁义之德等。孟府家塾教师孟昭梅曾说："孟氏教育子弟勤俭守成，不尚奢华。衣食住行都很是简朴。在品行修养上要恪遵先祖圣训，作一个温良恭俭让的读书人。"① 这真实反映了孟氏家教的基本要求是品德修养和行为习惯的养成，是为了培养美好的人格。

除了通过自办教育来提升家族成员的素质，孟氏家族中还制定了一系列家规族训，正所谓"祖宗之德传家久，家风之规继世垂"。家规族训是更为明确、凝练、有效的教育形式，对族人思想行为的约束和引导作用更为显著。

从两千多年前的孟母教子、孟子办教育到现代孟繁骥办学堂，孟氏家族重教的传统延续了数千年，教育内容和形式日益丰富，有家庭中潜移默化的言传身教，有学校的教育，还有家规和家训的规范和约束。孟氏家族中世代传承的这些重教风气，不仅使族人在学习儒家思想、先祖学说中，提升了学识品格，发展了孟氏家学，而且传承和发扬了以仁义为中心的家风正气。在孟氏家学、家教、家风的作用下，孟氏家族培养和造就了众多德才兼备的优秀人才，使家族保持长久的兴旺。

本章小结：

孟母善教，将孟子带到了文化殿堂前。孟子"私淑"孔

---

① 孟昭梅：《孟氏宗支的家庭教育》，《孟子家世》，中国文史出版社，1991年，第181页。

子，得孔子思想精髓，以仁义思想为中心，提出仁政、性善、浩然正气等思想，汇集在《孟子》一书中。孟子授徒教学，将思想传给弟子们，同时影响着他的子孙，成为孟氏家学的源头，开启了以仁义为基本特色的优秀家风。再加上自孟母教子、孟子施教以来，孟氏家族就充盈着重教的风气，促进了孟氏家学的传承发展，保障了家族仁义之风的深化升华。在家学、家教、家风的共同作用下，孟氏家族培养和造就了一代代杰出人才，如孟喜、孟卿、孟浩然、孟珙、孟广均等。他们以学识涵养教化了子孙后代，推动了孟氏家族的发展。孟子仁义家风也影响了中国众多的家庭，帮助人们以仁义精神和浩然之气养家庭正气。

第五章
圣人家风的异同及现代价值

　　孔、颜、曾、孟四氏圣人家风作为中国优秀家风的典范，具有若干相同之处。这主要表现在：都是由平民家风上升为圣人家风；都是以儒学为基础，可谓殊途同归；都注重修德、求仁、好学；都是以家学为基础，以家教为传承方式；家学和家教具有许多相同之处。同时，四氏圣人家风又存在一些差异。它们相互补充，共同丰富和发展了中国传统家文化。尽管当代中国发生了翻天覆地的变化，从国家制度到家庭结构形式，从文化思想到教育体制，从道德观念到个人意识等，都不同于以前的社会。但是，经过数千年沉淀升华的圣人家风，早已具有超越性与普世性，在当代仍然具有重要的参考价值和启示意义。

第一节　圣人家风的异同

　　孔子、颜子、曾子、孟子四位圣人都生长于春秋战国时期的邹鲁大地上。颜子、曾子同出孔门，孟子不是直接出自孔门，也是"私淑"孔子，四位圣人思想在根本上是一致的。在这四位圣人思想基础上建立起来的圣人家风，都是以孔子所创立的儒学为基本内涵，且都是由平民家风升华为圣人家风，可谓同源而生。孔、颜、曾、孟四氏圣人家风具有诸多相近、一致的地方，然而，也存在一些差异。圣人家风的异同主要表现在这几个方面：家风的形成发展、家风的内涵、家风的精神支撑——家学、家风传承的途径——家教。分析孔、颜、曾、孟四氏圣人家风的异同，可感知中国家风文化的博大精深和丰富多彩，也有利于深入研究和探索家风文化。

一、圣人家风形成发展的异同

　　春秋战国时期的邹鲁文化繁荣发达，孕育出了儒家和墨家两大显学，培育了一大批见解深刻的思想家，如孔子、颜子、曾子、子思、孟子、墨子等，拉开了百家争鸣的帷幕。其中，儒家尤为兴盛，不仅形成了系统的思想体系，有"六经"等中华文化元典，培育了大量儒学人才，而且重视家庭教育，将学术思想在家庭中传承发展下去，形成了众多优良的家风。四氏圣人家风最具代表性。

　　四氏圣人家风形成发展过程相近，主要表现在都是由平民家风升华为圣人家风。四位圣人本都是平民，家风本为平民家风，他们通过努力改变了自身，也改变了家族的命运、改变了家风。

孔子、颜子、曾子、孟子都出身于平民家庭，生活都不富裕，但是自幼都受到好的家庭教育。孔子年幼丧父，受到母亲的良好教育。颜子的父亲颜路、曾子的父亲曾点都师从孔子，对颜子、曾子起到重要的启蒙引领作用。孟子的母亲格外重视教子，"孟母三迁""断机劝学"等成为千古佳话。四氏圣人虽然生活贫苦，但是自幼得到精神关爱比较多，加上艰辛生活的磨炼，培养了他们坚强的意志和多种能力。

在良好的家庭教育环境中，四人都较早接受文化教育。孔子"十有五而志于学"，学无常师，向多人求教学习，学而不厌；颜子十几岁就入孔门，受到孔子的教育；曾子幼时跟随父亲读书，十六七岁时拜孔子为师；孟子幼年就迁到学堂附近，接受学校教育。通过学习，他们的智慧和能力快速提升，人生境界和个人品德得到升华。最终，他们由平民上升为知识界精英，人生轨迹也发生了转变。除了颜子早逝，孔子、曾子、孟子都从父辈从事的职业中解脱出来，先后授徒教学、著书立说，成为受众人尊敬的教师、思想家。

四位圣人也都重视对子孙的教育，引领家庭风气由平民家风向文化世家家风转变。孔子的孙子子思自幼接受孔子的教育，不仅与孔子的人生轨迹相近，而且思想相承。子思也重视对儿子孔白的教育，对家族的发展起到承上启下的重要作用。后来的孔白、孔求、孔箕、孔穿等以传承家学为己任，且都学识渊博，精通"六经"之学。经过几代人的传承，家族中学诗学礼的家风固定下来。

颜子的父亲颜路对颜子的早期教育起到引导作用，使家风开始发生改变。颜子跟随孔子学有所成，被誉为德行第一，使家风发生更大的改变，仁德之风开始形成。儿子颜钦在这样的氛围中成长起来，自然重视仁德的养成。颜子家族养成重视文化知识、德行修养的文化世家家风。曾子父子师从孔子，曾子得孔子"一以贯之"之道，着力以仁恕修身，以孝悌齐家。曾子授徒教学，也教育儿子们，使他们拥有了知识才华。后来，曾元走上仕途，曾申教学，后人也都不再耕种。曾子家族由耕读传家变为以仁孝为特色的文化传家。孟子儿子孟仲子先是跟随孟子学习，后又学于公孙丑，孟子家族也由此转为文化传家，以传承发展孟子思想为己任。

可见，四氏圣人家族都是由平民阶层转变为知识阶层，由平民家风逐渐升华为文化世家家风。这些家风引领圣人后裔数千年间不断创造辉煌。随着孔子、颜子、曾子、孟子在历史上地位不断提升，被尊称为"圣人"，四氏家风也自然被尊为"圣人家风"。无论是在尊孔崇儒的顺境中，还是在儒学受到打压的困境中，两千多年来圣人家风都在传承发展，可知"圣人家风"确实有它的超越性和伟大之处。

四氏圣人家风的发展过程又存在很多不同之处。每个家族不仅家风的兴盛期不同，而且取得的成就不同。其成就主要表现为学术上的成就，也常常伴随仕途上的成就。学术成就不是一朝一夕就能达到的，而是家学多年积累、家风常年熏陶的结果。

孔氏家族诗礼家风堪称典范，不仅对家族影响大，使家族中传承发展家学的风气一直浓郁，而且家族中每个时期都有英才俊杰，在学术文化上有突出贡献。特别是在"独尊儒术"的汉代，孔氏家学十分兴盛，孔氏后裔中多人因治学成就而位居高位。如，孔武及其子孙孔延年、孔霸、孔光等都是博士出身，以研究今文经学为主。孔安国及其子孙孔印、孔衍、孔骥等也均为博士，主要研究古文经学。孔氏家学之所以如此兴盛，主要是因为数代人对家学的积累沉淀，家族中充盈着浓郁的诗礼家风。相对来说，在汉代颜氏、曾氏、孟氏家学的成就都不太大，家风也显得较为淡薄。

魏初，颜子二十四代孙颜盛迁居琅琊，颜氏家族逐渐走向兴盛。在魏晋至唐几百年间，颜氏家族人才辈出，不仅留下了丰富的著述文章，而且在仕途上有多人功绩卓著，位居高位。如，三十代孙颜延之与谢灵运齐名，被列入"元嘉三大家"，在诗歌、散文、辞赋、文论等方面皆有大量佳作。他还重视对子孙的教育，注意传承家学。三十五代孙颜之推仕四朝六帝，因才华与德性多次得到重用。他著述丰富，注重家教，著有《颜氏家训》一书。在颜之推的带动下，颜氏家族中涌现出了数位贤德人才，如颜思鲁、颜师古、颜元孙等，将颜子的仁德家风推到了新高度。相比之下，孔氏、曾氏、孟氏的家学在这个时期却显得萧条一些，家风较为薄弱。

　　曾子十五代孙曾据"耻事新莽"，率族迁徙江右。虽然与先祖相隔千余年，与故乡相距千里远，曾氏仁孝家风的本质没有改变。宋代时，曾氏家族达到繁盛，出现了以章贡曾氏、南丰曾氏和晋江曾氏为主要代表的文化大族世家。江南三曾氏培养了众多出类拔萃者，在仕途上卓有成就，且多擅长文章词赋。曾氏家族洋溢着好学向道、孝悌仁爱的良好风气。此时的颜氏、孟氏的家学发展，相比来说，显得较为缓慢。

　　北宋时，朝廷寻到孟子后裔孟宁，授予他邹县主簿等职，主奉孟子祭祀。孟宁重修家谱，对孟氏家族贡献较大，被尊为"中兴祖"。自此以后，孟氏家族日益兴盛。孟氏子孙多次修家谱、编撰家族志书、重修孟庙、修建书院等，积极发扬先祖遗志，增强了家族的仁义之风。

　　明代时，曾子五十九代孙曾质粹回归嘉祥主奉曾子祭祀。四百年间，嘉祥曾氏在家学、家教、典制等方面日益完善，发展成为与孔、颜、孟三氏并立的文化世家，家族内习儒力学、重仁行孝的风气更为浓重，曾子仁孝家风进一步增强。

　　清朝时期，孔氏家族学诗学礼的风气再次高涨。如，衍圣公家族常结成诗社、赋诗唱和，形成了论学谈诗的良好风气。其中，孔毓圻、孔传铎、孔继汾、孔继涵、孔广林、孔广森、孔昭虔等人，对经学、诗词、天文、地理、音韵、校勘等都有涉猎，学术成就较高。

　　由上可知，四氏圣人家风在形成和发展过程中，既具有众多的相同之处，又具有不同之处。四氏家风的相同处揭示了家风形成发展的共同规律，它们不同的兴盛期则相互补充，共同促进中国家风文化的发展。

二、圣人家风内涵的异同

颜子、曾子直接师从孔子，孟子间接"私淑"孔子，三人的思想都来源于孔子，是对孔子思想的传承与发展。他们所开创的颜子仁德家风、曾子仁孝家风、孟子仁义家风与孔子诗礼家风紧密相连，其中孔子诗礼家风是基础，对其他三氏家风具有重要影响。四氏圣人家风具有相近的内涵与特色，有着千丝万缕的联系。其相近处主要表现在以下几点：

其一，孔子、颜子、曾子、孟子作为儒家思想的重要奠基者，其家族中世代传承的是儒学，家风自然也是以传承和发展儒学为底色和基础。即，圣人家风都以儒学为内容和基础。

其二，圣人家风都以儒家思想为内涵，而儒家的核心思想是"仁"，特别重视"德"的养成。所以，四氏圣人家风都特别强调"仁"的思想，都注重"德"的养成，重视修德讲学，追求德才并举。

其三，圣人家风都以家学为基础，以家教为传承方式。孔、颜、曾、孟四氏家族都传习"六经""四书"等儒家典籍，并且渐渐形成了自己的家学。家学成为家族世代传承的精神纽带，联结着家族成员的精神世界，形成了共同的信仰和追求。家学得以传承的主要方式是家教，四氏家族都有系统而成熟的家教。

　　其四，在四氏圣人家风的熏陶和带动下，四氏圣人家族都跨越了两千多年的历史，辉煌不断，培养出了众多优秀人才，对家族和社会做出了巨大贡献。而且，四氏圣人家风作为优秀家风的典范，带动了其他家族的家风建设，成为家风文化的重要部分和带动力量。

　　同时，因四位圣人思想存在一定差异，四氏家族对家风发展的侧重点也有所不同，所以，四氏圣人家风的内涵也存在一些差别。孔子思想渊博、知识全面，是儒学的奠基者，孔氏诗礼家风也是内涵最为丰富、发展最为全面的家风。颜子为孔门德行之首，具有中庸之德，提倡以德治国、仁者自爱，能做到"其心三月不违仁"，所以颜子的思想可以用"仁德"来概括，家风也呈现出"仁德"的特色，侧重于养德。曾子注重自省，循礼而行，大力提倡孝道，形成了系统的孝论体系，积极践行孝，并且提出"仁以为己任"，把实现"仁"的理想作为自己的使命。曾氏子孙在学习儒家的典籍中，侧重传承曾子的著述，家风带有曾子"仁孝"的特色。孟子重视"义"，把"仁义"并举，孟子家风中也多洋溢着"仁义"的思想，更具有"浩然之气"。

　　孔、颜、曾、孟四氏圣人家风内涵与特色的差异，带动了家风的多样性和丰富性。它们以其特色保持独特性，又在相互补充中使儒家的思想内容更为丰富，为家风文化提供更多内容和可行性。四氏圣人家风犹如一棵树上开出的不同花朵，既同根而生，又各有特色，共同丰富了儒学文化。

　　宋明清时期，四氏圣人家风的内涵和特色出现融合的趋势。造成这一趋势的原因很多，主要有：圣人后裔自宋代起共学于三氏学、四氏学，接受相近的教育，家学趋向一致；孔氏、颜氏、孟氏撰有家志合本《孔颜孟三氏志》，为此后四氏家志的编撰奠定了基础，也决定了四氏家志在体例等方面的相近；明清之后，曾、孟后裔都采用钦赐孔氏的行辈，表示圣贤一体、万世一系，家族意识相靠近；四氏圣人家族联姻，家族文化走向融合。

其中，家族联姻对圣人家风的内涵融合影响最大。如，明代颜氏与孔氏宗子家族多有联姻，十代人中，颜氏娶孔氏妻者有九人，颜氏女嫁入孔氏者有十一人，几乎每一代都与孔氏有联姻。[①] 孔氏与孟氏也有较为密切的婚姻关系，孟子五十二代至七十代十二位宗子后裔中，有八位娶孔氏女子为妻（包括续妻），其女儿中有两人适孔氏。[②] 家族的联姻有利于两家思想文化的融合，也有利于两家家风的融合。圣人家风思想内涵的融合，使圣人家风更为完善。

三、圣人家学的异同

孔、颜、曾、孟四氏圣人家风得以形成和发展的主要载体是家学。在家学的传承中，家风得到了精神的滋养、内涵的支撑、思想的联结，从而可以传承发展两千多年。四氏圣

---

① 常昭：《颜氏家族文化研究——以魏晋南北朝为中心》，中华书局，2013年，第331页。

② 朱松美：《孟府文化研究》，中华书局，2013年，第278～279页。

人家学又都是儒学的组成部分，是对儒学的传承发展，它们之间密切关联，既具有相同之处，又有不同的发展趋势和特色。

四氏家学的相同之处主要表现在：

其一，四氏家学都是以儒家"六经"等典籍作为家学根源发展起来的，基本内容大体一致。四氏家学处在共同的时代背景下，随着儒学整体的发展而发展，呈现出相似的时代特色。如，两汉时期，儒学呈现出经学繁荣的景象，四氏家学中经学繁荣。尤其是孔氏家学，经学尤为兴盛，孔氏有多位后裔因为经学立为博士。孟氏家族中，孟卿和孟喜父子在经学方面也有突出成就。

隋唐时期，经学再次兴盛。孔氏、颜氏、曾氏、孟氏家族都呈现学术繁荣的景象，多人因突出的学术成就而科举中第。孔氏族人中举者尤多。如，孔子三十五代孙孔贤考中进士；三十九代文宣公孔策考中明经，其子孔振、孔拯皆中状元；孔子四十代孙孔纬、孔缵、孔纶都中状元，孔纬还曾为唐两朝相，其子孔崇弼也是进士出身；孔昌庶、孔邈也进士及第。此时，颜子后裔也多才华横溢、品行高尚者，通过科举以才学入仕者较多。如颜师古、颜元孙、颜春卿、颜惟贞、颜允南、颜真卿、颜允臧等。孔、颜两家的代表人物孔颖达和颜师古堪称当时学界的栋梁。

宋代，四氏家学呈现新的特色，经学发展缓慢，文学、史学等较为兴盛，尤其是诗词上有不同层次的突破。如，孔道辅家族数代皆有学识渊博的人才出现。南方孔氏后裔"清江三孔"在诗文、史学等方面有所成就。曾氏家族在这个时期进入兴盛期，江南的章贡曾氏、南丰曾氏和晋江曾氏培养了众多出类拔萃者。他们博学多识，擅长文章词赋等。"唐宋八大家"之一的曾巩就是其中的佼佼者。

明清时期，四氏家谱渐趋兴盛，家志也得到了极大发展。《阙里志》形成较早，《陋巷志》《三迁志》《宗圣志》在借鉴《阙里志》的基础上发展起来，四氏志书在体例和形式上有诸多相通之处。四氏家谱总的体例、形式等也有许多相似之处。如，明代曾氏家族迁居嘉祥，仿照《孔子世家谱》的体例修纂家谱，并将宗圣曾子作为曾氏家族的始祖。

其二，四氏家学渐渐趋向一致，明清时期最为显著。造成家学趋向一致性发展的原因较多，主要是朝廷对四氏圣人家族各种礼遇与要求的趋同。朝廷礼遇四氏家族，成立三氏学、四氏学以对圣人后裔进行同样的教育，促进了四氏家学的交流发展，直接促成了四氏学术上相近的局面。朝廷对四氏家族提出相似的要求，使四氏家族常常相互合作交流，思想观点、家学渐渐走向融合。圣人家族间还常常结社唱和，互为诗文集题跋等，进一步融合了家学。特别是同居曲阜的孔氏家族和颜氏家族交流更为频繁，组织了多个诗社。如，雍正年间在曲阜组织的"湖山吟社"，由孔衍钦、孔衍志、孔衍谱、孔毓璘、颜懋侨、颜懋龄、颜懋伦等组成，常聚在一起吟诗唱和，编有《湖山吟集》。

四氏圣人家学也有诸多不同之处，主要表现在两个方面。

一方面，四氏家族虽然都以"六经"等儒家典籍作为基本内容，但是不同家族传承的典籍又有所不同。除了颜子没有著述，孔子、曾子、孟子都有著作留世，家族中势必增强本家族典籍的学习，并且以此作为家学的主要内容。由此，家学呈现很多家族特色。

如，两汉时期，孔氏家族对鲁壁藏书特别重视，认为这是家学所在，数代人致力于藏书的整理与训解，形成了古文经学。尤其是孔安国及其子孙，执着于家学的研究传承，为古文经学的形成和发展奠定了根基。没有孔氏学者对家学的这份责任感和艰辛努力，很难有古文经学的大发展。

再如，明代曾承业在前人的基础上，编辑《曾子全书》三卷、十一篇，是对曾子资料的又一次整理编辑。清代，曾国荃审定、王安定编撰的《曾子家语》内容全面、翔实，成为曾氏家学的重要部分。五代十国时期的孟昶把《孟子》列入"十一经"，并令人刻入石经，大大提升了《孟子》的地位。可见，家族对其先祖典籍的着重整理与研究，既促进了典籍的发展，也使先祖的思想在家族中得以更好地传承下去。

另一方面，四氏家学发展的程度不同，兴盛的时期也不同。四大家族中，孔氏家学发展最为兴盛，不仅随着儒学的发展而发展的脉络清晰，而且成果突出，著述繁多。汉代，孔氏家族在经学研究上尤为突出，治学广泛，常兼治古今文经学，研究走向深化、细化、多样化。此时的孔氏学者人才辈出，灿若繁星，既有擅长儒学的权臣名家，也有专治学术、授徒传经者，取得了丰硕成果。在魏晋南北朝儒学日益衰落的形势下，孔氏家族既保留了儒学真精神，又使儒学得到了一定程度的发展，是儒学得以传承发展的重要力量。在隋唐尊孔崇儒的有利形势下，孔氏家学再一次兴盛，经学再次得以繁荣。宋元时，孔氏家学有了新的发展，在经学研究的同时，在文学、史学等方面也有了明显进步。明清时期，孔氏学者人才辈出，著作繁多，在经学、文学、考据学、礼学、文字学等多个方面都有所成就。

颜氏家学在魏晋南北朝时期进入繁荣期，在隋唐达到高峰，不仅家族中优秀的学者增多，留下了丰富的著述文章，而且涉及广泛，在文学、史学、教育、书法等多个方面都有很大成就。特别杰出者当数颜含、颜延之、颜之推、颜师古、颜真卿等。宋元时期，随着颜氏大宗户迁回曲阜，家学发展的中心也转移到了曲阜，家学转向低速发展。

曾氏家学在汉唐时期呈现低迷状态，在宋代进入兴盛期。特别是江南三曾氏，培养了众多的出类拔萃者，在文采词赋、经学研究上有突出成就。明清时期，曾氏迁回嘉祥，家学的发展主要表现在志书《宗圣志》不断得以完善、曾氏家谱得以修撰、曾子祭祀制度完备等。

宋代，孟子地位迅速提升，孟氏家族受到格外的重视和尊荣。孟子后裔更加重视家学的传承和发展，在家谱和志书方面取得了突出成就。

由此可见，四氏家学发展的脉络有所不同，各个时期的特色也不尽相同。四氏家学此起彼伏的发展，正好可以相互补充，合力推进儒学的发展，共同丰富儒学的内容。

四、圣人家教的异同

家教是家学传承发展的主要途径和基本方法，也是家风得以绵延不绝的重要保障和最好途径。没有家教，家学无法传承，家风必将大打折扣。家庭中一般都有家教，而作为圣人家族，家教尤为严明、系统、规范，使家学长久兴盛发展，使优良家风数千年不衰。

孔子作为伟大的教育家不仅奠定了家族教育的基点，把孔氏家教提到了很高的起点上，并对弟子颜子、曾子的家教思想具有直接的影响。孟子"私淑"孔子，对孔子的教育思想也深有体会，以"得天下英才而教育之"为人生之乐。可以说，颜、曾、孟的家教思想是对孔子家教思想的学习与发展，四氏家教有许多相通之处。特别是宋明清时期，三氏学、四氏学对圣人后裔进行统一教育，进一步将四氏家教联系在一起。圣人家教的相似之处主要表现在：

四氏圣人家教内容相近，都注重把儒家的文化知识传授与道德的养成相结合，目的在培养德才兼备的人才；家教形式上相似，四氏家教都以言传身教为主，子承父教、兄弟共学与延师而教相结合；家庭女性也多重视教育，形成整个家庭重教的和谐氛围；四氏家族都采取制定族规家训、修家谱、立行辈等措施，对族人的道德、思想、行为等加以规范和指导，并常建有家族内的书院等，对族人进行教育，在全族形成了良好的学习氛围和风气；家庭教育外，还有朝廷组织的教育机构，包括三氏学、四氏学等。

　　四氏圣人家教在发展中也形成了自己的特色，丰富了家教的内容与方法，为其他家族的家教提供了更多的思路和经验。它们的差异主要表现在：

　　第一，家教的具体形式有所不同。孔氏家族主要的家教形式是自为师友，家庭中子承父教和兄弟共学最为显著。这使家庭成员自觉形成共同的价值信念和精神追求，在家族内形成积极向学的氛围，促进良好家风的发展。魏晋至隋唐时期，颜氏家族自为师友的家教形式较为显著，并形成了系统的家教经典《颜氏家训》，使家教达到高峰。相对来说，因孟子主张易子而教，孟氏家族自为师友的现象较弱。

　　第二，家教内容的侧重有所不同。虽然四氏圣人家教都重视品德养成与知识传授这两部分，但是家教着重强调的内容还是有些差别。以诗礼传家的孔氏家族除了重视"六经"典籍等的传授，还格外重视礼的教育，保存了许多特有的家族礼乐制度，并形成了家族特殊的礼仪制度和规范，著有多部家族礼乐方面的作品，家族成员养成了守礼循礼的浓重风气。颜氏家教的思想集中体现在家教典范《颜氏家训》中，侧重于教给子弟为人处世、安身立命的道理和方法，更加重视仁德的养成。曾氏家教的经典《曾国藩家书》更多强调节俭勤劳、孝悌友爱等，这可谓曾氏家族家教的一个特色。

　　总而言之，圣人家族具有重视教育的传统，形成了全面的重教之风。从家庭内父母的重教，到宗族内重教，再到社会群体的书院教育，家族内建立了系统、全面、科学的教育体系。在家教、家学基础上形成的圣人家风，作为古代家风的典范，同源而生，内涵相近，又存在差异。它们相互补充，共同推动了儒学的发展，也为其他家族家风的形成、家族的发展提供了良好的指导和借鉴。

第二节　圣人家风的现代价值

圣人家风发展延续了两千多年，引领圣人家族在千年的历史流变中不断走向辉煌，对其他家族家风的建设也有积极的启示意义和借鉴价值。可以说，圣人家风经过了时间的沉淀升华，历经实践检验，已经形成成熟而完善的系统，具有超越性与普世性。然而，现代中国发生了翻天覆地的变化，从国家制度到家庭结构，从文化思想到教育体制，从道德观念到个人意识等，都不同于古代和近代社会。这些变化对传统的家文化、对圣人家风等带来前所未有的质疑和挑战。圣人家风在这些挑战面前，该如何应对？它们在当代又具有怎样的价值？

一、传统家风的局限与变迁

现代中国，面对多种文化、思想等强力冲击，发生了多种变革。这些变革体现在政治、经济、文化、教育等方方面面，对传统文化带来重大的影响和挑战。其中，对圣人家风的挑战主要表现在：家族与家庭结构的改变、现代教育的改革和文化思想的多元发展等。

（一）家族与家庭结构的改变

中国传统社会以宗族大家庭为主体，常常是有血缘关系、同姓同宗的族人居住在一起，以族长为统率。这种宗族形式从殷商时期萌芽，周代达到成熟，一直延续到近代，形成了丰富的宗族文化，包括族规、族训、族谱、祠堂、族学、族制等。这些宗族制度与文化，既有利于宗族内部的管理，也使同族人形成共同的道德规范和价值信仰，养成强烈的"尊祖敬宗"意识，具有"家国同构"的意味。

家族文化中的族规族训作为家教的重要形式，主要表达一个家族的基本价值观和道德原则，对族人的道德、思想、行为等加以规范和指导，是家风得以绵延发展的重要途径和保障。家谱是记录家族历史与精神的百科全书，对睦族亲邻、维护家族秩序有积极作用，也是家风得以传承的重要依托。家志是家学的重要内容，也是家风传承的重要载体。值得注意的是，一般的家族，即使是文化世家，也多没有家志，然而，孔、颜、曾、孟四大圣人家族都有家志。如孔氏家志有多种，包括《东家杂记》《孔氏祖庭广记》《阙里志》等，颜氏有《陋巷志》，曾氏有《宗圣志》，孟氏有《三迁志》等。

随着现代制度的变革，传统的家族形式发生了重要改变，思想观念也随之发生了变化。这主要表现在宗族式的大家庭逐渐瓦解，转而以父母子女组成的小家庭为主。在家庭结构发生变化的同时，宗族意识也逐渐减弱，宗族的约束力和规范性微乎其微，尊祖敬宗的意识渐渐淡化，族规族训的训诫作用也渐趋式微。

家族与家庭结构的改变对传统家风带来巨大挑战。圣人家风作为传统家风的代表，面临的挑战尤为显著。圣人家族走下贵胄世家的神圣殿堂，失去了昔日的荣光与优遇。圣人家族分散成为一个个普通的家庭，圣人家风也曾受到质疑：圣人光环不再，圣人精神是否还在？经过近百年的探索，答案是肯定的。

虽然圣人家族作为宗族的外在形式已不复存在，圣人家风失去了其存在的主要依托或基础，但是，圣人家风经过数千年的发展，已经具有了超越性和永恒性。它们作为一种精神文化资源，永远存在于中华文化宝库之中，是当今家风建设取之不尽、用之不竭的文化资源。

只要家庭存在，就会有家风。现代家族与家庭结构的改变只是改变了外在形式，而它的核心部分并没有改变。现代家庭仍然需要良好的家风，来营造良好的家庭环境，引导家族成员立身处世，引领家庭兴盛发展。如何构建新的家风以适应新时代的需要，是许多家庭面临的重要问题。圣人家风作为优秀传统家风的典范，关注的是人自身的发展，重视的是家庭内在的精神性部分，具有普世性和永恒性。所以，圣人家风仍具有指导意义。

（二）现代教育的改革

我国传统教育是以私塾、书院、县学等教育为主，以儒家经典为主要教育内容，更为注重人的道德素质的养成。现代教育在形式、内容、方法等方面都发生极大变化，形成系统、规范的学校教育，课程内容丰富多样，侧重于传授知识、培养技能。高速发展的学校教育，为社会培养了大量优秀人才，使我国的经济、科技、文化等得到全面快速发展。现代教育拥有比传统教育更多的优越性，这毋庸置疑。

然而，现代教育过于注重学校教育，相对来说忽视了家庭教育。这就产生了一些问题。比如，一些家庭把教育的责任全部推给了学校，还有一些家庭过分注重知识的获得，而忽视品德教育。家教功能的弱化滋生了许多问题，如孩子缺乏教养、高分低能、亲子关系不佳等。这些问题不利于孩子的成长，不利于和谐家庭关系的建立，也不利于良好家风的形成。良好家风形成发展的一个重要因素是注重家教，这需要从古代优秀的家教中吸取有益的成分。家教与学校教育之间的契合之处在哪里？如何认识家教的意义和价值？这是许多家庭正在面临的问题。

圣人家族在两千多年间探索形成的系统家教经验，如言传身教、家训家规、环境陶冶等，对当代家教仍然具有重要的指导意义，可以促进、辅助现代教育的发展。

（三）文化与思想的多元化

中国传统文化以内涵丰富、博大精深的儒家思想为主体，延续发展了两千多年。四氏圣人家学也是以儒家思想为内容，伴随中国文化发展了数千年。以圣人家学为主要支撑，以儒家价值观作为基本内容的圣人家风也传承发展了上千年。

在近代西方文化的强力冲击下，我国文化发生了重要变化，不再是以儒学为主，而是开放式的多元文化并存共生。

尤其是 20 世纪新文化运动以来，多种文化纷纷传到中国，对儒家文化带来了巨大的冲击，使它走下文化的至尊位置。伴随着西方文化的进入，西方的价值观念冲击着传统的价值理念，使人们的思想行为、观念意识发生了改变，民主、自由、平等、法制、个体主义等观念深入人心。

西方观念意识中影响最为显著的是个体主义。新文化运动中，陈独秀、胡适、鲁迅等新文化运动主将倡导的主体思想就是个体主义，并以个体主义反对传统文化中的礼教和宗法制等。个体主义对思想的觉醒、文化的革新起到了重要的作用，也对传统"家"及家文化带来了极大的冲击。"家"在某种程度上被视为中国落后传统文化的载体，"家文化"被视为对人们思想的束缚和自由的约束，以致近百年来"家文化"显得黯淡无光。特别是作为儒家代表的圣人家族更是一落千丈，其所具有的文化精神也多被埋没，家风文化也被弃于历史之中。

在全球化的今天，多种文化相互交织、共生发展的趋势更加明显。个体主义有其积极的作用，已经成为现代社会普遍认可的思想。同时，个体主义也有它消极的方面，如，利己主义倾向、虚无主义倾向、合作与公共意识淡薄等。西方社会有宗教等文化传统与个体主义的消极一面相抗衡，达到了较为均衡的发展。个体主义在中国要得到均衡的发展，也要具有一种相制衡的力量。要制约个体主义，家文化是最有力的途径。正如有学者所指出的，"通过'家庭'环境培育'个体'的德性，这是儒家的传统，也是抵御'个体'消极后果最为切近的方式"①。从传统文化中找到"家"的内涵意义，发挥"家文化"对人的养成教育作用，这是抵御个体主义消极后果的最佳途径。

在学习西方文化的同时，人们重新认识到学习中国传统文化也是时代的需要，是中国文化得以独立发展的关键。传统文化中的圣人家风作为家文化的重要代表，对家庭的建设、优良家风的形成具有重要的启示意义。辨析圣人家风的优缺点，使圣人家风在当下的现实环境和文化背景下发挥积极指导作用，是应对各种文化冲击，建立优良家文化甚至社会文化的最佳选择。

总而言之，现代中国在家庭结构、文化教育、制度观念等方面的变革，对以圣人家风为代表的传统家文化既是巨大挑战，也提供了发展的新契机和动力。四氏圣人家学、家教与家风并不是封闭、保守、僵化的，而是开放、接纳、进取的，其内在的精神不断随着时代的发展而发展，能对现代的各种挑战作出积极的回应。

二、圣人家风的现代价值与启示

圣人家族，在传统社会属于超越于王朝更替而世代不衰的"高级贵族"，并在中国历史上起到重要的引领作用，根本在于它们能不断传承发展其家族的家风和精神文化。虽然

---

① 孙向晨：《现代个体权利与儒家传统中的"个体"》，《文史哲》，2017年第3期。

圣人家族远非一般平民可望可即，圣人家风却是可以通过学习与实践去接近的。这是因为圣人家风既具有巨大的影响作用，又具有广泛的普世性。

圣人家风之所以具有广泛普世性，主要在于：其一，孔、颜、曾、孟四氏圣人都是从平民中走出来的，圣人家风与平民家风相通。其二，圣人家风具有示范性，依靠家学、家教来传承和发展。圣人家风值得所有家庭学习，即使普通家庭没有家学，至少有家教，也可以对家庭成员进行为人处世的指导。其三，有家庭必有家风，家风具有普遍性的特点。可以说，圣人家风经过历史的不断沉淀与升华，已经具有不受时代和空间束缚的超越性，有普遍的指导意义。圣人家风对现代社会仍具有积极的启示意义，主要可概括为以下几点。

第一，圣人家风为个人修身养性提供指导和借鉴。当代社会，个体主义成为现代文明普遍接受的观念，有倡导个性自由、民主平等的积极作用，但是，个体主义也带来虚无主义、纵欲自私等一些消极影响。

儒学能够有效地解决这些问题。儒学作为内圣外王之学，讲求修身、齐家、治国、平天下，其中修身是儒学强调的根本之处。家是人成长生活的场所，良好的家庭环境、家庭教育是人成长发展的根基，是人修身养性的最佳环境。这些是圣人家风始终关注的要点所在。所以，加强家庭成员的品德修养、行为习惯、知识涵养等，始终是圣人家风的中心所在。关注孝悌仁爱、礼义忠信等美德的养成，培养人的自律自省、关爱他人等良好习惯，是圣人家风的重要内容。圣人家风这些优良的特性对个体主义的各种弊端能够起到积极的制衡作用，对当今个人修身养性具有重要的指导意义，是提高个人素质的重要保证。

第二，圣人家风对当代家风建设具有指导作用。现代家庭虽然多为小家庭，但是，家庭的基本构成还在，家风就还存在。能够引领现代家风走向健康美好的，是具有超越性和普世性的圣人家风。圣人家风的超越性和普世性集中表现在：重视"德"的养成，强调"仁"的思想。人无德不立，家无德不兴。仁的重要内涵是"爱人"与"克己复礼"，以爱人之心对待家人，以克己复礼的态度要求自己。家庭内弥漫的是爱与礼，则家庭的氛围自然是和谐友好、温暖向上的，家庭成员也容易养成文质彬彬、忠厚诚信、友善温和等美德。如此，家庭必将走向兴盛发达。对现代家庭来说，德与仁仍是追求的重要目标。

圣人家风不仅为家风建设提供了良好的目标和方向，还提供了有效的方法和措施——家教。当代学校教育的体系化、普及化，导致部分家长将教育的责任推给学校，而忽视了对孩子的家庭教育。其实，家庭永远是孩子的第一所学校，父母永远是子女的第一任教师。孔、颜、曾、孟四氏家族形成了系统的、行之有效的家教方法，正是现代教育所需要的。如，言传身教、榜样示范、环境营造、习惯养成、严慈结合、诗书教化、家教家规等。这些方法和理念具有永恒的价值和意义，对人的影响更为长远。

现代学校教育过分强调知识的传授，而相对忽略道德养成、人格培养等，容易造成学生高学分、低素质，有文化、缺文明等情形。弥补教育的这些不足，有效的方法是家庭教育。要通过家庭教育、家风熏陶，培养人的德性、孝行、仁义、礼仪等美德，使人人都有可能成为具有学识涵养的君子。富有美德涵养的君子是社会所需要的人才，也是家庭得以稳定、健康发展的重要力量。

第三，圣人家风有利于良好社会风气的形成。中国文化是家国同构的文化，"国之本在家""家齐而后国治""君子不出家而成教于国"……这些理念都说明了家与国之间的密切联系。家庭的风气变淳正了，社会的风气自然也会变得清明。圣人家风，从小处来说，对家庭风气具有示范、指导作用；从大处来说，对整个社会风气的改变也能够提供积极的引领和智慧启迪。

第四，圣人家风对现代文化发展具有借鉴意义。虽然当代文化呈现多元化、多样性的特点，儒学退出了主导位置，但是儒学作为中华优秀传统文化的精华，也可以说中华文化的基因，仍具有积极的引领作用。圣人家学是圣人家族精神传承的重要载体，也是儒学的重要部分，丰富和促进了儒学的发展。建立在家学基础上的圣人家风作为优秀的传统文化，不仅对家庭建设与和谐发展具有重要的指导意义，对社会文化的发展也具有重要的保障作用。

当今社会，人们越来越认同家风潜移默化的重要影响作用，认识到好的家风对家庭、国家、社会都具有巨大的推动力。中国历史上的任何时代都不像现在这样重视家风建设：

不仅众多家庭自发地加强家风建设，而且国家大力提倡家风建设，把家风与党风、政风等联系起来，把家风视为社会风气的重要部分。

四氏圣人家风作为传统优秀家风的典范，是经过时间检验，具有强大生命力和超越性的文化。圣人家风以家学作为精神传承的载体和动力之源，以家教作为重要途径和保障。家学、家教和家风带领孔、颜、曾、孟四氏家族走过两千多年或清明或阴暗的历史，且在每个阶段都能有所突破和成就，培养出众多优秀人才，使家族保持长盛不衰。圣人家风的智慧和光辉应引起重视，并作为个人修身养德、家风建设、社会风气改善、文化发展等方面的重要参考和有力借鉴。

后 记

　　本书从撰写到修改完成经过了近三年的时间，其中充满了诸多艰辛和喜悦。艰辛之处为，孔、颜、曾、孟四氏家族作为具有两千多年历史的文化世家，文化底蕴深厚、家学源远流长、家教严明系统、家风淳厚悠远，想要梳理出它们的精要，展现出圣人家风深邃的内涵，深感心有余而力不足。限于能力，仅只能以此书来窥圣人家风之一斑。喜悦之处为，我对这个课题非常感兴趣，在查阅资料和写作过程中已有无限乐趣，此书也算是我这一个阶段思考的记录。

　　多年前我就关注家风、家教、家学等问题，写过一些零碎的感想和随笔。从 2017 年开始，我确定以圣人家风作为我的研究方向，近三年来集中时间和精力开展圣人家风的研究。回顾最初确定这一研究方向的时候，适逢申报 2017 年济宁市社会科学规划项目，我想申报一个有关圣人家风研究的课题，但还有些拿不准，犹豫不定，于是我征求王钧林老师的意见。王老师是孔子研究院的特聘专家、尼山学者（我有幸成为其团队成员之一），他经常给我们以指导和帮助。王老师肯定了我的想法，建议以孔、颜、曾、孟四氏的圣人家风为研究课题，先做宏观的、整体的研究，以后再做分门别类的细化研究。我听后甚是欣喜，信心也坚定了。项目申报终于成功，并顺利结项。2018 年，我在已有圣人家风研究成果的基础上，进一步充实提升，成功申报了山东省社会科学规划项目。2019 年再次以家风相关研究为选题，申报了孔子研究院的课题。在本课题的研究和写作过程中，我得到了院、市、省各级科研规划和管理部门的有力支持，得到了院领导和同事、朋友的支持指导和帮助，在此一并表示衷心的感谢。

2017 年宁阳复圣研究院成立，以传统优秀家风的研究和传播以及当代家风建设为其工作重点。我当时已经着手研究的圣人家风课题亦被列入复圣研究院的首批研究课题，得到了经费支持。在书稿完成后，中共宁阳县委书记毕黎明同志于百忙之中赐序，在此深表感谢。

我在写作过程中，从一开始的构思，到每一章的写作，再到反复修改，都得到了王钧林老师的悉心指导。王老师严肃认真、精益求精的治学态度深深影响了我，使我在写作中不敢懈怠和马虎。责任编辑刘强主任为本书的编辑和出版付出了辛劳，特此致谢。

孔　丽
2019 年 10 月 10 日

图书在版编目（CIP）数据

圣人家风 / 孔丽著. -- 济南 ： 齐鲁书社，2019.11
ISBN 978-7-5333-4219-7

Ⅰ．①圣… Ⅱ．①孔… Ⅲ．①儒家②家庭道德－中国
－古代 Ⅳ．①B222.11②B823.1

中国版本图书馆CIP数据核字(2019)第237538号

圣人家风
SHENGREN JIAFENG

孔丽　著

主管单位	山东出版传媒股份有限公司
出版发行	齐鲁书社
社　址	济南市英雄山路189号
邮　编	250002
网　址	www.qlss.com.cn
电子邮箱	qilupress@126.com
营销中心	（0531）82098521　82098519
印　刷	山东临沂新华印刷物流集团有限责任公司
开　本	880mm×1230mm　1/32
印　张	15.5
插　页	8
字　数	310千
版　次	2019年11月第1版
印　次	2019年11月第1次印刷
印　数	1-1000
标准书号	ISBN 978-7-5333-4219-7
定　价	68.00元